Scope

Hyperspace

A Scientific Odyssey Through Parallel Universe, Time Warps, and the 10th Dimension

穿梭超時空

平行宇宙、時光隧道和十度空間大探索

世界知名理論物理學家
超弦理論奠基人
加來道雄 著
Michio Kaku

蔡承志・潘恩典 譯

Michio Kaku

〈出版緣起〉

開創科學新視野

何飛鵬

有人說，是聯考制度，把台灣讀者的讀書胃口搞壞了。

這話只對了一半；弄壞讀書胃口的，是教科書，不是聯考制度。

如果聯考內容不限在教科書內，還包含課堂之外所有的知識環境，那麼，還有學生不看報紙、家長不准小孩看課外讀物的情況出現嗎？如果聯考內容是教科書佔百分之五十，基礎常識佔百分之五十，台灣的教育能不活起來、補習制度的怪現象能不消除嗎？況且，教育是百年大計，是終身學習，又豈是封閉式的聯考、十幾年內的數百本教科書，可囊括而盡？

「科學新視野系列」正是企圖破除閱讀教育的迷思，為台灣的學子提供一些體制外的智識性課外讀物；「科學新視野系列」自許成為一個前導，提供科學與人文之間的對話，開闊讀者的新視野，讓離開學校之後的讀者，能真正體驗閱讀樂趣，讓這股追求新知欣喜的感動，流盪心頭。

其實，自然科學閱讀並不是理工科系學生的專利，因為科學是文明的一環，是人類理解人生、接觸自然、探究生命的一個途徑；科學不僅僅是知識，更是一種生活方式與生活態度，能養成面對周遭環境一種嚴謹、清明、宏觀的態度。

千百年來的文明智慧結晶，在無垠的星空下閃閃發亮、向讀者招手；但是這有如銀河系，只是宇宙的一角，「科學新視野系列」不但要和讀者一起共享，大師們在科學與科技所有領域中的智慧之光；「科學新視野系列」更強調未來性，將有如宇宙般深邃的人類創造力與想像力，跨過時空，一一呈現出來，這些豐富的資產，將是人類未來之所倚。

我們有個夢想：

在波光粼粼的岸邊，亞里斯多德、伽利略、祖沖之、張衡、牛頓、佛洛依德、愛因斯坦、普朗克、霍金、沙根、祖賓、平克……，他們或交談，或端詳撿拾的貝殼。我們也置身其中，仔細聆聽人類文明中最動人的篇章……。

（本文作者為城邦文化商周出版事業部發行人）

〈導讀〉

人文關懷多於科幻情節

高文芳

當代物理進程盡收眼底

在頗受歡迎的電視影集《銀河飛龍第二代》（*Star Trek: Next Generation*）裡，面對著不可知的未來，船長皮卡率領企業號星艦所有成員，勇敢地深入人跡未至的宇宙邊荒，探索宇宙造物主的意圖與心思。

從某個角度來看，企業號的任務和多數物理學家所投身的工作，有頗多雷同之處。企業號經常出入宇宙深空，不時要面對諸如黑洞、蟲洞、星際旅行、時光隧道之類的科幻情節，處處撼動觀眾一顆顆欲神遊宇宙太虛的心緒。

當你把心思流駐於這本著作時，可能會懷疑，這本書講的到底是物理還是科幻情節？要不然怎麼會通篇首尾，俯拾可見諸如黑洞、蟲洞、星際旅行、時光隧道之類的字眼，所差者僅是作者意圖解釋清楚，反覆舉例而已。唯恐說理不清，作者竟然還把這些科幻情節的歷史淵源詳細交代，又將歷代大物理學家及大數學家悉數請出，為他的論述佐證。尤有甚者，作者似乎怕讀者無法吸收他想傳達的理念，對單一新鮮事物，竟然不惜篇幅，從不同角度，以他認為讀者可以理解的圖解或例說，反覆陳述。

儘管如此，這些角度不同的切入方式，讀來仍然趣味十足。總而言之，要不是有人告訴讀者，這本書是不折不扣的科普推廣書籍，通篇讀來簡直就活脫是一本煽情的科幻小說，更像是科幻影集的導讀或是科幻名詞的說文解字。

讀者會有這種感覺，一點都不意外。原因是理論高能物理是物理學非常活躍的一支，近年來的發展，連投身其中的諾貝爾物理獎得主（一九七九）溫伯格都曾感言：理論物理的研究已經越來越像科幻小說了。其實另外一個原因是，科幻小說的情節在熱衷科普教育的物理學者的推波助瀾下，已經越來越接近我們對真實宇宙和物理理論的認知。

換句話說，只要說理明確，便能將理論物理學家致力研究的宇宙的內涵，轉化為精采刺激的文字，而能夠與科幻影片平起平坐。其中任教於紐約市大學（City University of New York，CUNY）物理系，從事理論物理研究工作的加來道雄教授，就是箇中好手。

加來先生在弦論相關領域的研究工作上，有相當的知名度。除了著作等身之外，還寫了幾本頗受歡迎的研究所教科書。他也在紐約市的一個電台，主持一個全美播放的現場 call-in 科普教育節目，廣受歡迎。他也自承，這個節目讓他有機會訪問到物理界及其他領域的學界領袖，進而豐富了他好幾本叫好又叫座的科普讀物的可看性。

根據他自己的說法，他從小就很喜歡看一些科幻小說及節目，然而對坊間科幻著作說理不清的失望，促使他立志從事理論物理的研究，希望深入理解諸如星際旅行、時光隧道之類的理論機制，以補當時科幻小說的不足。作者並誓言有生之年，一定要寫一些讓一般高中生都能輕鬆上手的科普書籍。從這個角度來看，我認為這本談論超空間（hyperspace）的著作，確實是一時之選。

這篇短文雖然名為導讀，其實原書敘理甚明，而且第一章就把全書的脈絡交代清楚，讀者只要耐心看完第一章，就可以掌握當代物理的精髓。

解放人類的三次元思維

超空間指的是比我們直覺與感官所能理解的三次元（維）空間，更高次元的抽象空間。但是，由於相對論的成功受到大部分物理學家的支持，有時候作者指的超空間是指較四次元時空更高次元的空間。

大數學家黎曼（George Bernhard Riemann）於一八五四年在哥廷根大學的一場演講，首度將人類的思維從三次元的直覺世界，帶入色彩繽紛的高次元抽象世界。這一場對人類思維的解放革命，影響後世甚鉅。作者即依此鋪陳了這本著作所要介紹的八〇年代物理革命。正如文中所述：

> 二千年來，沒有人能夠質疑動搖的希臘古典幾何學也為之徹底撼動。……在他演說之後的三十年內，「神秘的第二次元」將會影影歐洲的藝術、哲學與文學的進展。在黎曼演說之後的六十年內，愛因斯坦將會使用第四次元的黎曼幾何學，來解釋宇宙的起源與演化。在他演講之後的一百三十年，物理學家將試圖以十次元幾何學，統整所有的物理宇宙定律。

其中「六十年內」指的是愛因斯坦於一九一六年發表的廣義相對論；而「在他演講之後的一百三十年」指的是一九八四年敗部復活，只能存活於十次元超空間的超弦理論。

由於目前硬果僅存的超弦理論，是唯一可以合理統一自然界四大作用力（即重力、電磁力、強作用力及弱作用力）的理論。加上它的合理性或自洽（self-consistent）必須建立在十次元超空間的基礎上，否則無法成立，和弦論超乎尋常的完美特質等原因，震撼了物理界及數學界，促使理論高能物理學界正視高次元空間存在的可能性，並進而探討它在宇宙演化過程中，甚至生命與文明是否能夠永續存活等議題上所扮演的角色。

作者藉著超空間如果存在，它可能造成的種種只能見諸於科幻小說的奇妙現象為軸，詳述了高次元空間這種觀念的形成、演變，同時也描述了它如何突破保守世代的壓力，進而一統天下（至少對為數頗眾的一大群理論物理學家而言），這段期間可歌可泣的物理史詩。

逃脫滅絕的危機

當然，正如《銀河飛龍》劇情的重點不是在科技的展現，而是藉由人類面對前所未有的挑戰與考驗，探討人類文明的弱點，以及應否，甚至如何調適時代的改變，使人類文明得以永續存活。作者也在字裡行間時時關心地球文明在大宇宙的演化過程，和可能遭遇到的劫數與災難。他所流露的殷殷之情，和《銀河飛龍》一樣，對人文的關懷遠甚於科幻情節。

作者將人類文明程度依其所能掌控的能源分成三類：第一類文明能掌控所在行星的能源；第二類文明能掌控所在恆星的能源；第三類文明能掌控所在星系的能源。是故人類文明還處於第零類的落後階段。作者更進一步預估，人類或能在一百年內躍身為第一類文明，並開始在太陽系殖民。進入第二類文明可能要一千年，這時候人類已經可以操控重力場，隨意扭曲空間並利用蟲洞進行星際旅行，最後人類可能要經過數千年的努力，才有能力掌控整個銀河系的能量並隨意操控高次元空間。

作者同時也指出，生存於地球上，物種會面臨到種種劫數，有些可以預知，有些則否。比方說，地球可能每二千六百萬年會發生一次大滅絕；太陽會在五十億年後死亡；整個宇宙可能會在千百億年之後，不是熱死便是冷死；到處流竄的小行星可能會突然地闖入地球；太陽鄰近的恆星死亡形成超新星而毀掉整個太陽系；銀河系和別的星系發生碰撞而毀掉整個銀河系等等。而處於文明相當落後，文化相對野蠻的現代人類，由於物質文明的發生遠遠超前文化演進，而讓自己陷於核戰與生態雙重危機裡，而隨時瀕臨滅絕的可能。作者更相信地球上的文明已經因為核戰或生態危機而滅絕、輪迴了好幾回，才輪到人類在這裡為了生存與時間競賽。

如果我們對物理的認知大體上無誤，我們的確是在和時間競賽。那麼如何消弭人類彼此間的互相猜疑和仇恨，及時進入第二類文明，以便有足夠的能力應付大部分演化過程中可能遇到的危機，真的值得全人類細細思量。

（本文作者為交大物理所教授）

〈作者序〉

簡化自然律

科學革命，顧名思義就是推翻一般人的普遍認知。

如果一般人的宇宙觀是正確的，科學早該在數千年前就揭開宇宙之謎了。科學的目的是揭開事物的層層表象，找出它的本質。如果表象就是本質，科學也沒有存在的必要了。

人們對宇宙最根深柢固的概念，也許就是它是三次元的宇宙。當然了，長、寬、高便足以描繪人類看得到的一切物體。由嬰兒和動物的實驗可看出，我們生來就具有三次元空間的宇宙觀。再加上時間次元，四次元空間便足以記錄古往今來的所有事件。就算我們能藉儀器探索原子內部和銀河星團的最遠處，我們也只找到這四次元的證據。公開發表不同的看法，如可能存在有其他次元，或有其他並存的宇宙，一定會成為他人的笑柄。但這套源於兩千年前古希臘哲學家的臆測，深植人心的偏頗宇宙觀，就要隨著科學的進步而告瓦解。

本書要討論的是超空間理論（theory of hyperspace）這項科學革命。該理論指出，在眾所周知的四次元之外，還有其他次元存在。全球各地的物理學家，其中包括幾位諾貝爾獎得主，正漸漸體認到宇宙也許存在於更高的次元。如果這個理論能得到證實，它將會徹底改變人類對宇宙的認知和觀感。就科學而言，超空間理論是依據克魯查—克萊因（Kaluza-Klein）的理論和超重力發展而成。但它最新的系統描述是超弦理論（superstring theory），超弦理論甚至預測出次元的總數為十。一般空間的長、寬、高三次元、時間的一次元和其他六種空間次元。

值得留意的是，超空間理論還未經過實驗證明，也非常不容易在實驗室內證明。但這套理論已風靡世界各地的物理研究實驗室，徹底改變了現代物理的面貌，科學界也針對它發表大量研究報告（總數超過五千篇）。但幾乎沒有任何以一般大眾為對象，解釋高等次元空間有趣特質的著作。因此，一般大眾就算聽說過這項革命，對它也只是一知半解。事實上，通俗文化中對其他次元或平行宇宙煞有介事的論述，常是牛頭不對馬嘴。這非常令人遺憾，因為理論的重要性，在於它能以一個極為簡單的架構，整合所有已知的物理現象。本書首度以符合科學且淺顯易懂的方式，介紹當前對超空間理論的研究。

超越四次元空間

我將透過四個連貫的基本主題，解釋超空間理論為何會受到理論物理學界的青睞。這四個主題也就是本書四個部分的大標題。

在第一部分中，我將介紹超空間理論早期的歷史，並強調在更高次元的框架下，自然律會變得更簡單明瞭。

較高次元為何能簡化物理問題？請看看這個例子：對古埃及人而言，氣候簡直就是個謎。為何會有四季？為何愈往南走，天氣愈熱？為何風總朝同一個方向吹？古埃及人認為地球是平的，就算一個二次元的平面；以他們有限的知識，根本無法解釋氣候的成因。如果用火箭將埃及人送上外太空，讓他們看看地球環繞太陽的景象，他們一定會恍然大悟。

從外太空看來，地球的赤道面和周轉軌道面的夾角約為二十三度。因為地軸的傾斜，地球運行到軌道某處時，照射到北半球的陽光會減少。這就是四季的由來。赤道的日照比南北極強，因此愈接近赤道愈溫暖。同樣地，因為地球是以逆時鐘方向自轉，北極的冷空氣在南移時會偏向。冷熱氣團隨著地球的自轉移動，因此風總朝著同一個方向吹。

總而言之，從外太空看地球，渾沌不明的氣候定律就變得清晰易懂。解決之道就是飛上太空，進入第三次元。只要觀察三次元空間的地球，平面世界無法了解的現象也會豁然開朗。

同樣地，重力定律和光的定律看似毫不相關。它們遵守著不同的物理假設和數學原理。過去人們想綜合這兩種力，但一直徒勞無功。但將四次元的時空再加上第五次元，光和重力的方程式便能像拼圖的二片，可以組合在一起。光可以被視為第五次元的振動。在五次元中，光和重力的定律就單純多了。

因此很多科學家認為，傳統的四次元理論太「狹隘」了，無法說明宇宙中的各種作用力。在四次元理論中，物理學家只能將自然作用力硬湊在一起。此外，這種東拼西湊的理論也不正確。但透過更高的次元，就有足夠的「空間」，以一套完整簡潔的方式解釋基本作用力。

整合四大作用力

在第二部分，我將進一步探討這個簡單的概念，並強調超空間理論也許能整合已知的所有自然律。由此看來，超空間理論或許也能統一所有已知的作用力，成為二千年來科學研究的最高成就。長久以來，物理界一直希望能發現一個「無所不包的理論」。愛因斯坦曾尋覓了數十年，至今仍一無所獲。也許答案就在超空間理論中。

重力、電磁力、強核力和弱核力是宇宙的四種基本作用力。半世紀以來，科學家一直無法解釋這四種作用力為何會有如此大的差別。二十世紀的科學大師不斷嘗試整合已知的作用力，最後仍沒有結果。但超空間理論不但能整合四種基本作用力，也能解釋看似雜亂無章的次原子粒子。在超空間理論中，物質可被視為在時空結構上蕩漾的振動。如此一來，我們周遭的一切，如樹木、山和恆星等，都只是超空間中的振動。如果這是真的，我們就能藉助簡潔、單純和規則的超空間理論，創造出一套條理分明的美妙宇宙觀。

逃過宇宙滅亡的浩劫

在第三部分，我將探討在極端的環境下，空間不斷延伸，直到破裂的可能性。這也就是說，我們也許能透過超空間在時空中穿梭。雖然這種說法仍停留在紙上談兵的階段，物理學家正著手分析「蟲洞」的特性；它們是連結宇宙中遙遙相對的時空通道。加州理工學院的物理學家正在探討建造時間機器的可能性，利用蟲洞連結過去和未來。時間機器已不再是幻想，它已成為科學研究的主題。

宇宙學家甚至提出一項驚人的可能性：我們的宇宙可能只是無數平行宇宙中的一個。這些宇宙就像一大群懸浮在空中的肥皂泡。在正常狀況下，這些肥皂泡不可能互相接觸；但分析過愛因斯坦的方程式後，宇宙學家證明了平行宇宙間存在著錯綜複雜的蟲洞。每個氣泡的表面都各有一套時空結構，這套結構也只適用於該氣泡的表面；離開氣泡後，時空也不復存在。

雖然這類討論的多項結論仍停留在純理論階段，但有朝一日，超空間也許會發展出最實用的功能：讓人類等智慧生物逃過宇宙滅亡的造劫。科學家都認為宇宙終將滅亡，歷經數十億年演化出的生物也將隨著滅亡。舉例而言，根據眾所周知的大霹靂（the Big Bang）理論，一百五十億到兩百億年前發生一場大爆炸，並造成宇宙的膨脹，恆星和星系也以高速相互遠離。但如果宇宙有天停止膨脹，開始收縮，最後就會塌縮成一個煉獄：大崩墜（the Big Crunch）；所有智慧生物也都會在高熱中蒸發。但有些物理學家認為，超空間理論也許是智慧生物逃生的唯一希望。智慧生物也許可以趁著宇宙滅亡前的數秒逃入超空間。

凌駕人類現有科技

在第四部分，我將以一個實際的問題做為結論：如果超空間理論被證實是正確的，屆時我們有能力控制這項理論的力量嗎？這不只是純學術的問題。人類只控制了四種基本力中的一種，就徹底改變了人類歷史的走向。我們也脫離了無知骯髒的前工業化社會，躍昇為現代文明。甚至可以這樣說：我們可以藉由人類對四種基本作用力的掌握程度，判斷人類歷史的演進程度。每當人類掌握一種基本作用力，文明也隨著大幅提升。

舉例而言，當牛頓寫下古典重力理論時，力學理論也隨著問世，讓人類了解到控制機械的原理。之後，工業革命便如火如荼地展開，並掀起一股政治浪潮，推翻了歐洲的封建王朝。一八六〇年代中期，馬克士威（James Clerk Maxwell）寫下電磁力的基本原理，開創了電力時代；發電機、收音機、電視、雷達、家用器具、電話、微波、消費性電子產品、電腦、雷射和很多電子產品也應運而生。在電磁力被發現之前，文明只能在沒有燈泡和電力馬達的時代中摸索。

一九四〇年代中期，人們開始使用核能後，世界又被原子彈和氫彈搞得天翻地覆。它們是地球上最具毀滅性的武器。目前我們仍無法整合宇宙中的基本作用力；也許在掌握了超空間理論後，我們就能成為宇宙的主人。

超空間理論是一套條理分明的數學方程式。我們能利用它計算出扭曲時空所需的能量，以創造出連結到宇宙遠方的蟲洞。但面對著計算出的結果，人類也只能徒呼負負。這份能量遠超過地球能力所及；比目前最大的粒子對撞機（atom smasher）的能量還大上一千兆倍。我們的文明還要等上數百到數千年，才能發展出足以控制時空的科技；否則就要靠已能支配超空間的文明的幫助。因此在本書的結尾，我將探討這個有趣又頗費思量的科學問題：我們必須具備何種程度的科技，才能成為超空間的主人？

因為超空間理論已遠遠超越一般人對時空的概念，所以我在本書中穿插一些純屬假設性的故事。這種寫法的靈感是來自諾貝爾獎得主拉比（Isidor I. Rabi）。他有次在對一群物理學家演講時，對美國科學教育的情況大表不滿，並指責物理學界並未盡力推廣科學教育，尤其是年輕人的科學教育。

我在上一本和崔納（Jennifer Trainer）合著的《超越愛因斯坦：尋找宇宙的理論》（*Beyond Einstein: The Cosmic Quest for the Theory of the Universe*）中，曾探討過超弦理論。超弦理論是描述次原子粒子本質的理論；它能充分解釋可見宇宙的所有現象，並以振動的細弦解釋物質的種種性質。在本書中，我更進一步探究不可見宇宙——也就是幾何學和時空的世界。本書的重點並不是次原子粒子的特性，而是這些粒子可能存在的高等次元世界。讀者在探討的過程中將會發現，高等次元空間並不是供夸克活動的空虛舞台；高等次元空間本身就是主角。

說到超空間理論的有趣歷史，早在兩千年前，希臘人就開始探討物質最終的本質；這場既漫長又艱辛的探索至今仍未間斷。當未來的科學史家為這段歷史做結論時，他們可能會寫下：當三次元或四次元理論等常理被推翻，超空間理論開始抬頭時，這時才算有了重大突破。

誌謝

我很幸運，有羅賓司（Jeffrey Robbins）擔任本書的編輯。我的前三本著作是專為科學人士而寫的理論物理教科書，它們分別談論統一場論、超弦理論和量子場論。在他的專業帶領下，這三本書能夠循序完成。而本書是我為他而寫的第一本科普著作。能與他親密共事，是一份難得的殊榮。

我也對我前二本書的共同作者，崔納（Jennifer Trainer），致上我的謝意。她再一次發揮她的嫻熟技巧，使本書儘可能流暢、前後一貫。

另外，我也十分感謝那些對本書初稿提出批評和建言的人。他們是：所羅門（Burt Solomon）、梅瑞蒂斯（Leslie Meredith）、梅洛夫（Eugene Mallove）和我的經紀人克里奇夫斯基（Stuart Krichevsky）。

最後，我要感謝普林斯頓高等研究院的熱情款待，本書絕大部分是在這裡寫作完成的。愛因斯坦在該地度過了生命的最後數十年，本書述及的一些物理革命性發展，有許多即來自於他的先驅研究。能在此地撰寫本書是再恰當不過了。

穿梭超時空　目錄

HYPERSPASCE HYPERSPASCE

YPERSPASCE HYPERSPASC

然而創造性的原則卻是存在於數學之中。
因此，在某種程度上，
我也和古人一樣，
相信能藉由抽象概念掌握真理。

愛因斯坦（Albert Einstein）

第一部

進入第五次元

第一章

超越時空的世界

我想知道上帝是如何創造這個世界。
我對於瑣碎的現象並沒有興趣。
我想知道祂的意向，其他的都只是末節。
——愛因斯坦

一位物理學家的教育

童年發生的兩件事，豐富了我對世界的認識，並引導我成為一名理論物理學者。

我記得，當時我的父母親有時候會帶我去拜訪舊金山著名的日本茶苑（Japanese Tea Garden）。我的童年最快樂回憶之一，就是蹲在茶苑的池塘旁邊，看著池中的鯉魚閃耀著醉人的色彩，在睡蓮底下悠然滑過。

在寧靜的片刻，我自在地讓想像力任意奔馳；當時我會問自己一些只有小孩才會問的可笑問題，像是，池塘裡的鯉魚是如何看待牠們周圍的世界。我心想，牠們身處的世界是多麼奇妙啊！

那些鯉魚一輩子都活在淺池塘裡面，必然會認為牠們的「宇宙」只包含了泥濘的池水和睡蓮。牠們大部分的時間都在池底覓食，只會隱約察覺水面上或許存在著奇異的世界。我身處的世界實在是牠們所無法理解的。我當時感到困惑的是，我就坐在離鯉魚幾英寸遠的地方，與牠們的距離卻有如間隔著鴻溝。鯉魚和我各自在不同的世界裡生活，從來不曾進入對方的世界，但我們之間卻只隔著一道最薄的界限，也就是水面。

我有一次想像在魚群裡面說不定有一群鯉魚「科學家」。我想，如果有某一條魚提出假設，認為在睡蓮之上存在著平行的宇宙，這些科學家一定會加以嘲弄。對一位鯉魚「科學家」而言，只有魚類能夠看得到或觸摸得到的東西才是真實的。池塘就是一切。池塘之外看不到的宇宙根本就是不科學的。

我有一次碰到暴風雨，看到成千上萬的細小雨滴衝擊著池面。池塘表面波濤洶湧，睡蓮也因為水波的推動而四處擺盪。我一邊尋找地方躲避風雨，一邊覺得疑惑，鯉魚會如何看待這一切。對鯉魚而言，睡蓮看起來根本就是自己在四處移動，沒有任何東西在推動它們。牠們所賴以維生的水就像我們周圍的空氣和空間一樣是不可見的，牠們一定會對睡蓮能夠自行移動而感到奇怪。

我當時想像，牠們的科學家大概會虛擬出一種聰明的構想，稱之為「作用力」（force），這樣就可以隱瞞牠們的無知。由於牠們無法了解在不可見的水面上會產生波浪，於是下了這樣的結論：睡蓮可以在沒有外力的碰觸下自由移動，這是一種不可見的神秘實體，也就是所謂的作用力造成的現象。他們或許會為這種幻覺賦予一個令人印象深刻、高不可攀的名稱（例如：「超距作用」（action-at-distance），或者「在沒有任何東西碰觸下睡蓮的移動能力」）。

我有一次想像，如果我伸手下去把一條鯉魚科學家撈出池塘水面，不知道會發生什麼事。在我觀察這條魚並把牠丟回水裡之前，牠一定會猛烈地扭動。我很好奇其他的鯉魚對此會有什麼看法。對牠們而言，這根本就是無法解釋的事件。牠們首先會注意到，一位科學家從牠們的世界裡消失了。牠就這樣消失無踪。無論牠們如何尋找，這條鯉魚就這樣從牠們的世界裡消失，完全不留痕跡。接著在幾秒鐘之後，當我把牠丟回池塘裡，這位科學家又會突然出現。對其他鯉魚而言，這完全是一個奇蹟。

在驚魂甫定之後，這位科學家會說出令人驚異的故事。牠會說：「我在沒有任何預兆之下，也不知道怎麼回事就被抓出了這個世界（池塘），並被拋到神秘的陰曹地府，那裡有閃耀的光芒，以及我從來沒有看過的奇形怪狀物體。最奇異的就是抓住我的生物，他看起來一點都不像魚。最駭人的是，他根本沒有像魚鰭一樣的東西，卻還能夠行動。我所熟悉的自然律在這個陰曹地府竟然不適用。之後，我發覺自己又突然被拋回到我們的世界。」（當然啦，這個超出宇宙的經歷實在是太神奇了，絕大多數的鯉魚一定會予以排斥，認為這根本就是一派胡言）。

我一直在想，我們就像是鯉魚，在我們的池塘裡悠然自得地游泳度過一生，並確信我們的宇宙只包含了我們所能見到或碰觸得到的熟悉事物。我們自以為是地否認會有我們無法掌握的平行宇宙，或平行次元（dimension，或稱為「維」、「維度」）與我們的宇宙並存。我們的科學家因無法想像充斥在我們周遭虛空中的不可見振動，於是發明了「作用力」這類的概念。更有部分科學家，由於他們無法在實驗室裡測量到令人信服的證據，而蔑視高等次元的想法。

自那時候起，我就一直陶醉於其他次元可能存在的想法。我和大多數的孩子一樣，大量接觸時光旅行的冒險故事，時光行者進入其他次元去探索不可見的平行宇宙，普通物理定律在那些地方當然都暫時被擱在一邊。我從小到大都一直在揣測，航行進入百慕達三角（Bermuda Triangle）的船隻是不是會神秘地失陷在空間的漏洞裡；我也曾經沉迷於艾西莫夫（Isaac Asimov）的星球基地系列故事（Foundation Series）。故事裡的銀河帝國（Galactic Empire）就是因為超空間旅行的發現而誕生的。

童年裡的第二個事件也讓我留下了深遠的印象。八歲時，我聽到了一個令我終生不忘的故事。我記得學校老師告訴班上同學一個當時剛過世的偉大科學家的故事，並推崇他是歷史上最偉大的科學家之一。他們說，很少人能夠了解他的想法，但是他的發現卻改變了全世界，以及我們周遭的一切事物。我當時並不十分了解他們想要傳達的想法，但這個人最吸引我的地方是，他在完成他最偉大發現之前就去世了。他花了好多年研究這個理論，而這批未完成的報告到他死的時候，都還留在書桌上。

這個故事讓我陶醉。孩子都會認為這是個謎團，他未完成的工作到底是什麼？他書桌上那批報告裡到底寫些什麼？到底是什麼問題這麼困難又這麼重要，連這麼偉大的科學家都要奉獻這麼多年的時光來尋求解答？我相當地好奇，因此決定要盡我所能學習有關愛因斯坦和他未完成的理論。我到現在還擁有這些溫馨的閱讀記憶，當時，我竭力尋找有關這位偉人及其理論的著作，並一個人安靜地閱讀了一段好長的時間。我讀遍了附近的圖書館藏書，隨後我開始搜尋市內的圖書館和書店，熱切地搜尋更多線索。我很快就發覺，這個故事比任何神秘謀殺案都來得更有趣，其重要性也遠超過我的想像。我決定要對這個謎團追根究柢，就算我必須因此而成為一位理論物理學家，也在所不惜。

我很快就知道愛因斯坦書桌上那份未完論文的內容，那是他試圖建構他稱之為「統一場論」（unified field theory）的研究。這個理論可以解釋所有的自然律，從最小的原子到最大的銀河系都適用。我當時還是個孩子，並不了解在茶苑裡面游泳的鯉魚和愛因斯坦桌上未完成的報告之間可能會有關聯；我當時也不了解，高等次元可能就是解答統一場論的關鍵。

隨後在高中階段，我幾乎讀遍了當地圖書館藏書，並經常拜訪史丹佛大學的物理圖書館。我就在那裡發現，愛因斯坦的研究結果讓我們發現了一種新物質，也就是反物質（antimatter），這種物質的許多特性和普通物質雷同，但是一旦接觸到物質就會爆炸成一團能量而湮滅。我也讀到有些科學家已經建造出大型的機器，也就是「粒子對撞機」（atom smashers），這種機器能夠在實驗室裡製造出微量的反物質。

年輕的優勢之一就是初生之犢不畏虎。大多數成年人視為畏途的艱難險阻，年輕人往往視若無睹。於是，我開始製造一具粒子對撞機。我閱讀科學文獻，並且自信能夠建造一具電子感應加速器（betatron），這台儀器可以將電子推動到好幾百萬個電子伏特（每一百萬電子伏特，相當於以一百萬伏特的電場將電子加速所獲得的能量）。

我首先購買了少量的鈉－22，這放射性物質能自然地放射正電子（也就是電子的反物質）。隨後，我還製造了所謂的霧室，這個設備可以讓我們看到次原子粒子的痕跡。我當時成功地拍攝了好幾百張反物質痕跡的漂亮照片。隨後，我在當地各個大型電子器材商店搜刮必要的零件，包括好幾百磅重的變壓器鋼鐵廢棄物，我就在我的車庫裡完成了一具二・三百萬電子伏特的電子迴旋加速器，產生的能量足以形成反電子光束。電子迴旋加速器需要一具龐大的電磁鐵，我說服我的父母親幫我在高中美式足球場上纏繞二十二英里長的銅製線圈，這才大功告成。整個聖誕節假期，我們就在五十碼線上纏繞、組合龐大的線圈，最終完成了一座高能量電子彎曲通道。

製造完成的電子迴旋加速器重達三百磅，能量為六千瓦，足以把我們房子產生的能量全部耗盡。我一啟動這台機器，幾乎每次都會把所有的保險絲燒斷，使房子忽然陷入一片漆黑中。由於狀況頻仍，我的母親常常會搖頭嘆息（我想她可能在感嘆，為什麼她的孩子不能像其他小孩一樣去玩棒球或籃球，卻在車庫裡面建造這些龐大的電子機器）。我對這台機器非常滿意，它產生的磁場高達地球的二萬餘倍，如此方能推動加速電子束。

面對第五次元

由於家境清寒，父母沒有能力繼續支持我的實驗以及教育。所幸，我在許多科學研究計畫上獲得獎勵，引起了原子科學家泰勒（Edward Teller）的注意。他的太太很慷慨地安排我接受哈佛大學的四年獎學金，讓我得以實現我的夢想。

諷刺的是，我雖然在哈佛大學開始理論物理學的正統訓練，但我對高等次元的興趣卻也在這裡逐漸喪失殆盡。我和其他的物理學家一樣，開始接受一連串緊密而完整的教育課程，學習每一種作用力的高等數學，但它們彼此間卻完全無關。我還記得自己在電動力學課程裡為講師解決一道難題時，我問他，如果空間在高等次元遭到扭曲，那麼這個問題該如何解答。他用奇怪的眼神看著我，好像我有點瘋顛。我和其他的前輩一樣，很快就知道該把早期有關高等次元的童稚信念擺在一邊，他們說超空間並不適合作為嚴肅的研究課題。

我對這種毫無系統的物理學習方式並不滿意，我的思維也不斷地飄回茶苑池塘裡的鯉魚身上。十九世紀的馬克士威發現了能夠描述電流與磁力的公式，這些公式雖然異常好用，卻失之武斷。我當時覺得物理學家就像鯉魚一樣，藉著發明這些作用力來隱藏我們的無知，並試圖解釋為什麼物體能夠在不相互碰觸的情況下推動對方。我從學習過程裡知道，十九世紀最大的爭議之一就是：光是如何穿越虛空（empty，從恆星射出的光線可以輕易穿越外太空的真空，到達無窮盡的遙遠距離）。實驗顯示，光的確是一種波。但是假如光是一種波，它就需要藉著某種東西來「波動」。聲波需要空氣，水波需要水，但是在真空裡根本沒有東西可以用來波動，於是產生矛盾。如果沒有賴以波動的介質，那麼光怎麼可能是一種波呢？於是物理學家炮製出一種稱為「以太」（aether）的物質，這種物質填滿真空並形成光的介質。然而實驗卻證實「以太」根本不存在❶。

最後，就在我進入加州大學柏克萊分校的物理研究所就讀時，我意外發現了一套相當奇特的理論，並為之震驚不已（雖然它仍有爭議，卻能夠解釋光如何穿越真空）。那種震撼類似許多美國人初次聽到甘迺迪總統遇刺消息時的感受。他們能夠清楚記得聽到這個驚人新聞的確實時間，當時他們在做什麼，他們和誰說話。我們物理學家初次意外讀到克魯查—克萊因理論（Kaluza-Klein theory）時，也會經歷到這樣的震撼。由於一般認為這個理論完全是空想之作，研究所裡從來沒有人教授這個理論。因此，年輕的物理學家都是在閒暇閱讀時無意發現到它的。

這個另類理論對光提出了最簡潔的說明：光實際上是第五次元的振動，也就是過去神話裡面所謂的第四次元。光之所以能夠穿越真空是因為真空本身就能振動，「真空」實際上是存在於四次元空間及時間次元裡。只要增加第五次元，我們就可以將重力和光簡潔地統合在一起，簡單的讓人不敢相信。

回顧我在茶苑的童年經驗，我忽然了解這就是我一直在追尋的數學理論。由於技術上的難題，超過半個世紀以來，老舊的克魯查—克萊因理論始終沒有實用價值。但這種情況卻在過去十年裡完全改觀了，克魯查—克萊因理論的更先進版本紛紛出現，例如：超重力論（supergravity theory）與超弦理論（superstring theory）終於能破解該理論的矛盾。一夕之間，世界各地的實驗室都競相研究高等次元理論。許多世界頂尖物理學家都相信，超越四次元時空的高等次元確實存在；這個學說已經成為嚴肅科學研究的焦點。許多理論物理學家現在都相信，唯有研究高等次元，才能創造出足以統一各個自然律的廣義理論，也就是超空間論。

如果我們能證實這個理論，未來的科學史家可能會記載，我們在二十世紀了解了超空間可能正是破解自然與上帝創世本質的關鍵，這是當時科學概念的偉大革命之一。

這個基本概念啟發了連串的科學研究：世界各地重要實驗室的理論物理學家，撰寫了上千份探索超空間特性的研究報告。《核子物理學》（*Nuclear Physics*）與《物理通訊》（*Physics Letters*）這兩份頂尖科學期刊，也持續以大量篇幅刊載許多文章來分析該理論，全球也舉辦了兩百多場國際性物理研討會，探討高等次元的影響。

然而，我們卻仍然無法以實驗證實，我們的宇宙是存在於高等次元之內（本書隨後的章節還要討論證實這項理論的實際步驟，以及駕馭超空間力量的可能作法）。無論如何，這個成熟的理論已經成為現代理論物理學的一個正統分支。例如，愛因斯坦生前最後數十年所任職的普林斯頓高等研究院（Institute for Advanced Study at Princeton，也是我撰寫本書之處）已經成為高等時空次元的研究重鎮。

諾貝爾獎一九七九年物理獎得主溫伯格（Steven Weinberg）在最近的評論裡，將這個概念突破摘要陳述，他認為理論物理已經愈來愈像科幻小說了。

---

❶ 直到今天，物理界竟然仍然無法明確地解答這個問題。不過經過這數十年來，我們已經習於接受，即使沒有波動的介質，光還是可以穿越真空。

為什麼我們看不到高等次元？

剛接觸這個革命性學說時會覺得相當突兀，因為我們都理所當然地認定我們的世界是三次元的。已逝物理學家帕格（Heinz Pagels）曾經表示：「我們的物理世界太明顯了，多數人根本不會感到困惑——空間當然是三次元的。」我們幾乎光靠本能就知道任何物體都可以用長、寬、高來表示。只要賦予三個數字，我們就可以在空間裡定位。如果我們希望在紐約和某人共進午餐，我們會說：「我們在四十二街和第一大道轉角那棟建築的二十四樓見面。」兩個數字告訴我們街道轉角，第三個數字則告訴我們離地高度。

飛機駕駛員也可以從三個數字知道自己的精確位置——飛行高度與在座標方格或地圖上定位的兩個座標。事實上，只要將這三個數字標示出來，就可以確定我們世界任何地點的位置，無論是我們的鼻尖，或是可見宇宙的邊界。甚至連小寶寶也了解這一點：以嬰兒為對象的試驗已經顯示，他們會爬到懸崖邊緣，頭伸出崖邊觀察，然後爬回來。小寶寶除了憑本能就知道前、後、左、右之外，他們還能分辨上、下。三次元的本能觀念，打從我們幼時就已深植在我們的腦中。

愛因斯坦將這個概念擴充，納入時間成為第四次元。例如：要和那位某人共進午餐，我們必須說明要在，好比說，中午十二點半在曼哈頓見面；換言之，要說明一個事件，我們就必須描述其第四次元，事件的發生時間

現在的科學家希望能超越愛因斯坦的第四次元概念。目前的科學界專注於第五次元（超越時間次元與空間三次元）和更高次元（為了避免混淆，我在本書裡將這個第四次元特別提出來，稱

之為超越長、寬、高的空間次元。物理學家則稱此為第五次元，不過我要遵循前輩的作法，我們就將時間稱為第四時間次元）。

我們要怎樣「看」這個第四空間次元？

問題是，我們根本看不到它。高等次元的各度空間是不可視的，無論你怎樣試都沒有用。德國著名物理學家亥姆霍茲（Hermann von Helmholtz）將我們不能「看」到第四次元的情況，與盲人無法理解顏色概念的情況相提並論。無論我們如何口沫橫飛地向盲人描述「紅色」，語言就是無法把顏色的多彩多姿傳達給別人。既使是研究高等次元多年的老練數學家和理論物理學家也都承認，他們根本無法想像這些次元的樣貌。他們只好退而求其次，以數學公式來描述。雖然數學家、物理學家和電腦都能夠解出多次元空間公式，人類對於所處世界之外的宇宙卻根本無從想像。

我們只能使用本世紀初的數學奇人欣頓（Charles Hinton）發展出來的數學伎倆，聊以一瞥高等次元物體的投影。此外，有其他數學家，例如，布朗大學（Brown University）數學系主任班考夫（Thomas Banchoff）等人，則已經完成了電腦程式的撰寫，讓我們能夠將高等次元物體投影到電腦的二次元平面螢幕上。希臘哲學家柏拉圖（Plato）曾經說過，我們就像是無可救藥的穴居人，無法看到洞穴外面的無窮生機，卻只能看到其暗影。班考夫的電腦則讓我們目睹高等次元物體的投影（我們實際上是因為演化的意外發展，而無法看到高等次元。我們的大腦是為了應付三次元世界裡的各種緊急狀況而演化出來的，於是，一旦有獅子躍撲而來或大象向我們衝過來，我們能夠不加思索，光憑本能就可以辨識並作出反應。事實上，能夠在三次元世界裡看出物體移動、轉身，或扭曲的人，就比不具備這項本領者更具生存優勢。很不幸地，人類並沒有應付四次元空間行動的天擇壓力，因為具備看到第四空間次元的能力並無助於逃避劍齒虎，獅子和老虎並不會從第四次元撲出來攻擊人類。）

高等次元的自然律較為單純

有一位物理學家喜歡以高等次元宇宙調侃聽眾，他的名字叫做佛洛恩德（Peter Freund）。這位理論物理學教授任職於芝加哥大學著名的費米研究所（Enrico Fermi Institute）。早自一般人認為超空間理論超出主流物理研究範疇的時代，佛洛恩德就從事超空間理論研究。這位研究先鋒和一小群科學家各自投身於高等次元科學研究；如今，這門學科終於成為正統科學研究領域的一環，他相當高興自己早年的興趣終於有了回報。

佛洛恩德迥異於傳統科學家，他沒有偏執、乖戾、不修邊幅的形象，而是具有一種能言善道、深受文化陶冶的都會形象。他還會露齒綻放出狡猾的頑皮笑容，用奇妙的故事陳述動人的科學發現，深深吸引一般大眾的注意。無論他是在黑板上塗寫精密算式，或是在雞尾酒會與他人相互調侃，都一樣輕鬆寫意。佛洛恩德操著濃重的羅馬尼亞口音，卻擁有超凡的本領，能夠以生動有趣的方式解釋最深奧難懂的物理概念。

佛洛恩德提醒我們，傳統上，科學家因為一直無法測量高等次元，加上它無實用價值，而質疑高等次元的存在。不過，晚近科學界愈來愈能夠了解，任何三次元理論都「太小」了，無法描述或左右我們宇宙的所有自然作用力。

佛洛恩德強調，物理界在過去十年裡流傳的一個基本觀點是：以高等次元來呈現自然律會更單純、更優雅。高等次元就是自然律的歸屬，以高等次元來描述光與重力定律會更清晰分明。將所有自然律統一的關鍵就是增加空間與時間的次元數目，這樣才能夠將更多的自然作用力包含在內；高等次元有更多的「空間」可以統一所有已知的物理自然作用力。

佛洛恩德以一個比喻來解釋，高等次元為什麼可以激發物理學的想像空間，「我們就以獵豹為例，這是一種擁有流線型體態的漂亮動物，也是一種地球上跑得最快的動物，牠們在非洲大草原上自由徜徉。獵豹在自然棲息地裡是一種美妙的動物，幾乎可以說是一種藝術傑作，牠們擁有其他任何動物所無法匹敵的速度與優雅特性。現在，」他繼續說明如下：

假設有一隻獵豹被人類捕獲，並送到動物園悽慘地關在籠子裡。這隻獵豹喪失了原有的典雅美貌，被展示以供人類觀賞。我們所能看到的獵豹在籠子裡一直是垂頭喪氣，精神不振，我們看不到牠原有的力量與優雅。我們可以用獵豹來比擬物理定律，在它們的自然環境裡，這些定律都相當美麗。物理定律的自然棲息地就是高等次元時空。我們卻只能在這些物理定律被剝奪原貌，關在籠子裡展示的時候，才能加以觀測，這個籠子就是我們的三度空間實驗室。我們只有在獵豹的優雅與美麗外觀被剝奪之後，才能看到牠。

數十年來，物理學家始終不解，為什麼這四個自然作用力（見後文）呈現出片段不完整的形貌？為什麼這隻關在籠子裡的獵豹看來會這麼悽慘，這麼頹喪。佛洛恩德說過，這四個自然作用力之所以不能統合的主要原因是，我們一直在觀測「被關起來的獵豹」，我們的三度空間驗實室對所有物理定律而言，就是死氣沉沉的動物園牢籠。一旦我們在高等次元時空裡鋪陳這些物理定律，也就回歸到了定律的自然棲息地，我們就能看到真正的絢麗外觀與無窮力量；這些定律會變得相當單純，且威力無窮。最近席捲物理界的革命性創新學說認為，超空間可能就是這隻獵豹的自然歸屬地。

接著，我就說明為什麼增加一個高等次元可以使事件簡化。想像古羅馬人發生重大戰役時的戰略：古羅馬時代的偉大戰役通常都在許多小型戰場同時進行，且經常是一片混亂，許多流言和錯誤情報從各處傳達給交戰雙方。雙方在許多前線地點激戰，羅馬將軍通常是盲目指揮，而羅馬人常是依靠蠻力，而不是因為精妙的戰術而獲勝。因此，教戰第一守則都是要先行佔領高地。換句話說，就是要跳升到第三次元，來超越二次元的戰場。從高峰的據高點可以一覽無遺鳥瞰戰場，混亂的戰局突然不再那麼混亂。換句話說，從第三空間（也就是從丘陵頂峰）觀測小型戰場的混亂場面，就可以統整為條理分明的單一場景。

以高等次元來描述自然可收簡約之功，愛因斯坦成功運用這個原則，並成為狹義相對論的中心思想。愛因斯坦發現時間是第四次元，並證明空間和時間能夠很自然地統合為一，並形成一個四次元理論。接著，他又很自然地發展出他的新概念，將所有以空間與時間為測量基礎的物理量統合整在一起，例如，質量（matter）與能量（energy）。他接著就發現了描述質量與能量統一關係的精確數學式：$E = mc^2$，這可能是全世界最著名的科學公式❷。

接著，我就要向大家介紹這個統合架構的龐大威力。現在就讓我們來描述這四個基本作用力，並強調其中的差異，以及如何運用高等次元來建構統一的形式。過去兩千年來，科學家已經發現我們宇宙的所有現象，都可以簡化成四個作用力，乍看之下彼此之間並沒有雷同之處。

■電磁力

電磁力（electromagnetic force）有不同的表現形式，包括電力、磁力和光本身。電磁力可以照亮我們的都市、推動收音機與音響播放音樂、推動電視機提供娛樂、推動家電設備減輕家事負擔、推動微波爐加熱食物、推動雷達追踪飛機與太空探測器，有電磁力我們的發電廠才能發電。最近我們還開始將電磁力運用在電腦（電腦已經讓我們的辦公室、家庭、學校，與軍隊產生了革命性的改變），以及雷射（雷射開創出的新領域包括電信、醫學手術、光碟、五角大廈高級武器系統，甚至於超市的結帳收銀台）上。地球上有超過半數的國民生產毛額，或多或少都要借助於電磁力。

■強核力

強核力（strong nuclear force）提供恆星燃燒的能量。強核力讓恆星放射光芒，並且創造出以絢麗光照孕育生命的太陽。如果強核力忽然消失，太陽就會黯淡無光，地球上的生命也將全體滅

❷高等次元理論影響所及當然不限於學術領域，愛因斯坦的理論的最直接結果就是製造出改變人類命運的原子彈。就此而言，高等次元學說的發軔已經成為人類歷史上最重要的科學發現之一。

絕。事實上，部分科學家認為，造成恐龍在六千五百萬年前滅絕的原因，就是因為彗星撞擊地球，而將殘骸噴灑到大氣層裡，造成地表昏暗無光，使地球周圍的溫度遽降。諷刺的是，強核力也可能在未來徹底終結地球上的全體物種。氫彈的爆炸正是運用強核力的原理，其威力足以毀滅地球上的一切生命。

■弱核力

弱核力（weak nuclear force）左右了部分放射性物質的衰變型態。由於放射性物質在衰變或崩毀的過程裡會散發出熱，因此弱核力能夠在地球深處加熱放射性岩石；產生的熱能就可能形成火山，也就是地表少見卻威力無窮的熔岩噴發。我們也可以開發弱力或電磁力來治療重大疾病：我們已經使用放射性碘來殺死甲狀腺腫瘤，並對抗不同種類的癌症。放射性衰變的力量也可以致命：發生於三哩島與車諾比的外洩災變就是其中的兩個例子。放射性衰變還會產生放射性廢料，這是核能武器在製造過程中，與商用核能電廠在運作時，無可避免的副產品；這些廢料在往後數百萬年裡都還具有殺傷力。

■重力

重力（gravitational force，或稱「引力」）可以維持地球與其他星球在軌道上運轉，並且透過物質間的引力形成本銀河系。如果地球沒有重力，我們將隨著地球的自轉而像布娃娃一般被拋到太空中，我們呼吸的空氣也很快就會擴散到太空中，使我們窒息而死，地球上的所有生命也都無法存活。如果太陽沒有重力，包括地球在內的所有行星都會飛離太陽系，遠飄到寒冷的深空中；當太陽在如此遙遠的天際，其光線會過於黯淡而無法支持生命。事實上，如果沒有地心引力，太陽本身就會爆炸。太陽本身就是重力與強核力之間微妙平衡的結果，只有重力會使星球塌縮，光有核力則會使星球爆裂。如果沒有重力，太陽就會爆炸，並產生等同於無數億兆顆氫彈同時爆炸的威力。

今天理論物理學的最大挑戰，就是要把這四個作用力統整為單一的作用力。從愛因斯坦開始，這位二十世紀的物理學巨人曾試圖找到這種統一的架構，但仍功敗垂成。然而，愛因斯坦窮其三十年餘生而不得的解答，可能就在超空間裡。

尋求統一

愛因斯坦說過：「自然只讓我們看到獅子的尾巴，縱使受制牠的龐大體積而無法立即顯露出來，我仍然相信這條尾巴所屬的獅子（的確存在）。」如果愛因斯坦所言為是，或許這四個作用力正是「獅子的尾巴」，而「獅子」本身就是高次元時空。由於這個想法，讓我們對於宇宙裡的所有物理定律有了不同的期望。過去要描述這些定律影響所及的現象，需要用大量的圖表編輯成書，足可塞滿整個圖書館，未來可能只要一條公式就足以解釋這一切現象。

我們終於了解，宇宙統一觀的終極源頭可能就是高等次元幾何學，這就是革命性宇宙觀的核心思想。直截了當地說，宇宙裡的所有物質和將物質束縛在一起的各種作用力，所呈現出的無窮複雜形式，很可能只是超空間裡的不同振動而已。但這個概念卻違背了科學界的傳統信念，科學家一向將空間與時間視為被動的舞台背景，恆星與原子才是主角。就科學家而言，可見的物質宇宙遠比不可見的時空宇宙的靜止和虛空更為多彩多姿。幾乎所有的重大科學研究成果，或是透過政府龐大預算補助的粒子物理學研究，都是在分類次原子粒子（subatomic particles）的性質，例如，「夸克」（quark）、「膠子」（gluon）等，而非探尋幾何的本質。如今，科學家終於逐漸了解，空間與時間的「無用」概念，或許正是自然之單純與美的終極源頭。

高等次元的第一個理論稱為克魯查—克萊因理論，這是根據發明這個理論的兩位科學家而命名的。他們所提出的重力新論，認為我們可以用第五次元的振動來解釋光。如果我們將這個理論擴展到N次元空間（N可以代入任何整數），原先那些看起來粗陋的次原子粒子理論，突然間就變得異常勻稱調和。不過，原版的克魯查—克萊因理論卻不能正確決定N值，同時在技術上無法完整地描述所有的次原子粒子。這個理論的更先進版本稱為超重力理論，但是這個理論本身也有問題。這個理論的最新進展發生於一九八四年，物理學家格林（Michael Green）與舒瓦茲（John Schwarz）完成了克魯查—克萊因理論的最新版本，稱為超弦理論，並成功地展示其一致性。這個理論假定所有的物質都包含纖細的振動弦（vibrating strings）。讓人震驚的是，超弦理論竟然能夠精確預測時空的次元數：十次元[3]。

採用十次元空間的優勢是，我們會有「充足的空間」來容納四個基本作用力。此外，我們運用威力強大的粒子對撞機所產生的次原子粒子品類複雜無章，現在也可以透過十次元空間的單純物理特性來解釋。在過去三十年裡，物理學家以原子撞擊質子與電子，研究它所產生的數百種次原子粒子碎片，並細心將其歸類。就像昆蟲標本蒐集者會耐心地為龐大數量的昆蟲標本一一命名，有時候，物理學家在面對如此龐雜的次原子粒子種類時，也會茫然地不知從何著手。如今，原先一團混亂的次原子粒子都可以用超空間理論的振動說得到解釋。

穿梭時空

超空間理論也提出了一個老問題，我們是否能夠運用超空間展開時空旅行？要了解這個概念，請想像有一群細小的扁形蟲住在一個大蘋果的表面。對這一群扁形蟲而言，牠們居住的世界是一個平直的二次元世界（扁形蟲稱之為「蘋果世界」），就像牠們本身一樣。不過有一隻叫做哥倫布的扁形蟲卻執著於一種想法，牠認為蘋果世界的範圍是有限的，同時在一個牠稱之為「三

---

❸有人問佛洛恩德，我們要到什麼時候才能看到這些高等次元？他笑了。我們看不到高等次元，因為這些次元都蜷曲成為微細的球體，體積小到無法偵測。根據克魯查—克萊因理論，所有這些蜷曲次元的尺寸能以蒲朗克長度（Planck length）❹來描述，這個尺寸是質子的一千萬逃分之一那麼小，實在太小了，即使是最大型的粒子對撞機也無法探測到。高能物理學家一度期望價值美金一一〇億元的超導超級高撞機可以間接一瞥超空間的掠影（美國國會於一九九三年取消建造超導超級對撞機）。

❹本書內文會不斷出現這個不可思議的超小距離。這是重力量子理論的典型基本長度，其原因非常簡單；任何重力理論的重力強度都是以牛頓常數來衡量。不過，物理學者所使用的一套簡化單位將光速c設定為1。也就是說，一秒鐘相當於186,000英里。同理，我們也將蒲朗克常數除以2π所得之數值設定為1，這樣就能夠設定秒數與爾格（erg）能量的數量關係。透過這些相當方便的奇異單位，我們就可以將包托牛頓常數在內的一切數字簡化為公分。這樣一來，當我們計算牛頓常數的相關長度時，就可以得到精確的蒲朗克長度，即10－33公分，或10^{20}億電子伏特。於是，我們就能以這種細微距離尺度來測量所有的量子重力效應。於是我們知道，這些不可見的高等次元的尺寸確實是為蒲朗克長度大小。

次元」的世界裡被扭曲。牠甚至新創出兩個字眼，上與下，來描述這個不可見的第三次元裡的運動狀態。有些扁形蟲朋友認為牠是傻瓜，因為牠相信蘋果世界是在某種不可見的次元裡被扭曲，然而，卻沒有「人」看得到或感覺得到這個次元。有一天，哥倫布出發進行艱難的長途旅行，並且消失在地平線的遠處。最後，牠終於回到原始出發點。牠的旅途證明了蘋果世界是在不可見的高等次元，也就是第三次元中被扭曲。哥倫布旅行精疲力竭之餘，發現在蘋果上的兩點間旅行還另有蹊徑：牠可以鑽進蘋果鑿出隧道，並建構出通達遙遠地區的捷徑。這些隧道可以大量減少長途旅行所需的時間與不適，牠稱之為蟲洞（warmholes）。這些隧道顯示牠先前所學的並不全然正確，兩點之間的最短距離不見得是直線，而是穿越蟲洞。

哥倫布還發現一個奇特的現象，當牠進入一個隧道並從另一端出來的時候，發現自己竟然回到過去。很顯然地，這些蟲洞連結蘋果的不同部分，這些地區的時間以不同的速率進行。有些扁形蟲甚至宣稱，牠們可以將這些蟲洞修建成為實用的時光機器。

隨後，哥倫布又有了更偉大的發現——牠的蘋果世界並不是宇宙唯一的世界。這個世界只是寬廣的蘋果園裡的一顆蘋果。牠發現牠的蘋果與其他數百顆蘋果共存，有些蘋果上面住了類似牠們的扁形蟲，有些上面則不見蟲跡。牠推測在某些罕見的情況下，牠們甚至有可能在蘋果園裡的不同蘋果之間旅行。

我們人類就像是扁形蟲，我們的世界就像是牠們的蘋果世界，常識顯示我們的世界是平坦的並具備三次元。無論我們搭乘火箭飛往任何地方，宇宙似乎都是平坦的。然而，我們的宇宙實際上就和蘋果世界一樣，在不可見的次元裡被扭曲，並超越我們對空間的理解能力。這點已經過一些嚴謹的實驗確認，這些實驗研究光束的路徑，發現星光在宇宙空間裡穿梭時會彎曲行進。

多重連結的眾多宇宙

我們早上醒來推開窗戶讓新鮮空氣流通，並不預期會看到前院，也不預期會看到高聳的埃及金字塔。同樣地，當我們推開前門時，預期會看到的是街上的車陣，而不是荒涼月球表面的隕石坑和死火山。我們不加思索就假設，我們可以安全地推開窗門，而不會被嚇出一身冷汗。所幸，我們的世界並不是史蒂芬．史匹柏（Steven Spielberg）的電影場景，我們基於根深柢固的偏見（這卻是個正確的偏見）認為，我們的世界是一個簡單連結（simply connected）的世界，我們的門窗並不是通往遙遠宇宙的蟲洞入口（在一般正常的空間裡，我們必然可以將綁成活結的套索拉緊成一個結。如果可以做到這一點，那麼這個空間就是簡單連結空間。反之，如果我們將套索擺放在蟲洞的入口附近，它根本不能緊縮成一個結，因為這條套索已經進入蟲洞。這類不能讓套索緊縮的空間就稱為多重連結（multiply connected）空間。雖然我們已經以實驗測量出，我們的宇宙的確是在一個不可見次元裡被扭曲，但是蟲洞是否真的存在，以及我們的宇宙是否為多重連結的宇宙，仍是科學界爭議的話題）。

早在黎曼時代的數學家就已經對多重連結空間的本質進行研究，不同的空間區域與時間段落都在這裡相互結合。物理學者一度認為這只是鍛鍊腦力的習題，他們如今正在認真研究多重連結世界，並視之為我們宇宙的模型，而這些模型正是科學界的「愛麗絲的觀測鏡」。卡洛爾（Lewis Carroll）的白兔掉進兔子洞並進入仙境，牠實際上正是掉入一個蟲洞。

我們可以用一張紙和一把剪刀來製作蟲洞的模型：拿一張紙，中間剪出兩個洞，之後將兩個洞以一根管子連接（圖1.1）。只要你不走進蟲洞，我們的世界看起來就完全正常。學校裡所學的普通幾何學也都有效。然而一旦你掉進蟲洞，立刻就會被轉移到不同的時空區域，一直要等到你縮回腳步掉回到蟲洞裡，才能回到原先熟悉的世界。

時光旅行與嬰宇宙

蟲洞固然提供了奇妙的研究領域，然而經由超空間討論所引發最刺激的概念，大概就是能不能進行時光旅行。在《回到未來》（*Back to the Future*）電影裡面，米高•福克斯（Michael J. Fox）穿越時空回到過去，並見到青春期尚未成婚的雙親。他的母親竟然愛上他，並排拒他的父親。於是引發了一個棘手的問題，如果他的父母不曾結婚生子，怎麼會有他。

傳統上，科學界對於提出時光旅行想法的人都不予正視。「因果關係」（causality，所有的結果都發生於原因之後，而不能發生於原因之前的想法）是現代科學的根本，並早被奉為殿堂圭臬。然而在蟲洞物理學裡，「非因果」效應（acausal effects）卻一再出現。事實上，我們要極力避免造成時光旅行。最主要的問題是，蟲洞可能不只是連結遙遠空間距離的兩點，也可能連結未來與過去。

西元一九八八年，加州理工學院（California Institute of Technology）的物理學者索恩（Kip Thorne）等人，提出了驚人的（同時也很危險的）想法。他們認為時光旅行不只可行，並且可以發生於某特定狀況。刊出他們這個說法的期刊並非名不見經傳的刊物，而是聲譽卓著的《物理評

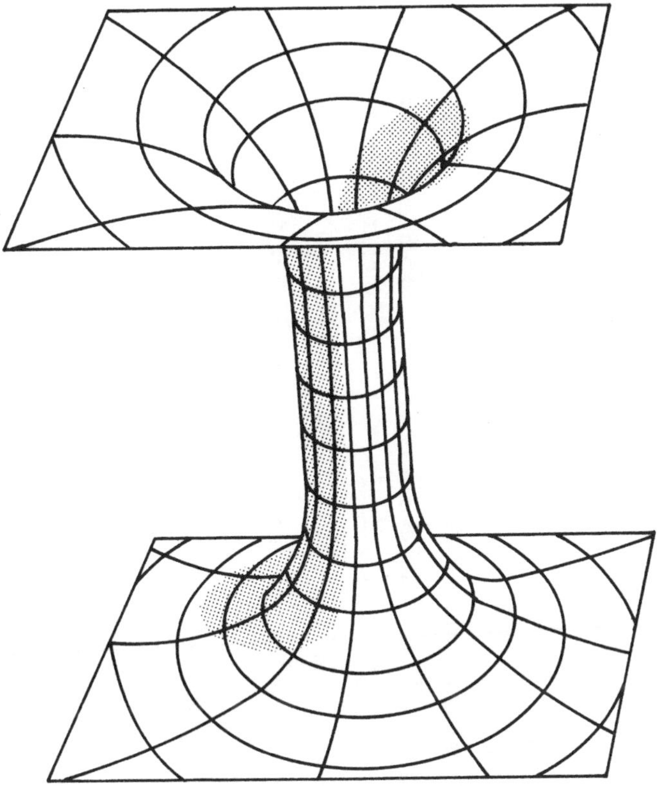

圖 1.1. 我們可以用兩個平行的平面來代表平行宇宙的外觀。通常，這兩個宇宙從不互動。不過，有時候在二者之間有可能會開啟一些蟲洞或管子，以展開互動或旅行。這個主題已經在理論物理學界引起極大的興趣。

論通訊》（*Physical Review Letters*）。這是有史以來第一群知名的物理學者，並非癡狂人士，所提出的科學論著，要基於科學的態度來改變時間的軌跡。他們的學說是基於單純的觀測，蟲洞所連接的兩個區域個別存在於不同的時間段落，因此蟲洞有可能連結現在與過去。由於穿越蟲洞幾乎不費任何時間，我們有可能穿過蟲洞回到過去。蟲洞旅行不同於威爾斯（H. G. Wells）在《時光機器》（*The Time Machine*）一書裡的敘述，書裡的機器只需要轉動一個轉盤，就可以將主角拋擲穿越悠久的時光，抵達英國的遙遠未來。事實上，我們會需要龐大的能量來製造蟲洞，而我們可能要在好幾個世紀之後，才能發展出所需的科技。

蟲洞物理學的另一個奇異結果是，在實驗室裡創造出「嬰宇宙」（baby universes）。我們固然無法重建大霹靂（the Big Bang），並目睹我們宇宙的誕生，然而任教於麻省理工學院（Massachusetts Institute Technology，MIT），並在天文學界貢獻卓著的古斯（Alan Guth），卻在幾年前發表了震撼學界的學說，他認為研究蟲洞物理學有可能促使我們有能力在實驗室裡創造出嬰宇宙。如果我們在一個艙室裡聚集高熱與大量能量，便有可能開啟一個蟲洞，並形成我們的宇宙和另一個小型宇宙之間的臍帶。如果這個說法可行，科學家就可以在實驗室裡創造出一個宇宙，並產生全新的宇宙觀。

神話與超空間

這些概念有些並非新創。過去數百年來，許多神話與哲學家一直在揣測，是否存在著不同的宇宙，與相互溝通的通道。長久以來，他們一直沉迷於探尋是否存在其他世界，而這些不可見又不可聞的世界與我們的宇宙並存。這些尚不為人所知的陰界，有可能就近在眼前卻是可望而不可及。實際上，這些世界有可能根本就環繞在我們周圍，並與我們的世界重疊而無所不在，這些可能性一直深深吸引著他們。截至目前為止，我們還是無法掌握或察覺到它們。這種閒談並沒有實際用途，因為我們還無法以數學式來具體呈現，進而測試這些想法。

溝通我們的宇宙和其他次元之間的通道，也是文學創作最愛使用的題材。科幻作家發現高等次元是不可或缺的工具，可以用來進行星際間的旅行。由於恆星之間相隔遙遠，科幻作家使用高等次元作為星際旅行的方便捷徑。他們並不採行遙遠的直接路徑來抵達其他銀河系，他們只需要搭乘火箭在超空間進行跳躍穿梭。例如，在《星際大戰》（*Star Wars*）電影裡，天行者路克（Luke Skywalker）就利用超空間逃避帝國星艦的追捕。電視影集《銀河飛龍》（*Star Trek: Deep Space Nine*）裡，偏遠的太空站附近開啟了一處蟲洞，只要幾秒鐘他們就可以跨越銀河系的遙遠距離。一夕之間，這個太空站成為跨銀河系對手劇烈競爭的中心舞台，他們相互爭奪這一處連接銀河系其他部分的關鍵地點。

自從三十年前，美國第十九魚雷轟炸機飛行小隊在加勒比海神秘失踪以來，神秘小說作家也順理成章地使用高等次元作為「百慕達三角」，或稱為「魔鬼三角」（Devil's Tringle），這個謎團的解答。某些人猜測，這些在百慕達三角失踪的飛機與船艦，實際上是進入了通往另一個世界的某種通道。

幾百年來，這些虛無飄渺的平行世界也激發了宗教界的無窮臆測。唯心論者一直懷疑逝去親友的靈魂，實際上是飄盪到了另一個次元。西元十七世紀的英國哲學家摩爾（Henry More）

認為鬼魂和靈魂的確存在，並宣稱他們就住在第四次元。他在《玄學指南》（*Enchiridion Metaphysicum*, 1671）裡論述道，我們感知不到的陰界的確存在，那裡也是鬼魂與靈魂的居所。

西元十九世紀的神學家找不到天堂或地獄，他們也曾經思索，天堂與地獄是不是可能都位於高等次元。有些人寫道，宇宙是由三個平行面所組成：地表、天堂與地獄。神學家威林克（Aurhur Willink）認為，上帝是居住於遠超越這三個平面的無限次元空間。

西元一八七〇年到一九二〇年間，對高等次元的興趣臻於巔峰，當時「第四次元」（指一個空間次元，不同於我們所知的第四時間次元）擄獲大眾的想像力，影響所及逐漸擴展到所有的藝術與科學的分支，並成為神怪與神秘的隱喻名詞。第四次元出現於各種文學創作之中，包括王爾德（Oscar Wilde）、杜斯妥也夫斯基（Fyodor Dostoyevsky）、普魯斯特（Marcel Proust）、威爾斯與康拉德（Joseph Conrad）等人的作品。還激發了包括斯克里亞賓（Alexander Scriabin）、瓦雷茲（Edgard Varese），與安泰爾（George Antheil）等人的部分音樂作品。許多名人也為之神往，例如：心理學家詹姆士（William James）、著名文人斯泰恩（Gertrude Stein），及社會革命家列寧（Vladimir Lenin）。

第四次元也啟發了畢卡索（Pablo Picasso）與杜象（Marcel Duchamp）的創作靈感，對於立體主義（Cubism）與表現主義（Expressionism）這兩個本世紀最重要的藝術思潮流派的發展產生了重大影響。藝術史家韓德森（Linda Dalrymple Henderson）曾經寫道：「第四次元就像黑洞一樣神秘而不為人所理解，就算對科學家也是如此。然而，第四次元的衝擊則遠高於黑洞或其他最近的任何科學假說，唯一的例外只有一九一九年以後提出的相對論（Relativity Theory）。」

這些不同的邏輯形式與奇特的幾何現象，完全違背我們的常識與常規，也令數學家訝然不已。例如，任教於牛津大學的數學家道奇森（Charles L. Dodgson）就和卡洛爾一樣，以這些奇異的數學理念為題材撰寫了許多書籍，並深受一代又一代學童的歡迎。愛麗絲掉到兔子洞裡或穿越鏡子進入神妙的仙境，那裡的笑臉貓（Cheshire Cat）能夠隱身，我們只能看到牠們的微笑，魔奇香菇把小孩子變成巨人，狂帽人（Mad Hatter）則聚集慶祝「不生日」（unbirthdays）。不知怎麼地，愛麗絲的世界竟是透過一面鏡子與一個奇怪的世界連結起來，那個世界人物講的話令人費解，常識也不能以常理衡量。

卡洛爾的大多數想法來自於十九世紀的德國偉大數學家黎曼，他是為高等次元的幾何學奠定數學基礎的頭一人。黎曼告訴我們，雖然這些不同宇宙對外行人而言是如此奇異，實際上卻有其完美的自洽性，同時遵循其本身的既存邏輯，西元二十世紀的數學發展也因而為之改觀。我們可以用實際的例子來說明這些想法。首先，將許多張紙疊在一起。現在，想像每一張紙都代表一個完整的世界，每一個世界也各自遵循著它不同於其他世界的物理定律。我們的宇宙只是其中之一，同時還存在有許多個平行世界。這些平面裡或許存在有許多種智慧生物，卻完全不知道其他生物的存在事實。其中一張紙上或許擁有愛麗絲的英國鄉村田園世界，另一張紙上則擁有神秘生物棲息的仙境世界。

通常，這些平行平面上的各個世界各自發展出不同的生命。不過在罕見的情形下，不同平面可能會相切，並將空間撕裂片刻，在兩個宇宙間破開一個通道。就像《銀河飛龍》裡的蟲洞一樣，如此一來，我們就有可能運用這些通道在不同世界之間旅行，這些通道就像是宇宙間的橋樑，可以溝通兩個宇宙或者同一個宇宙中的兩個地點（圖1.2）。難怪卡洛爾會發現孩童比成人更能接受這些可能性，成人對於空間與邏輯的成見會隨著年歲增長而根深柢固。事實上，黎曼的學說經由卡洛爾的詮釋成為一種高等次元理論，已經穩穩成為兒童文學與民間傳說的一部分，並且在數十年間促成其他許多經典兒童作品的出現，例如，《綠野仙踪》裡桃樂絲的歐茲國（the

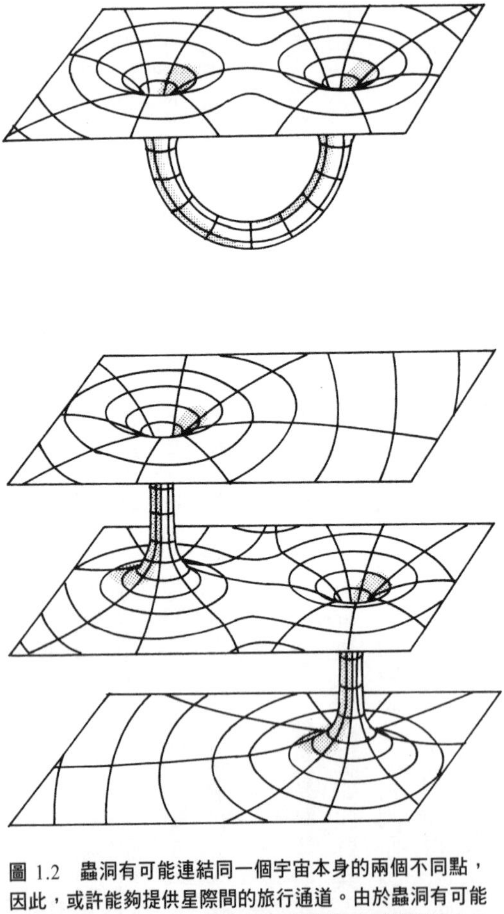

圖 1.2　蟲洞有可能連結同一個宇宙本身的兩個不同點，因此，或許能夠提供星際間的旅行通道。由於蟲洞有可能連接兩個不同的年代，我們也有可能運用蟲洞進行時光旅行。蟲洞也有可能連接無限個平行宇宙。我們希望有一天可以使用超空間理論來斷定蟲洞是真的能以物理狀態存在，或者僅只是用來滿足我們好奇心的數學推理。

Land of Oz），以及小飛俠彼得潘的不老國（the Never Never Land）。

這些平行世界的理論，因為欠缺實驗證明與物理學界的高度動機，竟然只能淪為科學的分支。兩千年來，科學家偶爾會重拾高等次元的理念，卻由於無法進行測試而被棄如敝屣。黎曼的高等幾何學理論雖然引起數學界的矚目，卻是叫好不叫座。縱然有部分科學家願意將己身清譽投入一博，進行高等次元研究，但很快就發現自己竟然成為學界的笑柄。高等次元空間竟然成為神秘主義者、癡狂之士，以及江湖術士等的最後棲身之所。

我們就要在本書中研究這些神秘主義者先驅的研究成果，主要是他們已經發展出很巧妙的方法，讓一般大眾可以想像出高等次元物體的可能具體形象。我們也就可以運用這些技巧來了解，如何讓一般大眾掌握這些高等次元理論。我們研究這些早期神秘主義者的工作成果，也可以清楚看出他們的推想欠缺了兩個概念：一個屬於物理學領域，另一個則是屬於數學的原則。從現代物理學角度觀之，我們已經知道它們欠缺的物理原則為，超空間可以簡化自然定律，並可能會使所有的自然作用力統整為純幾何學的論證。他們欠缺的數學原則稱為「場論」（field theory），也就是理論物理學的共通數學語言。

場論：物理學的語言

西元十九世紀的偉大英國科學家法拉第（Michael Faraday）首先提出場論。法拉第出身貧窮的鐵匠家庭，他發揮天分自學成功，並進行精密的電學與磁學實驗。他所想像的「作用力線」（lines of force）就像是從植物向外蔓延的蔓藤，以磁鐵或電荷為中心向四面八方擴散，充塞整個空間。法拉第能夠借助他的實驗器材，測量這些來自磁鐵或電荷的作用力線，在其實驗室裡的每一個點所引發的強度。於是，他可以在空間裡的任何一點標示出一組號碼，代表作用力的強度與方向。他將空間裡任何一點的數字集合視為一個整體，並命名為「場」（field）。法拉第有一個非常著名的故事。由於他的聲名遠播，經常有許多好奇的旁觀者來拜訪他。有一次有個人問他，他的研究成果有什麼用處？他回答：「一個小孩子有什麼用處？小孩子會長大成人。」有一天，英國的財政大臣（相當於財政部長）格萊斯頓（William Gladstone）到實驗室拜訪法拉第。格萊斯頓對科學一無所知，卻語帶譏諷地問法拉第，他這個實驗室裡大而無當的奇技淫巧對英格蘭會有什麼好處。法拉第回答：「大人，我對這些機器的未來用途一無所知，但我肯定有一天您會課以稅賦。」到如今，英格蘭整體財富的一大部分都是來自對法拉第研究成果的投資回收。

簡言之，「場」是一組數字的集合，它能完整地描述空間裡每一點的作用力。例如：我們可以使用三個數字來描述空間裡每一點的磁力線的強度與方向，我們還可以使用另外三個數字來描述空間裡任何一點的電場。當初，法拉第看到農夫在農場裡犁田，引發「場」的聯想而建構出他的概念。農場佔有空間裡的二次元區域，農場裡的任何一點都可以一串數字表示。例如，以數字來描述該地點埋有多少顆種子。法拉第的「場」則在空間佔有三次元區域，每一個點都有六個數字，來描述磁力線與電力線在該點的強度。

法拉第的場的概念為什麼這麼有用？因為所有的自然作用力都能以「場」來呈現。然而，在了解所有作用力的本質之前，我們必須要先能夠寫出這些力場所遵循的方程式。過去數百年來的理論物理學進展可以簡要地概述為，各種自然作用力場方程式的發展歷程。

例如，在西元一八六〇年代，蘇格蘭物理學者馬克士威寫下了電場與磁場的方程式。西元一九一五年，愛因斯坦發現了各種重力場方程式（the field equations for gravity）。西元一九七〇年代，在經過無數次失敗之後，我們終於發展出各種次原子力場方程式（the field equations for the subatomic forces），這是以楊振寧（C. N. Yang）與其學生米爾斯（R. L. Mills）的早期研究成果作為基礎的發展成果。這些不同的「場」，可以左右所有次原子粒子的交互作用，我們稱之為楊—米爾斯場（Yang-Mills fields，簡稱楊—米場）。不過，本世紀裡難倒物理學界的謎團是，次原子場方程式和愛因斯坦的場方程式為什麼會有那麼大的差別，換句話說，核力和重力為何會如此不同。部分頂尖的物理學家試圖破解這個問題，卻無功而退。

或許他們失敗的原因是因為太執著於常識，受限於三或四次元。次原子世界的場方程式，以及重力場方程式相當難以統一。超空間理論的優勢則是，所有這些「場」—米場、馬克士威場，及愛因斯坦場都可以自然而然地擺放在超空間裡。我們可以看到這些「場」在超空間場，就像是拼圖板一樣，可以精確地拼湊在一起。場論的其他用處是，我們可以藉此精確地計算出，在四次元時空形成蟲洞所需的能量。場理論不同於先前諸多理論，我們可以運用這個數學工具來指引我們建造不同的機器，或許有一天可以供我們任意使用來彎曲時空。

創世之謎

這麼說，我們是不是可以開始組織大型獵物狩獵團，前進到中生代（Mesozoic era）來獵捕恐龍？不。索恩、古斯和佛洛恩德都會告訴你，要探索這些反常空間所需的能量規模，遠超過地球上可用資源的蘊藏量。佛洛恩德提醒我們，探索第十次元所需的能量一百兆倍於目前最大型參粒子對撞機所能產生的能量。

彎曲時空所需的能量規模在往後數百年，甚至於千年裡，很可能都還無法達成，也很可能根本就是辦不到的事。即使世界上的所有國家通力合作，試圖製造出一具超空間探索機，也終將失敗。古斯指出，要在實驗室裡創造出嬰宇宙所需的溫度高達一千兆兆度，非我們能力所及。實際上，這個溫度還遠超過恆星的內部溫度。因此，愛因斯坦的物理定律及量子理論，很可能得以促成時光旅行，但卻不是我們地球人所能達成。畢竟，我們才剛剛有能力脫離我們行星的微弱重力場。我們固然驚嘆於蟲洞研究的可能應用方式，卻也了解只能將其潛能讓賢給更先進的外星文明。

有史以來，只有一個時期能提供這麼龐大的能量規模，那就是創世之初。為什麼即使是運用最大的粒子對撞機也不能測試超空間理論？因為那個理論根本就是創世理論。我們只有在大霹靂發生的剎那，才能夠看到超空間理論充分發揮其威力。於是我們導出一個相當刺激的想法，或許超空間理論可以破解宇宙起源之謎。

引用高等次元或許正是破解創世之謎的基礎。根據這個理論，在大霹靂之前，我們的宇宙實際上是完美的十次元宇宙，在那個世界裡可以進行次元間的旅行。然而，當時這個十次元的世界相當不穩定，終於爆裂成兩個不同的宇宙：一個為四次元，另一個則為六次元宇宙。我們所居住的宇宙就在那次宇宙驟變中誕生。我們的四次元宇宙向外急遽擴展，而我們的六次元雙生宇宙則劇烈地收縮，體積幾乎無限小。這個說法足以解釋大霹靂的起源。如果這個理論為真，那麼宇宙的急速擴張便只能說是，先前時空本身爆裂這個更大規模災變的次要餘震。我們所觀察到的宇宙擴張現象的驅動能量，則是來自於十次元時空崩毀的產物。根據這個理論，遙遠的恆星和銀河系以天文速度遠離我們，正是源於原始十次元時空的崩毀。

這個理論預測，我們的宇宙還有一個株儒雙生宇宙，一個捲曲成為六次元小球體的「伴宇宙」（companion universe），由於體積太小而無從觀測。這個六次元宇宙可不是附屬於我們的無用世界，有一天它很可能會成為我們的救星。

逃脫宇宙之死

俗話說，人類社會唯一不變的就是死亡與稅賦。就天文學家而言，唯一的定數則是終有一天宇宙會邁向死亡。有部分人認為，宇宙會以大崩墜（the Big Crunch）的形式死亡。重力會扭轉大霹靂所產生的宇宙擴張現象，並且將銀河系再度拉回崩潰成原來的物質團塊。恆星塌縮的時候，溫度會急遽上升，直到宇宙裡的所有物質與能量聚集形成巨大的火球，而將我們所熟知的宇宙摧毀為止。屆時，所有的生命形式都將毀滅而不復存在。沒有任何人可以脫逃。達爾文（Charles Darwin）與羅素（Bertrand Russell）等科學家與哲學家，都曾經悲悽地寫下我們可悲又徒勞的生存，我們的文明終有一天會在世界崩墜的時候慘遭滅亡。物理定律早已清楚頒布死亡令，宇宙裡的所有智慧生物都無從脫逃。

根據已逝哥倫比亞大學物理學家范伯格（Gerald Feinberg）所言，可能只有一個指望可以逃脫末日災難。他認為經過億萬年之後，智慧生物終於能夠掌握高等次元空間的秘密，他們就可以運用高等次元作為避開大崩墜的逃生艙。在我們宇宙崩潰的前一刻，我們的姊妹宇宙將會再度開展，那時候就可以進行次元間的旅行。在末日到來，所有物質即將崩潰的最後一刻，各種智慧生物有可能透過隧道進入高等次元空間，或者進入另一個宇宙，避開我們宇宙的死亡命運。之後，這些智慧生物就可以從高等次元空間避難所，目睹宇宙死亡崩墜的劇變。我們的母宇宙崩墜消滅之時，溫度會急遽上升，並產生另一次大霹靂。這些智慧生物就可以在超空間的最佳地點進行觀測，清楚看到最罕見的科學現象，另一個宇宙的創生以及他們新家的誕生。

超空間的主宰

雖然場論顯示，現代文明所能掌握的能量，遠不足以創造奇異的時空扭曲。這個說法導出兩個重要的問題：我們的文明雖然是以冪級數迅速地累積智識與能量，然而，到底要經過多久才能夠達到掌握超空間理論的程度？還有，宇宙中是不是已經有其他的智慧生物已經達到那個程度？

我們現在進行的討論非常有意思，因為正統科學家已經將我們的文明進程數量化，並計算到久遠的未來。屆時，太空旅行已是司空見慣，我們也會對附近的星系甚或其他銀河系展開殖民。雖然要掌握超空間所需的能量規模是天文數字，這群科學家指出，科學進展很可能會在往後的數百年間，持續以冪級數繼續成長，非人類心智所能掌控。自第二次大戰以來，科學知識的整體數量大約是每十到二十年就會倍增，到了二十一世紀，科技的進步有可能會遠超過我們最誇張的預期。今天我們只能夢想的科技有可能會在下一個世紀變成家常便飯。或許到那個時候，我們就可以來討論，何時我們會成為超空間的主宰。

時光旅行、平行宇宙、次元窗口。

這些概念本身和我們對宇宙的認識有些格格不入。不過，由於超空間理論本身是一種場論，我們總是希望能夠由數字來解答，並判斷這些有趣的概念是否真的存在。如果理論導出不符合實證數據的荒謬解答，那麼無論其數學運算是如何精密，我們還是要棄置。在最後的分析階段，我們要扮演的是物理學家，而不是哲學家。不過，如果它能夠通過考驗，並且能夠解釋現代物理學的對稱性，那麼它就會引發重大變革，其規模或許可與哥白尼或牛頓所引發的變革相提並論。

我們必須從頭開始講起，才能夠透徹了解這些概念。首先，我們必須學習如何掌握四度空間次元，接著才能理解十次元。我們可以運用歷史經驗來探索過去數十年來，科學家以巧思進行各種嘗試，試圖將高等次元具象化。因此，本書的第一步要針對高等次元的發現歷史背景著墨，並從最早投身其中的數學家黎曼開始敘述。黎曼的空前論述領先下個世紀的科學進展，他認為自然之道是以高等次元的幾何學為最終歸屬。

第二章 數學家和神幻術士

技術進展到一定程度就成為魔術。

——克拉克（A. C. Clarke）

西元一八五四年六月十日，一套新的幾何學誕生了。

黎曼在德國哥廷根大學（University of Göttingen）對該校教授群發表了著名的演說，首度闡述高等次元理論。他的精闢演說就像一間陰暗陳腐的房間，敞開門扉迎接夏日溫暖艷陽。黎曼的演講為世人引介，並認識了高等次元空間的卓越本質。

他的論文傑作《關於構成幾何基礎的假設》（*On the Hypotheses Which Lie at the Foundation of Geometry*）的重要性無與倫比。二千年來，沒有人能夠質疑動搖的希臘古典幾何學也被徹底撼動。古典歐幾里得（Euclid）幾何學裡的所有數字都屬於二次元或三次元，也因而傾圮，並從廢墟之中萌發出新的黎曼幾何學。這個新學說對未來的藝術以及科學領域的各個流派，都產生了無與倫比的影響力。在他演說之後的三十年內，「神秘的第四次元」將會影響歐洲的藝術、哲學與文學的進展。在黎曼的演說之後六十年內，愛因斯坦將會使用四次元的黎曼幾何學，來解釋宇宙的起源與演化。在他演講之後一百三十年，物理學家將試圖以十次元幾何學統整所有的物理宇宙定律。黎曼的研究成果核心則讓我們了解到，物理定律在高等次元可以更單純，這也是本書的中心思想。

飢貧中的耀眼才華

諷刺的是，黎曼根本就不像是能夠在數學及物理思潮領域裡，引起如此深遠變革的人。他的個性極度害羞，幾乎可以算是一種病症，他還一再陷入精神崩潰的狀態。他和古今許多世界頂尖的科學家一樣，身染常見的雙重症狀：物質極度匱乏與身心憔悴（肺結核）。他在研究工作上所表現出來的風範，大膽無畏與傲視同儕的卓越自信，與他的人格和性情完全是兩相逕庭。

西元一八二六年，黎曼誕生於德國漢諾威（Hanover），他的父親是一位貧窮的路德教派牧師，黎曼則是家裡六個孩子中的老二。他的父親曾經參加對抗拿破崙的戰役，並以鄉村牧師的職位，勉力供應黎曼大家族的衣食溫飽。傳記作家貝爾（E. T. Bell）寫道：「黎曼家的孩子其實並沒有精力不濟的現象，他們大多是因為幼時營養不良，而致身體虛弱或早夭。他們的母親也在孩子成人之前就去世了。」

黎曼在幼年時期就展現出他的著名特質：神奇的計算能力、極度羞怯，以及終其一生都畏懼公眾演講。他深受害羞之苦，其他男孩都以他為笑柄而予以無情嘲弄。這讓他更加退縮到數學的孤獨世界裡。

黎曼對他的家庭極為忠實。他無視於自己的虛弱體格，也要勉力購買禮物送給父母親和他摯愛的姊妹。他為了取悅父親而成為神學生，他的目標是希望能儘快擔任有酬的牧師職位，好幫助捉襟見肘的家計（我們根本無從想像，這個舌頭打結的害羞年輕男子，真的會期望自己成為牧師，將來要發表精采熱情的訓示，來指引信眾如何獲得救贖）。

他在高中時期認真閱讀《聖經》，但是他一直無法忘懷數學；他甚至曾經嘗試以數學來證明〈創世紀〉所言為真。他的學習速度太快了，所習得的知識經常凌駕他的老師。這些老師發現自己根本不可能跟上這個男孩，最後，校長給黎曼一本厚重的書籍讓他消磨時間。這本書就是雷詹德（Adrien-Marie Legendre）的《數論》（*Theory of Numbers*），那是一本厚達八百五十九頁的鉅著，也是一部關於數論理論中艱深難題的最頂尖論述；然而，黎曼在六天裡就將它完全吸收。

校長後來問他：「你讀多少了？」年輕的黎曼回答：「這本書太棒了，我已經完全吸收了。」校長認為這個年輕人是誇大其辭，並不相信他說的話。幾個月後，校長以書本裡的冷僻問題詢問黎曼，黎曼完全答對了[1]。

雖然，黎曼的父親每天都為家庭溫飽而苦惱，卻沒有將這個小男孩送去做卑微的勞力工作。他反而籌措足夠的資金，把這個兒子送到著名的哥廷根大學，黎曼就在那裡了認識高斯（Carl Friedrich Gauss），也就是聲譽卓著的「數學巨人」（Prince of Mathematicians）。高斯是有史以來最偉大的一位數學家，即使到今天，如果我們要求數學家列出有史以來最著名的三位數學家，阿基米德、牛頓和高斯都一定會出現在名單上。

生活對黎曼而言，是一場永無止境的困頓與挫折。他勉力以虛弱的身體克服了生命中最大的困難，但是，每一次災難與挫敗總是接著成功而來。例如，正當他時來運轉並正式進入高斯門下受教，卻發生了橫掃德國的大規模革命事件。長期以來，勞工階級一直過著非人的生活，現在終於揭竿而起，奮起對抗政府，德國全境的許多城市都發生勞工起義事件。這場發生在西元一八四八年早期的示威暴動，也激發了另一個德國人，馬克斯（Karl Marx）的創作，對往後五十年全歐洲的革命運動產生深遠影響。

德國全境陷入騷動，黎曼的教育中輟。他接受徵召加入學生軍，還曾經花了「光榮」的十六小時保駕國王。這位德王甚至比他更不中用，只會躲在柏林皇宮裡嚇得發抖，期望能夠躲過勞工階級的激烈行動。

超越歐氏幾何學

不僅在德國發生了革命風潮，數學界也掀起了革命旋風。另一個權威堡壘的傾圮所引發的問題，更堅定了黎曼的研究興趣。歐氏幾何學認定空間只有三次元，如今也經不起考驗。另外，歐氏幾何學認為三次元空間是「平直」的（在平直的空間裡，兩點間的最短距離是直線，忽略了空間可能出現球面彎曲的現象）。

事實上，歐幾里得的《幾何原本》（*Elements*）可能是有史以來，除了《聖經》之外，最具影響力的書籍。兩千年來，西方文明裡的頂尖精英都驚訝於這套幾何學的優雅特質而讚嘆不已。歐洲最偉大的數千所大教堂都是根據這套原理來打造的。回顧過往，或許這套幾何學是成功過頭了。幾百年來，它竟然成為一種宗教信仰；任何人膽敢提出彎曲空間，或高等次元的想法都會被貶為癡狂或異端。無數世代的學童都辛苦學習歐氏幾何學的各項定理：例如，圓周等於pi（π）乘以直徑，還有三角形的三個內角和為一百八十度。然而，數百年的頂尖數學人才用盡方法，也無法證明這些看似簡單的命題。歐洲的數學界事實上已經開始了解，深受尊崇達二千三百年之久的歐氏《幾何原本》，事實上並不完備。在平直表面的限制之下，歐氏幾何學的確適用，但是如

❶這個事件在早期曾經激起黎曼對數論的興趣。接著，他在多年之後提出與數論有關的Z（zeta）函數裡的某個著名公式。然而，許多世界上最偉大的數學家經過一百年不斷探究「黎曼的假設」之後，卻無法提出任何證明。我們最先進的電腦也無法提供任何線索，於是黎曼的假設成為歷史上尚未得到任何證明的最有名數論定理，或許這也是最著名的未經證實數學定理之一。貝爾（Bell）曾經說過：「任何人只要能夠提出證明或反證都會為自己鍍上一層榮耀的冠冕。」

果我們身處於彎曲表面的世界，這套學說就不正確了。

黎曼認為，相較於多彩多姿的世界，歐氏幾何學顯得過於簡略。我們在自然世界裡幾乎不可能看到理想的歐氏幾何圖形，山脈、海浪、雲彩及漩渦都不是完美的圓形、三角形和矩形，這些自然現象都以無窮盡的變化形式旋轉或彎曲。

革命的時機已經成熟，但是誰可以領導革命並取代舊式的幾何學？

黎氏幾何學的崛起

黎曼挺身挑戰希臘幾何學，縱然這套希臘幾何學的數學運算極為精確，它的根基卻只是常識與直覺的流沙，而不是紮實的邏輯推演結果。

歐幾里得曾經說過，一個點沒有所謂的次元存在；一條線具有一個次元：長度；一個平面擁有二次元：長度與寬度；一個立方體則具有三次元：長、寬、高。次元數僅止於此，沒有任何東西擁有四次元。哲學家亞里斯多德贊同這個觀點，就是他首先論斷第四空間次元不可能存在。他在《論天》（*On Heaven*）一書裡寫道：「直線只能有一個量化層次，平面則有兩個量化層次，立體則有三個量化層次，除此之外無他，因為三個層次就是上限。」此外，在西元一五〇年，埃及亞歷山大的天文學家托勒密（Ptolemy）更超越了亞里斯多德，在他的《論距離》（*On Distance*）一書裡，首度精妙推論「證明」第四次元不可能存在。

他說，請先畫出三條相互垂直的線，例如，立方體的一角就包含三條相互垂直的線。他接著說，試試看能不能再畫出一條與其他三條線相互垂直的線。他論斷無論你如何嘗試，都不可能畫出第四條垂直線。托勒密於是宣稱第四條垂直線是「完全無法衡量，且無從定義。」因此，第四次元不可能存在。

托勒密實際上是證明了，以我們的三度空間頭腦是不可能看到第四次元（事實上，我們今天已經知道，許多可以經由數學具象化的物體，都無法具體呈現其存在）。歷史終將記載，托勒密是反對科學上兩個重大思想的名人：以太陽為中心的太陽系和第四次元。

數百年來，部分數學家公然全力抨擊第四次元。西元一六八五年，數學家沃利斯（John Wallis）就論述反對這個概念，他說這個想法是一個「怪物，比自然界裡的噴火怪或人頭馬身怪獸還稀有……空間只能由長、寬、高所組成，沒有人能夠幻想，三次元之外怎麼還可能有第四次元。」往後數千年裡，許多數學家會一再重複這個簡單而要命的錯誤。他們認為，由於我們沒有辦法在腦海裡想像出第四次元，因而它並不存在。

物理定律大一統

有一次高斯要他的學生黎曼以「幾何基礎」（foundation of geometry）為題發表演說，結果對歐氏幾何學形成重大的突破。高斯相當樂見他的學生能夠突破歐氏幾何學，而發展出不同的學說（在此數十年前，高斯曾經私下表示對歐氏幾何學的強烈質疑，他甚至於曾經向他的同事提到一種生活於純粹二度空間表面的假設性「書蟲」（bookworms）。他曾經以此來引申敘述高等次元的空間幾何學。不過，由於他相當小心保守，從來沒有公開發表過對於高等次元的任何研究報告。他可不想招惹那群心胸狹隘的衛道人士群起攻之，他譏諷那群人士為智障的希臘維奧蒂亞族

〔Boeotians〕）❷。

黎曼這個可憐的害羞男孩則飽受驚嚇，他實在沒膽量發表公眾演講。他的授業恩師卻要他就當時最艱澀的數學難題準備講稿，並且要對全校教師進行口頭報告。

黎曼在隨後的幾個月裡，痛苦地發展他的高等次元理論，導致他的健康情形瀕臨崩潰，他的精力也受到慘淡的經濟狀況影響而更形萎靡。他被迫接受低薪的家教工作以維持家計，還必須分心來解答物理難題。更何況，他還擔任韋伯教授（Wilhelm Weber）的研究助理，投身奇妙的電學研究領域，並展開各種實驗。古人早經由觀察閃電與電花知道電的存在。這種電學現象在十九世紀早期成為物理學研究的重心。尤其是電流流經指南針附近，指南針就會旋轉的現象，深深吸引著當時的物理界。反之，如果我們移動一塊磁鐵通過一條電線，就能產生電流（這就是所謂的法拉第定律〔Faraday's Law〕。今天的所有發電機與變壓器——換句話說，大多數現代科技的基礎，都是基於這個原理）。

黎曼因而認為電力與磁力實際上是同一種作用力的不同表象。黎曼對這個新發現感到相當興奮，並有把握能夠以數學來詮釋電力與磁力的統一學理。他沉浸在韋伯的實驗室裡，且信心滿滿地以新數學來導出闡述這些作用力的簡明學說。

他的雙肩同時擔負起一場重要公開演講的預備工作、維持家計，以及從事科學實驗的重責大任，導致終於在一八五四年因精神崩潰而病倒。他隨後寫信給父親：「我專注於所有物理定律的統一大業，後來又接受指派要發表艱澀的演講，我又不能從研究中分神。之後，由於用腦過度，加上天氣太壞，老是待在室內，我終於病倒了。」這封信相當重要，因為其中清楚顯示，縱使病

❷雖然我們認為黎曼是推動創意的泉源，並成為粉碎歐氏幾何學限制的第一人，其實，黎曼的老師，高斯本人才應該是發現高等次元幾何學的人。西元一八一七年，約是黎曼誕生前十年，高斯曾經私下表達他對歐氏幾何學的極度挫敗感。他寫給他的朋友天文學家歐柏斯（Heinrich Olbers）的一封先知先覺的信裡就清楚寫道，歐氏幾何學並非完整的數學定論。西元一八六九年，數學家席維斯特（James J. Sylvester）曾經記載，高斯相當慎重地考慮過高等次元的存在。高斯曾經想像出一種完全生活於二次元紙張上的生命體「書蟲」的特質。隨後，他將這個概念加以類推來描述「能夠察覺四次元或更高次元的生命體」。既然高斯比任何人早四十年發展出高等次元理論，為什麼他會錯過打破三次元歐氏幾何學的歷史契機？歷史學家早就記載了高斯在研究工作、政治態度，及其私生活上的保守傾向。事實上，他從未離開過德國，並終其一生幾乎一直居住在同一個城市裡，這對於他的專業領域也有深遠影響。他在一八二九年寫給他的朋友貝賽爾（Bessel）的一封信裡承認，他永遠不會將非歐幾何學的研究成果公諸於世，因為他害怕會在頑固的「維奧蒂亞族」群裡引發爭議。數學家克萊因（Morris Kline）寫道：「（高斯）在一八二九年一月二十七日給貝賽爾的一封信裡說道，他恐怕不會公開發表他在這個主題上的研究成果，因為他害怕會被人嘲笑。他表示，他害怕老古板的維奧蒂亞族的叫囂，所謂的維奧蒂亞族是指稱一種剛愎自用的希臘部族。」高斯面對心胸狹窄的老頑固維奧蒂亞族，不敢放手施為，由於那群人信仰三次元的神聖本質，他只好把自己最好的研究成果埋藏不願公開。西元一八六九年，席維斯特訪問高斯的傳記作者馮華特豪森（Sartorious von Waltershausen）並寫道：「這位偉人曾經說過，他將自己嚴謹分析的幾個問題擺在一旁，並希望將來能應用在幾何學方法上，也就是要等到他對空間的概念更為廣博深入之後再來應用；既然我們能夠想像出一種只能理解二次元的生命體（例如，居住在厚度無窮薄的紙張上的極薄書蟲），我們也能想像出能夠理解四次元或更高次元的生命體。」高斯寫信給歐柏斯說：「我愈來愈相信我們不能證明讓（歐氏）幾何學為真的（物理學上）必備條件，至少以人力之所能，我們是無法證實。或許在我們的另外一生，我們能夠了解空間的本質，現在的我們實在是難以達成。如今我們不應該將幾何學與算術相提並論，算術小道不足觀也，我們應該將幾何學與力學等同看待。」事實上，高斯對於歐氏幾何學質疑日深，他甚至於還以一個相當聰明的實驗進行測試。他和一群助理攀登三座山峰：洛肯（Rocken）、侯恩哈根（Hohehagen），以及茵塞斯柏格（Inselsberg），這三座主峰的任何一座峰頂都可以看到另外兩座。在這三座山峰之間畫出直線便連結成為三角形，並測量其內角以進行實驗。如果歐氏幾何學為真，則三內角和應為180度，他相當失望地發現三個內角和正好為180度（正負15分）。由於他的測量工具相當粗糙，他無法顯示歐氏幾何學的錯誤之處（今天我們已經了解，這個實驗必須含括三個星系才能測量出異於歐氏幾何學的結果）。我們也要指出數學家羅巴契夫斯基（Nikolaus I. Lobachevski）以及鮑耶（Janos Bolyai）都發現了定義於曲面的數學式，然而他們的架構都僅限制於一般的低等次元。

魔纏身數月，黎曼還是相當有信心能夠發現「所有物理定律的統一基礎」，而數學則會為所有定律的統一大業建立根基。

作用力＝幾何學

黎曼在百病纏身之餘，還是發展出令人刮目相看的作用力新解。自牛頓以降，科學家都認為作用力是一種兩個遙距物體的即時交互作用，物理學家稱之為「超距作用」；也就是說，一個物體可以即時影響間隔一段距離的其他物體的運動。不錯，牛頓力學確實是可以描述各個行星的運動，然而經過這麼多世紀以來，許多人批判所謂的超距作用根本太過牽強，一個物體怎麼能夠在沒有碰觸對方的情況下，改變另一個物體的運動方向。

黎曼發展出的新物理視野相當極端，他模仿高斯的「書蟲」比喻，也想像有一群二次元的生物生活於一張紙上。不過他的決定性突破則是，他的書蟲是生活在一張揉成一團的皺摺紙上❸。這些書蟲會怎樣看待牠們的世界？黎曼認為，牠們當然還是會認為自己的世界是完全平坦的。這是因為牠們的身體也會被揉成一團，這些書蟲絕對不會注意到牠們的世界實際上是彎曲的。黎曼認為，這些書蟲移動經過紙張的皺摺部分時，會感受到神秘的不可見「作用力」，讓牠們無法保持直線行走。每次牠們行經紙張上的皺摺時，都會偏離到左右兩邊。

於是，黎曼作出牛頓兩百年以降的首次劃時代重大突破，徹底推翻了超距作用原則；他認為：作用力源自於幾何學。

於是，黎曼以在四次元皺摺的三次元世界來取代我們的二次元紙張。我們雖無法明確察覺我們宇宙的彎曲現象，然而，當我們想要維持直線行走的時候會注意到有些偏離，我們會像是喝醉的酒鬼一樣，好像有看不見的作用力推拉我們左右搖擺。

於是，黎曼結論道，電力、磁力和重力都是由於我們的三次元空間在不可見的第四次元皺摺所造成的現象；換句話說，作用力並不是獨立存在，作用力只是由於幾何結構扭曲所造成的必然現象。黎曼引入第四次元，並因此意外地發現了隨後成為現代理論物理學裡最重要的命題，也就是當我們以高等次元來表現所有自然律的時候會更單純。因此他開始發展數學語言來表現這個想法。

---

❸英國數學家克里福特（William Clifford）於一八七三年將黎曼的著名演說翻譯並刊載在《自然》（*Nature*）雜誌上，他也將黎曼的許多原始概念加以引申。或許克里福特是基於黎曼的想法，逐步推演出電力與電磁力的起源正是彎曲空間的第一人，隨後黎曼的研究成果資逐漸落實。克里福特認為，我們在數學（高等次元空間）與物理學（電力與磁力）發現到的兩種神秘現象根本就是同一回事。也就是說，電力與磁力的來源正是高等次元空間扭曲的結果。這是首度有人提出「作用力」只是空間本身彎曲的結果的假說，比愛因斯坦還早了五十年。克里福特認為電磁作用力是源自於第四次元的振動，他的想法比克魯查的研究成果還要早，後者隨後也試圖以高等次元解釋電磁效應。克里福特與黎曼因此領先了二十世紀的尖端發現，他們早就了解，高等次元的意義正是在於它能夠對作用力提出簡單而優雅的描述。這也是首度有人能夠正確指出高等次元的真正物理意義，我們的確可以運用空間理論來呈現作用力的統一模型。

數學家席維斯特將這些先知的觀點記錄如下，他在一八六九年寫道：「克里福特先生經過深思熟慮得到相當精采的假設，他從某些光線與磁力的不解現象推論出一個事實，我們這個三次元空間實際上是深受四次元空間的影響……扭曲如一張皺摺的紙。」他在一八七〇年發表的一篇文章的標題相當有趣「論物質的空間理論」（On the Space-Theory of Matter），文理明白表示：「無論質量是輕是重，所謂的物質的運動都會產生一種空間彎曲變異的現象。」

黎曼的度量張量：新的畢達哥拉斯定理

黎曼花了好幾個月的時間才從精神崩潰中復原。當他在一八五四年發表口頭報告的時候，聽眾的反應異常熱烈。回顧起來，這無疑是數學史上最重要的公眾演講。消息迅速地傳遍全歐洲，歐氏幾何學主宰數學界兩千年，終於由黎曼徹底突破其限制。他的演講新聞迅速傳遍了全歐洲的教學中心，整個學術界齊聲讚嘆他對數學的重大貢獻。他的演說被翻譯成許多語言，並在數學界激起熱烈迴響，歐氏幾何學再也無法翻身。

黎曼的偉大成果和許多物理界與數學界最偉大的成果一樣，其中心思想非常容易理解。他首先探討著名的畢達哥拉斯定理（Pythagorean Theorem），也就是希臘一個最偉大的數學發現。這個定理闡述直角三角形三邊長的關係，兩短邊的長度平方和等於長邊（也就是斜邊）的長度平方；亦即是，若 a 和 b 是兩短邊的長度，而 c 等於斜邊的長度，則 $a^2 + b^2 = c^2$（當然了，畢達哥拉斯定理是所有建築學的基本原理，這個星球上的所有建築結構都是以它為基礎）。

我們可以在三次元空間裡，很容易地將此定理引申。此定理描述立方體相鄰三邊的長度平方和等於對角線的長度平方；也就是，若 a、b、c 分別代表立方體的三鄰邊長度，而 d 為對角線之長度，則 $a^2 + b^2 + c^2 = d^2$（圖 2.1）。

我們可以輕易將此定理引申到N次元。想像我們有一個N次元立方體，若 a、b、c……分別為該「超立方體」之相鄰各邊邊長，而Z為對角線之邊長，則 $a^2 + b^2 + c^2 + d^2 + \cdots\cdots = Z^2$。即使我們的頭腦無法將N次元立方體具象化，我們還是可以很輕易地寫出各邊邊長的公式（這是

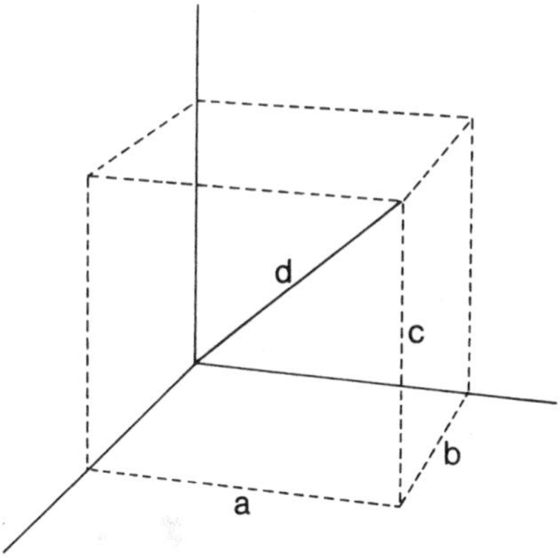

$$a^2 + b^2 + c^2 = d^2$$

圖 2.1　我們可以運用三次元的畢達哥拉斯定理計算立方體的對角線長度：$a^2 + b^2 + c^2 + d^2$。我們針對畢達哥拉斯定理增加條件項目，很容易地就可以引申出 N 次元的超立方體的對角線長度。我們雖然無法看到高等次元，仍然可以很容易地以數學式來呈現 N 次元。

研究超空間的常見現象。N次元空間的數學運算並不會比三次元空間的運算困難，相當神奇吧。即使我們不能以頭腦將高等次元物體具象化，我們還是可以在一張普通的紙上以數學描述其特質）。

黎曼接著將這些空間的公式引申到任意次元，這些空間可以是平直或彎曲的。我們可以在平直空間運用歐幾里得的普通空間定理：兩點之間的最短距離是直線，平行線永不相交，三角形的三內角和為一百八十度。不過黎曼也發現類似球面的「正曲率」（positive curvature）表面，其平行線必相交，而三角形的三個內角和也可以超過一百八十度。也有馬鞍形狀或喇叭口形狀的「負曲率」（negative curvature）表面，這些表面上的三角形的三內角之和小於一百八十度。在一條直線外的一點可以畫出無數通過該點的平行線（圖2.2）。

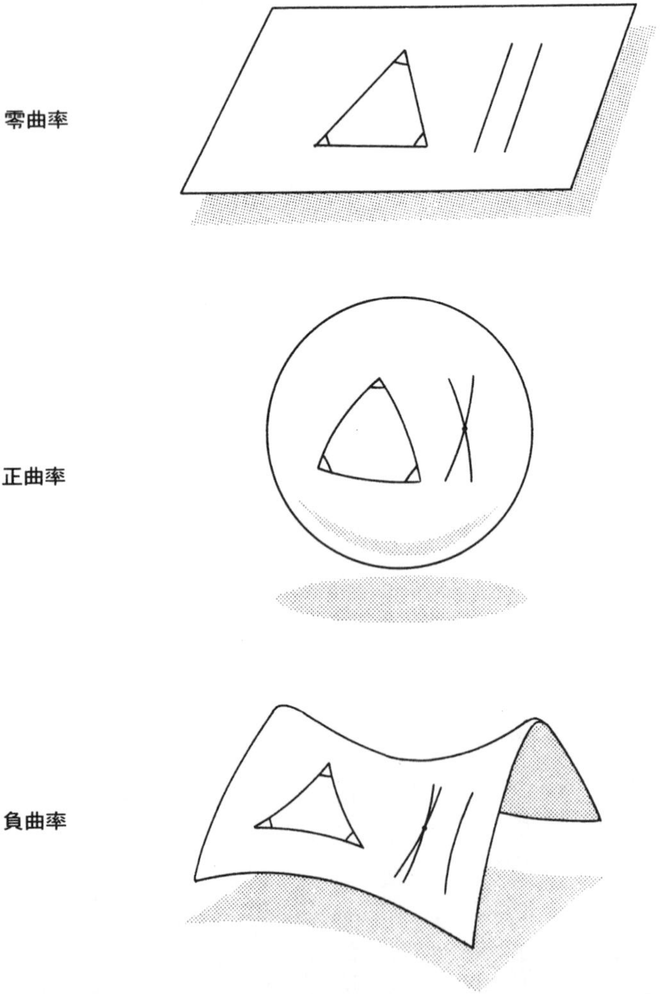

圖 2.2　平面的曲率為零。歐氏幾何學描述三角形的三內角和為 180 度，平行線永不相交。非歐氏幾何學的球面具有正曲率，三角形的三內角和大於 180 度，平行線也必然相交（平行線包含所有圓心與球面圓心重疊的弧線，但是排除所有的緯度線）。馬鞍面具有負曲率，三角形的三內角和也小於 180 度，一直線可以有無數條通過同一定點的平行線。

黎曼希望能引入數學上的新標的物，讓他可以藉以描述任何複雜的表面。於是，他必然要再次引用法拉第場的概念。法拉第的場就像是佔據了二次元空間一個區域的農夫農場，而黎曼的場則佔據了三次元空間的一個區域；我們可以在空間的任何一點指定一串數字來描述該點的磁力或電力。黎曼的想法是以一串數字來描述空間的每一點，以描述空間的彎曲程度。

例如，黎曼以三個數字來描述一個普通二次元表面上的每一個點，如此就可以完全描述表面的彎曲現象。黎曼發現在四度空間次元，我們需要十個數字方能描述每一個點的特質。無論那個空間是如何彎曲皺摺，這個點的十個數字就可以登錄該空間的完整資訊。我們可以 g_{11}、g_{12}、g_{13}……來代表這十個數字（在分析四次元空間時，底下的指數可以由1到4）。隨後，黎曼就可以將這十個數字對稱排列如圖 2.3❹。（表面上看，總共應該由十六個數字所組成，不過由於 $g_{12} = g_{21}$、$g_{13} = g_{31}$，以此類推，因此實際上只有十個獨立的組成元素）。今天，這個數字組合被稱為黎曼度量張量（Riemann metric tensor）。就一般情形，這個度量張量的數值愈大，紙張的皺摺程

❹更精確言之，在N次元空間裡，黎曼的度量張量 $g_{\mu\nu}$ 為一種N×N矩陣，並了兩點之間的距離，因此兩點之間的極微小距離 $ds^2 = \Sigma dx_\mu g_{\mu\nu} dx^\nu$。若以平面空間條件限制，黎曼的度量張量便成為對角線型態，也就是 $g_{\mu\nu} = \sigma_{\mu\nu}$，於是將其形式簡化，並回復成為N次元的畢達哥拉斯定理。易言之，度量張量偏離 $\sigma_{\mu\nu}$ 的程度可以約略代表空間偏離平坦空間的程度。我們可以運用度量張量建構出黎曼曲率張量，並以 $R^\beta_{\mu\nu\gamma}$ 來代表。我們可以在空間任何定點的周圍劃一個圓圈，並測量圓圈的內部面積來代表該定點的曲率。就以平坦的二次元空間而言，該圓圈的面積為 πr^2。然而，若曲率為正值，例如球面，則該面積小於 πr^2。若曲率為負值，例如，馬鞍或喇叭口形狀，則該面積大於 πr^2。嚴格說來，依據這個公式，一張皺摺的紙張曲率為零。這是由於在這張皺摺紙上所畫的圓圈面積仍然等於 πr^2。就以黎曼有關於皺摺紙張所產生的作用力為例，裡頭隱含了一個假設，那張紙會呈現出扭曲、延伸與彎折等現象，因此曲率並不為零。

$$
\begin{pmatrix}
g_{11} & g_{12} & g_{13} & g_{14} \\
g_{21} & g_{22} & g_{23} & g_{24} \\
g_{31} & g_{32} & g_{33} & g_{34} \\
g_{41} & g_{42} & g_{43} & g_{44}
\end{pmatrix}
$$

圖2.3　黎曼的度量張量包含了充分必要資訊，能夠以數學來描述N次元彎曲空間。此論總共以16個數字來描述四次元空間裡每一點的度量張量。所有數字以矩陣呈現，其中有六個重複多餘的數字，因此黎曼的度量張量實際上只有十個獨立的數字。

度愈大。無論紙張的皺摺程度如何，度量張量都可以讓我們對任何一點進行簡單的曲率測量。如果我們將紙張皺摺抹平，那麼我們就會得到畢達哥拉斯公式。

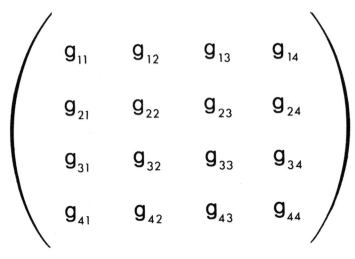

黎曼借助其度量張量建立起一強而有力的工具，來描述具有任意曲率的任何次元空間。他相當驚訝地發現，所有的空間都可以清楚定義，而且自洽。先前他還揣測，當我們對高等次元禁地進行研究，一定會發現極端矛盾的現象。事實上，他可以輕易將研究成果引申到N次元空間。度量張量就像N×N棋盤上的方格。我們在隨後幾章裡，會討論到所有物理作用力的統一，這個學說可以對其作深入詮釋。

（我們會看到，統一之秘就在於將黎曼的矩陣引申到N次元空間，並將其切成矩形小塊。每個矩形小塊相當於一個單獨的作用力。如此，我們就可以描述不同的自然作用

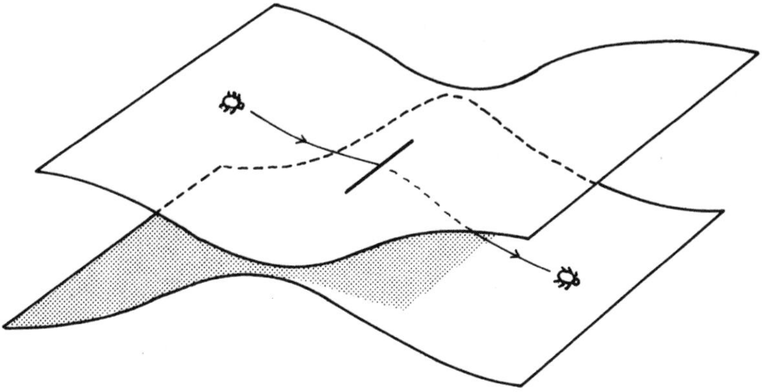

圖 2.4　黎曼切口，兩張紙沿著一條線段連結。如果我們在切口附近遊走，還是會待在同一空間；但是如果我們穿越切口，就會從一張紙走到另一張紙上，這就是多重連結表面。

力，並將各個作用力像拼圖小塊一樣代入度量張量。這就是高等次元統一所有自然律的原理的數學式，在N次元空間裡也會有「足夠空間」將其統一。說明白一點，黎曼的矩陣可以有足夠空間來統合所有的自然作用力）。

黎曼預期會有另一個理物上的進展，他是頭一個討論多重連結空間（也就是蟲洞）的人。我們可以將這個概念具象化：將兩張紙疊在一起用剪刀在兩張紙上剪出短切口，再沿著切口將兩張紙用黏膠貼在一起（圖 2.4）。（從拓樸幾何學角度來看，這個模型和圖 1.1 相同，但是該蟲洞的頸長為零）。

如果有一隻蟲子住在頂層的紙張上面，牠有一天會意外踏入切口，並進入底層的紙上，牠會發現一切事物都不對勁。經過多次嘗試之後，這隻蟲會發現，牠可以再度進入切口，並重返正常世界。如果牠在切口附近漫步，牠的世界還是相當正常；但是一旦牠試著通過切口捷徑，牠就會碰到麻煩。

黎曼切口就是一種連結兩個空間的蟲洞（但是其長度為零）。數學家卡洛爾在《鏡中世界》（*Through the Looking-Glass*）一書中，成功地引用黎曼的切口比喻，書裡的鏡子就是連接英蘭與仙境的黎曼切口。今天，黎曼切口以兩種形式呈現，首先，世界上所有數學研究所課程裡的靜電學理論，或保角映射（conformal mapping）理論都會引用此論；其次，我們也可以在電視影集《陰陽魔界》（*The Twilight Zone*）裡看到黎曼切口（我們要強調，黎曼本人並沒有將他的切口視為宇宙間的旅行方式）。

黎曼的遺產

黎曼持續進行物理研究工作。他甚至在一八五八年宣稱，終於能成功地描述光、電的統合。他寫道：「我有完全的信心，我的理論為真，不用數年終必為人所認可。」雖然他的度量張量是描述任意次元裡任何彎曲空間的有力工具，當時他卻不知道度量張量所遵循的精確方程式；換句話說，他當時並不知道紙張為什麼為皺摺。

很不幸地，黎曼嘗試解決這個問題的努力，一再受阻於貧窮之苦，他的成功並沒有換來金錢。他在一八五七年精神再度崩潰。多年之後，他終於被指派繼任高斯在高廷根大學的優渥職位，然而太遲了。黎曼一生貧困交加導致身體孱弱，他和歷史上眾多最偉大的數學家一樣，在三十九歲英年鞠躬盡瘁而逝，終於未能完成重力、電力與磁力的幾何論。

總結黎曼的一生，他不只奠定了超空間的數學理論，還是最早提出現代物理學中最重要研究命題的第一人。包括：

一、他以高等次元來簡化所有自然作用力；他認為，電力與磁力都和重力一樣，只是超空間彎曲所產生的結果。

二、他提出了蟲洞的概念，黎曼切口是多重連結空間的一個最簡單範例。

三、他以場來描述重力，度量張量能夠（藉由曲率）描述空間裡每一點的重力場，這正是運用法拉第的場論來描述重力。

由於當時沒有描述電力、磁力與重力所遵循的場方程式，黎曼無法完成作用力場的研究。換句話說，他當時並不知道宇宙要如何皺摺才足以產生重力。他試著要找出電力與磁力的場方程式，卻由於英年早逝而無法完成。在他去世時，仍然無法計算出空間要皺摺到什麼程度，才足以描述不同的作用力。這幾項重要發展就留待馬克士威與愛因斯坦來完成。

生活於空間彎曲之域

咒語終於破解。

黎曼在他的短暫一生裡，破除了歐幾里得在兩千多年前所下的咒語。黎曼的度量張量讓年輕的數學家擁有對抗維奧蒂亞庸儒的有力武器，這些庸才無法忍受旁人提出高等次元的見解。黎曼踏出的足跡，為後繼學者開創出談論不可見世界的空間。

很快地，在歐洲全境都綻放出研究成果。頂尖科學家開始向一般大眾傳授這個概念，其中最著名的或許就是德國物理學家亥姆霍茲。他深受黎曼研究工作的影響，並針對一般大眾積極進行著述、演說，探討居住於球體或球面上的智慧生物的相關題材。

亥姆霍茲認為，這些生物具有類似我們的理解能力，他們會各自發現，歐幾里得的所有假說與定理都是無用之論。例如，球面上的三角形的三內角和並非一百八十度。高斯所提出的「書蟲」則會發覺，牠們是居住在亥姆霍茲的球面之上。亥姆霍茲曾經寫道：「若有不同生物具備雷同於我們的理解能力，其幾何學公設必然會因其定居的空間不同而異。」不過，亥姆霍茲在《知名的科學演說》(*Popular Lectures of Scientific Subjects*, 1881)一書裡警告讀者，認為我們不可能將第四次元具象化。他曾經說道：「這種『象徵性敘述』就像是對天生盲人作顏色的敘述一樣，不可能成功。」

有些科學家折服於黎曼的傑出研究，於是試圖將這個有力工具應用在物理學研究❺。部分科學家則從事探索高等次元的應用方式，還有其他科學家則提出較為實際的現實問題，例如，二次元的生物要怎樣進食？高斯的二次元人物如果要進食，他們的嘴巴就必須朝向側面，這樣一來，我們就會發現，這個通道會將他們的軀體一分為二（圖 2.5）。因此，如果他們要進食，他們的身體就會分裂成兩半。事實上，任何連結他們身體兩端開口的管道都會將他們分裂成兩個不相連的部分。於是我們陷入了兩難；這些人物要嘛就是像我們這樣進食，造成身體分裂，要不他們就要遵循不同的生物定理。

很不幸地，黎曼的先進數學遠遠超越十九世紀落後的物理學，當時沒有任何物理學原理可以指引他進一步展開研究。我們只好等候一個世紀，讓物理學者能夠趕上數學家。縱然如此，十九世紀的科學家仍然繼續探討第四次元生物的無窮可能樣貌。他們很快就了解，這種第四次元的生物擁有近似神祇的能力。

羽化成仙

想像我們能夠穿牆而行。

你再也不必開門，就可以直接穿門而入；你再也不必繞過建築物，就可以穿牆越柱再穿越後牆而出。碰到山巒你也不需要繞道，你可以直接步行穿越山脈；肚子餓了也不需要打開冰箱門，你可以直接穿透進入取物；你再也不會失手將鑰匙鎖在車裡，你可以直接穿透車門。

想像你可以任意消失，隨意現形。你不用開車上學或上班，而是直接消失，並在教室或辦公室裡重新組合現形；你到遠處也不用搭飛機，你可以直接消失，並且在目的地現形；交通尖峰時

❺愛因斯坦的朋友，物理學者艾倫菲斯特（Paul Ehrenfest）在一九一七年寫了一篇文章，標題是「物理基本定律在何處揭示了空間為三次元？」艾倫菲斯特自問，恆星與行星是否有可能存在於高等次元？例如，我們離開燭光愈遠，燭光就愈弱；同理可知，我們離開恆星愈遠，重力也會愈弱。重力依據平方反比定律遞減，如果我們與燭光或恆星的距離倍增，則光度或重力強度就減弱四倍。如果我們將距離放大三倍，則光度或重力就減弱九倍。假設空間為四次元，則燭光或重力就會遵循立方反比原則，並以更高的速率遞減。那麼與蠟燭或恆星的距離加倍，則燭光或重力減弱八倍。太陽系能不能存在於這種四次元世界？原則上可以，然而其行星軌道會極不穩定。輕微的振動就會造成行星軌道崩潰，長期下來，所有的行星都會偏離正常軌道並撞毀在太陽表面。同理，太陽也不可能存在於高等次元空間。重力可以將太陽塌縮，核融合作用力也足以將太陽炸碎。太陽正是爆裂性核作用力與塌縮性重力之間的微妙平衡產物。這種微妙的平衡在高等次元宇宙會受到干擾，於是恆星有可能立即崩潰。

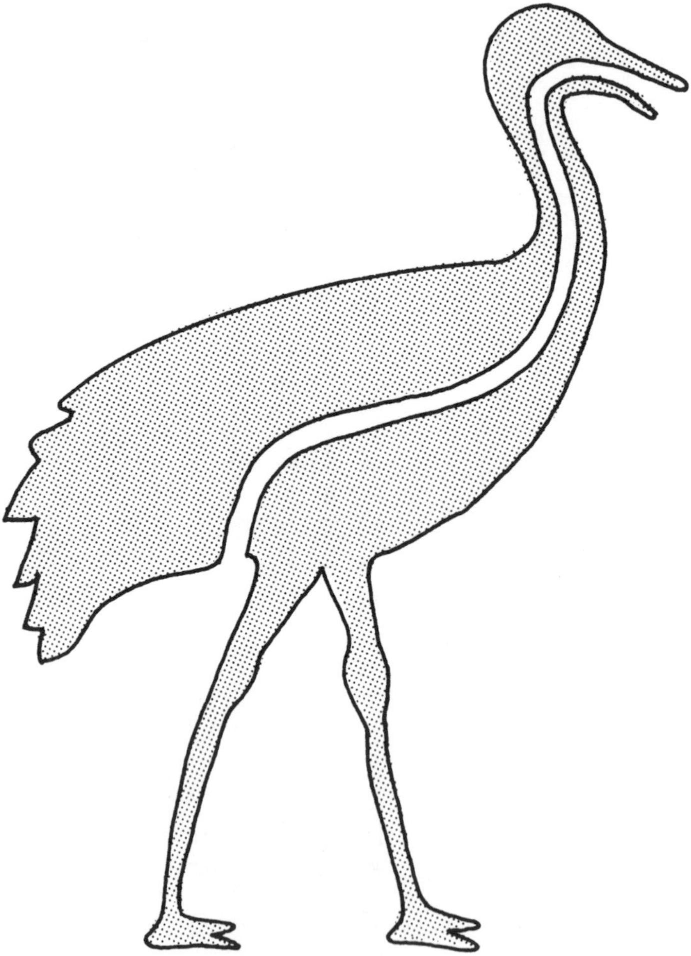

圖 2.5　二次元生物無法進食。產生消化道的後果必然會將其一分為二，導致身體裂成兩半。

間你也不會陷入車陣，你和車輛可以直接消失，並在目的地現形。

想像你具有透視能力，就可以遠遠地看到意外發生；你可以直接消失，並在意外發生地點重新組合現形；你可以看到受害者的精確位置，就算他們被埋在殘骸之下，也躲不過你的法眼。想像你不必打開物體就可以直探其內部，不用剝皮或切開橘子就可以將果肉一瓣瓣取出。你可以成為眾人稱羨的手術大師，不須切割皮膚就能將病人的內臟修復，這樣就可以大量減少痛苦與感染的危險；你可以直接伸手探入病人體內，直接穿過皮膚進行精妙的手術。

想像擁有這種能力的罪犯會幹出什麼好事。他可以進入保安最嚴密的銀行，可以看穿保險箱的厚門，直視置放在裡面的貴重物品及現金，並伸手直接將其取出；他可以氣定神閒地走出室外，警衛的槍彈只能毫髮無傷地穿身而過，沒有人能將擁有這種超能力的罪犯逮捕歸案。

沒有任何秘密瞞得過我們，沒有任何寶藏可以躲得過我們，沒有任何阻礙可以擋得住我們。我們可以創造奇蹟，可以完成凡人無法完成的特異功能；我們會變成無所不能。

哪一種生物可以擁有這種超凡本領？答案是來自高等次元世界的生物。當然了，這些特異功能超越了任何三次元人物的能力。就我們而言，牆壁是實心的，牢欄根本無從突破。如果你嘗試穿牆而走，你的鼻子就會撞傷流鼻血。對四次元生物而言，這些特異功能根本只是雕蟲小技。

如果我們希望了解如何能達成這些神奇的特異功能，請你回想高斯提出的生活在二次元桌面的二次元假設性生物。如果這些生物要拘禁囚犯，他們只需要在他周圍畫個圓圈。無論這個罪犯往哪邊走，都會碰到圓圈無處脫身。對我們而言，將囚犯拉出牢籠只是舉手之勞；我們只要拉著這個平面人讓他脫離二次元世界，之後再把他放回其世界的另一個地點（圖 2.6）。這項特異功

圖 2.6　我們在平面世界裡的人物周圍劃下圓圈就形成一個「監獄」。二次元的人無法逃離這個圓圈，但是，三次元的人就可以將平面人接離監獄進入第三次元，獄卒會發覺囚犯怎麼會就這樣消失無踪。

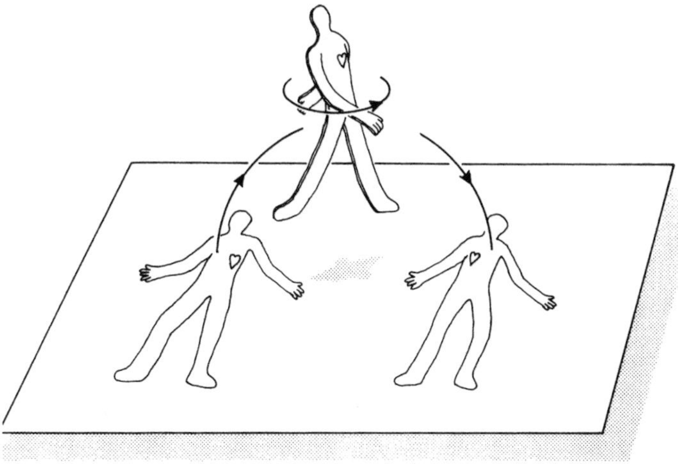

圖 2.7　如果我們將平面人剝離他們的世界，並在三次元將他反轉，他的心臟就會移到右手邊。從醫學角度來看，這種變異對居住在純粹二次元的人是不可能發生的事情。

能在三次元世界是平常瑣事，在二次元卻是相當怪異的。

看管他的獄卒會發覺，囚犯竟然從不可逃脫的監獄消失無蹤，之後再於另一個地點突然出現。如果你向獄卒說明，那個囚犯是被人向上移動脫離平面世界，你會發現他根本不了解你在說些什麼。在平面人的詞彙裡，根本不存在所謂「上」的概念，他們也無從將這個概念具象化。

我們可以此類推，來解釋另一項特異功能。例如，請注意我們可以看穿平面人的內臟（像是胃腸或心臟），就如同我們可以看到顯微鏡載玻片上的細胞內部結構。我們可以不必切開皮膚就伸手探入平面人的身體內部，並輕易地進行手術。我們也可以將平面人剝離他的世界，翻個身，再將他放回到他的世界，他的內臟器官就會左右顛倒，他的心臟也會移到右邊（圖 2.7）。

我們觀察平面世界，會發覺我們是無所不能。即使平面人躲藏在屋內或地下，也難逃我們的眼睛。他們會認為我有神力，我們則知道那並非神蹟，只是因為我們佔據有利角度的結果（照理說，這種神奇特異功能只有在超空間物理學領域中才可能辦到。我們要再次提醒各位，操弄時空的技術凌駕目前地球上的能力至少數百年之久）。這種操弄時空的能力，或許只有一些能力遠超過地球水平的宇宙外星生物才能辦到。他們的技術能夠掌握的能量，是我們目前威力最龐大機器的一千兆倍。

雖然，黎曼的著名演說由於亥姆霍茲等人的推廣而廣為人知，但一般大眾對此學理，或二次元生物的進食習慣仍無從深入理解。一般人會提出更為直截了當的問題：哪一種生物能夠穿越牆壁、看穿鋼鐵，並表現神蹟？哪一種生物是無所不能，並遵循與我們不同的定律？

當然是鬼魂了！

由於我們欠缺具體原理來激發引介高等次元，四次元理論驟然導向意外領域。因此，我們就要在超空間的歷史裡，談到相當重要的題外話。我們要開始檢視這套理論對藝術與哲學的深遠意外衝擊。這趟大眾文化之旅顯示，各式神話是如何以不同精妙的方式，讓我們能夠將高等次元空間「具象化」。

來自第四次元的鬼魂

第四次元在西元一八七七年滲透進入大眾意識。當時倫敦發生了一場司法醜聞，轟動國際。倫敦的各個新聞媒體在當時廣泛報導了靈媒斯萊德（Henry Slade）震撼人的能力展示，以及對他的罕見審訊過程。這次著名的訴訟程序將當代部分最著名的物理學者牽扯進來。經過這一陣的公開宣揚，第四次元從原先的抽象數學觀點，搖身一變為上流社會的談論話題，接著流傳全倫敦，所謂的「惡名昭彰的第四次元」也因而成為街尾巷談。

整個事件開始於美國一位靈媒斯萊德拜訪倫敦，並且針對社會名流舉辦降靈法會。他後來因為詐欺而受審，罪名是「巧妙使用手術或其他伎倆與裝置欺騙客戶。」就一般情況，這種案例會悄悄落幕。哪裡知道，倫敦社會因為著名的物理學者為他辯護而震驚萬分，並引發大眾興趣。學者宣稱，斯萊德的靈媒奇事證明了他有能力召喚居住於第四次元的魂魄。由於替斯萊德辯護的人並非普通的英國科學家，而是聲譽卓著的世界頂尖物理學者，這場醜聞於是愈演愈烈，許多辯護者還是未來的諾貝爾物理獎得主。

激起這場醜聞的主要人物是萊比錫大學（University of Leipzig）的物理暨天文學教授澤爾納（Johann Zöllner），澤爾納邀請了許多頂尖物理學者為斯萊德辯護。

神秘異人向皇家宮廷與上流社會表演特異功能，並不是什麼新鮮事。好幾百年來，不斷有人自稱能夠召喚靈魂來閱讀密封信封裡的文字、從密封瓶裡取物、接續斷折的火柴棒，並能讓封閉的圓環相交。這次審判最奇特的轉折之處是，這些頂尖科學家宣稱，這些異人有可能是透過操弄第四次元物體而表現出這些特異功能。他們讓社會大眾初次了解，如何透過第四次元表現這些特異功能。

澤爾納獲得靈媒研究學會（Society for Psychical Research）組織的國際著名物理學者會員的協助，這些人隨後成為該組織的領導中心。他們當中包括了十九世紀聲譽卓著的物理界名人：克魯克斯（William Crookes），陰極射線管的發明人，這項發明今天已經廣泛應用於全世界的電視機與電腦監視器上[6]；韋伯，高斯的同事，也是黎曼的同事，同時也是黎曼的授業恩師（今天國際單位制的磁通量單位正是以他的名字「韋伯」為名）；湯普森（J. J. Thompson）因為發現電子而獲得一九〇六年諾貝爾獎，以及瑞利勳爵（Lord Rayleigh），以十九世紀末最偉大的物理學者留名青史，同時也是一九〇四年諾貝爾物理獎得主。

其中尤以克魯克斯、韋伯和澤爾納三人對斯萊德的事蹟特別感興趣。斯萊德隨後被法院以詐欺定罪，斯萊德卻堅持他能在科學團體面前重複他的特異功能，以證明其清白。澤爾納深感興趣而接受了挑戰。他們在一八七七年進行一些精密控制的實驗，來測試斯萊德操弄物體穿透第四次元的能耐，澤爾納邀請了許多著名科學家來評估斯萊德的能力。

他們首先給斯萊德兩個分離的完整木製圓環，測試他是否有能力不打破圓環就讓圓環相交？澤爾納寫道，如果斯萊德成功了，這將會是「一個奇蹟，也就是說，以我們迄今對物理及有機體的理解，我們完全無法解釋這個現象。」

其次，他們給斯萊德一個海貝，貝殼可以是右旋或左旋狀。斯萊德是否能夠將右旋的貝殼變形成為左旋，或反之？

第三，他們給他一條乾燥的動物內腸製成的環狀密接繩索，他是否能夠不剪斷環狀繩索而將其打結？

他們還給斯萊德類似的其他測試項目。例如，有一條繩索上面打了一個右旋的結，末端則以蠟封口並蓋上澤爾納的個人印璽。他們要求斯萊德在不打破蠟印密封的情況下解開繩結，並重新打成左旋繩結。由於我們能夠在第四次元任意解開繩結，這項特異功能對第四次元的人而言應該相當容易。他們還要斯萊德在不打破瓶子的狀況下，從密封餅子裡取物。

斯萊德是否能夠表現這些驚人能力？

第四次元的魔術

我們今天了解，要操弄高次元空間，也就是斯萊德宣稱的能力，所需要的尖端技術根本是我們這個星球在可見未來無法企及的成就。然而，這個著名個案之所以引人注意，是因為澤爾納導出正確結論，認為斯萊德的神怪巫術可以解釋為，他使用不同的方式將物體移動穿越第四次元。因此，從教育眼光而言，澤爾納的實驗的確相當引人注目，值得我們繼續探討。

例如，在三次元裡，我們如果不打破圓環就無法讓分離的圓環彼此相交；如果不剪斷密接的繩索，也無法讓它打結。所有努力學習繩結來贏取功績勳章的男、女童軍都知道，不剪斷密接環形繩索就無法解開其中的繩結。然而在高等次元，我們可以很容易地解開繩結，並讓圓環相交。

❻澤爾納在一八七五年拜訪了鉈（thalium）元素的發現人，陰極射線管的發明人，也是艱澀的《科學季刊》（*Quarterly Journal of Science*）的編輯克魯克斯的實驗室。在此之前，澤爾納早就是唯心論的忠實信徒。克魯克斯的陰極射線管將科學徹底改造，如今任何人能夠看電視，使用電腦顯示器，玩電動遊戲，或照射X光，都要感謝克魯克斯的著名發明。克魯克斯並非躁進之士，他是英國科學界的紅人，擁有眾多專業榮耀。他在一八九七年受封為爵士，並於一九一〇年獲頒榮譽勳章（Order of Merit）。他的兄弟菲利普在一八六七年罹患黃熱病不幸死亡，從此沉浸於靈學領域。他成為心靈研究學會的重要會員（隨後並成為會長），該學會在十九世紀末葉招攬了大批重要科學家入會。

原因是，四度空間有「更多空間」來移動繩索，讓其彼此交錯。如果第四次元的確存在，那麼我們就可以移動繩索與圓環脫離我們的宇宙，令其互相纏繞，再送回我們的世界。事實上，在四次元的繩結根本無法保持打結狀態，我們也可以無須剪斷繩索就解開繩結。這項特異功能在三次元是不可能達成的，在第四次元卻是輕而易舉。結果第三次元竟是能夠讓繩索維持打結狀態的唯一次元❼。

以此類推，我們也無法在三次元世界裡，將左旋實體變成右旋狀態。人類的心臟天生都長於左邊，無論如何精妙的手術都無法將人類的臟器錯置。我們唯有將人體移動脫離我們的宇宙，並在第四次元將其旋轉之後，再置回我們的宇宙中才有可能辦到（這是數學家莫比烏斯〔August Möbius〕於一八二七年首度提出）。圖 2.8 描述了其中的技術；這兩種特異功能，也只有當我們有能力將物體移動進入第四次元的時候，才有可能辦到。

❼讓我們研究如何在超過三次元的空間解開繩結。假設有兩個打結的繩環，現在在二次元上作出其橫切面，其中有一個環落於這個平面之上，另一個環則由於與該平面垂直，形成一點。於是，我們得到環內有一點。我們在高等次元可以自由移動這個點，不需要將任何繩環解開，就可以將其挪移到圓環外面，這兩個環就如我們所願分開了。換句話說，我們可以在三次元之上的空間將環解開，這是由於在高等次元我們可以有「充足的空間」。請注意在三次元空間我們是無法將這一點移動脫離圓環，這就是為何只有在三度空間，繩索才會打結。

圖 2.8　異人斯萊德宣稱他能夠將右旋的貝殼變形成為左旋，並從密封瓶裡取物。這些特異功能在三次元世界裡是不可能做到的，對於能夠移動物體穿透第四次元的人而言，卻只是雕蟲小技。

科學界的兩極化分裂

澤爾納在《科學季刊》以及《超物理學期刊》（*Transcendental Physics*）上公開的文章，引發了兩極化風暴。他宣稱斯萊德在聲譽卓著的科學家面前主持降靈法會，並施展出神奇的特異功能，震撼了他的觀眾（然而，斯萊德在控制情境下的實驗也有部分表演失敗）。

澤爾納對斯萊德的慷慨激昂辯護，在倫敦社會激起風潮（這次事件只是十九世紀後期，眾多牽涉靈魂論者與靈媒的著名事件之一，維多利亞時代的英國，對於隱密軼事確實是相當感興趣）。科學家和社會大眾一樣，很快就各有不同的立場。一群聲譽卓著的科學家，包括韋伯和克魯克斯，很快就團結支持澤爾納的論點。他們是科學界的大師級人物，深諳實驗觀察，終生研究自然現象。斯萊德在他們面前施展出只有第四次元靈魂才能表現出的神奇特異功能。

但反對澤爾納的人士卻指出，正因為科學家所受的訓練讓他們相信其感官，因此他們正是評價魔術師的最差勁人選。魔術師所受的訓練正是要讓人分心、上當，並擅長混淆觀者的感官。科學家或許會小心觀察魔術師的右手，但卻是由左手秘密地施展這些技倆。批評人士也指出，只有另一位魔術師才能察覺魔術師的手法，只有小偷才抓得到小偷。

其中有一段毫不留情的批判發表於科學季刊《礎石》（*Bedrock*），攻訐另外兩位聲譽卓著的物理學家，巴雷特伯爵（Sir W. F. Barrett）以及洛奇伯爵（Sir Oliver Lodge），並批判他們對精神感應的研究成果。這是一篇尖銳的文章：

我們不需要去考慮所謂的精神感應現象是否真的令人費解，或者去考慮巴雷特伯爵和洛奇伯爵的心智狀態是否異於白癡。這裡有第三個可能性。相信的意願使他們樂於接受採集到的證據，如果他們曾經接受過實驗心理學的訓練，他們就會發現，在這種狀況下獲得的證據實在不足採信。

一個世紀之後，相同的正反論爭還會發生在以色列靈媒蓋勒（Uri Geller）所展現的特異功能身上，他成功說服兩位加州史丹福研究院（Stanford Research Institute）的著名科學家，相信他能夠靠心智力量將鑰匙扭曲，並顯示其他的奇蹟（針對這一點，部分科學家曾經引述早期羅馬名言提出評論：「如果有人希望被騙，就讓他們被騙吧。」）

不列顛科學界的激情風暴引發了辯論，並且迅速越過英倫海峽。黎曼死後的數十年間，科學家不幸忘記了一點。他原先的目標是要透過高等次元來簡化所有的自然定律，結果，高等次元理論迷途向相當有趣，卻深受質疑的方向上走去。這是一次重要的教訓，沒有清楚的物理學動機或明確的指導原則，純數學概念有時候會沈溺於遐想。

這數十年倒不見得是全然浪費了，由於欣頓等數學家以及神幻術士發明了精妙的方法，讓我們能夠「見到」第四次元。第四次元的深遠影響終究會回到正途，並且再度為物理學界扮演啟蒙的角色。

第三章

能夠「看到」第四次元的人

到了一九一〇年，第四次元已經成為家喻戶曉的字眼……不同的人對第四次元有著截然不同的看法，它可以是展現柏拉圖主義或康德主義的理想實體——甚或就是天堂——它可以解答所有現代科學不解之謎。

——韓得森（Linda Dalrymple Henderson）

惡名昭彰的斯萊德審判案件所引發的激情，終於促成了一本暢銷小說的誕生。

西元一八八四年，在經歷了十年的激烈論爭，倫敦市立學校校長亞伯（Edwin Abbott）牧師撰成了一本流傳久遠的暢銷小說《平面世界：方先生的多次元傳奇》（*Flatland: A Romance of Many Dimensions by a Square*）❶。由於當時大眾沉迷於高等次元，這本書立刻受到英國讀者的熱愛。到了西元一九一五年，這本書已經連續再版九刷，至今也已經出現無數版本。

《平面世界》這本小說最令人驚訝之處，是亞伯首度以備受爭議的第四次元題材，對社會進行辛辣的批判與諷刺。亞伯以幽默有力的筆調，攻訐無法接受可能有其他世界存在的頑固人士。高斯的「書蟲」成為平面世界裡的人物，高斯所畏懼的維奧蒂亞族這一類衛道人士，成為故事中的祭司長。這些人一聽到有人膽敢提到不可見的第三次元，就會以西班牙異端裁決所（Spanish Inquisition）的衛道精神群起予以審判。亞伯在《平面世界》一書裡，毫不掩飾地批判維多利亞時代的英國社會中那種頑固迂腐，令人無法忍受的偏見風氣。小說裡的方先生是一位保守的紳士，他所生活的社會階級分明。在這個二次元世界裡，每個人都是幾何物體。婦女的地位低落，屬於那個社會裡的最低階層，她們只是一些直線，貴族則是多角形，而祭司長則是圓圈。一個人擁有的邊愈多，社會地位也愈高。

這個社會禁止任何人談論第三次元，違禁的人都會受到嚴厲的懲罰。方先生是一位剛愎自用、食古不化的人，他絕對不會去挑戰當權派的不公正作為。然而，有一天方先生碰到了一位神秘的球體大神，從此徹底顛覆了他的生活。球體大神是來自三次元世界的球體，在方先生的眼中，球體大神是一個能夠改變大小的神奇圓圈（圖 3.1）。

球體大神耐心地向方先生解釋，他是來自於另一個所謂的「空間世界」，在那個世界裡，所有物體都是三次元。方先生完全不為所動；他太固執了，完全拒絕相信真的存在所謂的第三次元。球體大神說破了嘴都沒有用，他無計可施，只好以行動來證明。他將方先生拋擲到空間世界，脫離他生存的二次元平面世界。方先生經歷的神妙體驗，徹底地改變了他的一生。

平面的方先生就像隨風飛舞的紙張一樣，在第三次元飄浮，他只能看到空間世界裡的二次元切面。方先生只能看到三次元物體的切面，在他的眼裡，三次元物體會神秘地變化外形，甚至任意出現或消失。然而，當他試圖向他的平面世界同胞解釋，他拜訪第三次元的神秘體驗時，祭司長團認為他根本就是胡言亂語，意圖煽惑人心。方先生竟然膽敢向祭司長團挑戰，威脅到他們的

---

❶牧師會寫出這部小說其實也不讓人感到奇怪。當時，英國教會的神學人士首先介入了這場激情審判所引發的論爭。多少世紀以來，牧師一直面對有關於天堂與地獄到底在哪裡，天使究竟住在哪裡等問題，練就了一身答非所問的功夫。第四次元正是這些神靈聖靈的最佳居處。基督教神靈主義者修斐德（A. T. Schofield）在西元一八八八年的《另一個世界》（*Another World*）裡提出冗長的論證，認為上帝和其他神靈正是居住在第四次元❷。神學家威林克深恐落於人後，在西元一八九三年的《不可見的世界》（*The World of the Unseen*）裡，宣稱上帝不可能是住在低微的第四次元裡。威林克認為以上帝之無所不能，祂只可能居住在神聖不可超越的無限次元空間❸。

❷舒菲爾德（Schofield）曾經寫道：「因此我們結論，比我們高等的世界不但可以想像，還真的有可能存在；第二，這種世界很可能就是四次元的世界；第三，這個心靈世界裡的神秘定律與第四次元的定理、語言與預期的性質相比，相當的吻合。」

❸威林克曾經寫道：「一旦我們認識到四次元空間的存在，我們不需要花太大力氣就可以理解第五次元空間的存在，並繼續往上推到無限次元空間。」

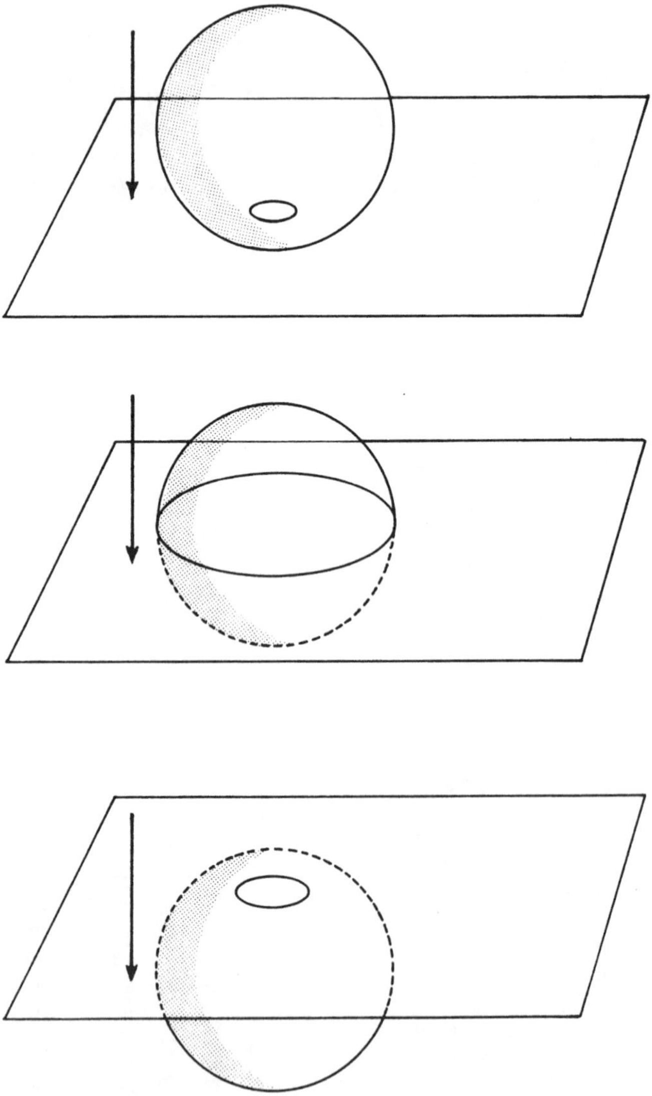

圖 3.1　平面世界的方先生遇到球體大神。球體大神穿越平面世界的時候會呈現出圓圈外型，同時會逐漸放大而後縮小。平面世界的人無法看到三次元的事物，他們只能了解它們的切面型態。

權威，以及二次元是唯一存在事實的神聖信仰。

這本書以悲劇收場。方先生確信他曾經拜訪了三次元的空間世界，卻仍然被關進了監獄，在單人囚牢裡度過餘生。

第四次元的晚宴

亞伯的小說發揮了重大的影響力，這是第一本推廣拜訪高等次元世界理念的小說。從數學角度觀之，書中關於方先生幻遊空間世界的旅程描述是正確的。在通俗著作與電影創作裡所描述的次元間旅行，常常會出現閃光與迴旋暗影。不過從數學角度來描述高等次元旅程會更為有趣，遠超過小說家的想像。我們可以想像次元間旅行的情景。我們將方先生剝離平面世界，並將他拋擲到空中。假設他在三次元世界裡飄浮的時候，遇到了一個人類，那麼，我們在方先生的眼中會是什麼樣子？

由於他的二次元眼睛只能看到我們世界的切面，人類在他的眼裡會是一種奇醜無比的恐怖物體。首先，他會看到兩個皮質圓圈（也就是我們的鞋子）在他的眼前飄浮。他逐漸往上飄的時候，會看到這兩個圓圈改變顏色，成為布質圓圈（我們的褲子）。接著，這兩個圓圈會合併成為單一的圓圈（我們的腰部），隨後分裂成為三個布質的圓圈，同時再度改變顏色（我們的頸部與頭部）。最後，這個肉質圓圈會變成一團毛髮，接著方先生向上飄浮超過我們的頭部時，毛髮會突然消失。在方先生的眼裡，神秘的「人類」是一種會讓人驚嚇發狂，變幻莫測的一團皮質、布質、肉質與髮質的圓圈。

以此類推，如果我們被人剝離我們的三次元宇宙，並被拋擲到第四次元時，我們也會發現所有的常識都變成了廢物。我們在第四次元裡飄浮的時候，眼前會突然出現不規則泡狀體。它們會不斷變幻色彩，改變尺寸與組成成分，完全違背了我們三次元世界的邏輯。這些泡狀體還可能會突然消失，並出現其他的泡狀體。

如果我們受邀參加第四次元的晚宴，我們要如何辨識不同的生物個體？我們就必須透過辨識這些泡狀體的獨特外觀變更方式，來辨認不同的人物。每個高等次元人物會擁有不同的泡狀體變貌。經過一段時間之後，我們就可以學會如何辨識他們的泡狀體，在外觀與顏色上的獨特變更方式，並藉以辨認不同的人物。參加超空間的晚宴可以稱得上是一種空前的體驗。

第四次元的階級鬥爭

到了十九世紀末期，第四次元的概念已經普及於知識圈中，影響了知識份子的思潮，甚至連劇作家也要以之為題嘲弄一番。西元一八九一年，王爾德寫了一齣有關於鬼魂故事的諷刺劇。他的《崁特維爾的鬼魂》（*The Canterville Ghost*）一劇，諷刺某個受騙上當的「靈媒學會」事蹟（影射克魯克斯的靈媒研究學會）。王爾德述說一個受困多年的孤魂野鬼，碰到一個剛從美國來到崁特維爾定居的人。他寫道：「那個鬼魂不願意再浪費時間，它匆匆從第四次元空間逃離，穿過壁板消失無蹤，於是這間房子終於得以安寧。」

另外還有比較嚴肅的著作談到第四次元。基本上，威爾斯是以科幻小說留名青史，他是倫敦社會知識界裡的重要人物，以文學批判、評論與犀利的洞察力著稱。他在西元一八九四年完成的小說《時光機器》（*The Time Machine*）結合了數個有關於數學、哲學與政治的議題。他將科學的新觀念介紹給大眾——四次元也可以是時間而不一定是空間❹：

> 顯然地……任何實體都必然可以引申到四個方向：它一定具有長、寬、高，與延續期間（duration）。但是，由於我們肉身的先天限制……我們通常會忽視這個事實。確實是有四次元存在，其中三個是我們所稱的三度空間，以及另一個第四次元，時間。然而，我們經常誤以為前三個次元和後者之間是截然不同的。原因是，我們的意識是沿著後者，往同一個方向由生到死間歇前進。

《時光機器》和先前的《平面世界》一樣，由於對政治與社會的尖銳批判而歷久不衰，甚至書成之後一個世紀還是廣受歡迎。西元八〇二七一〇年的英國，威爾斯書中的中心主題並非樂觀人士預期的景象，裡頭沒有現代科學發展出的超絕成果。相反地，書中所描述的未來英國，是階級競爭的錯誤示範。勞工階層受到殘酷處置被迫遷入地底生活，並突變成一種殘忍的人類新種，也就是魔烙客族（Morlocks），其統治階層則毫無節制地放浪形骸，終於退化成為貌似小妖精的無用種族，稱為挪落族（Eloi）。

❹威爾斯並非頭一個想到，除了空間之外，時間可能是第四次元的一個新型態。早在一七五四年，亞藍博特（Jeand' Alembert）就已經在他的《次元》（*Dimension*）一文中寫道，第四次元有可能就是時間。

威爾斯是費邊派（Fabian）漸進式社會主義的顯赫人物，他以第四次元來揭示諷刺階級鬥爭的最大矛盾。貧富階級對立完全失控。無用的挪落族完全依賴辛勤的魔烙客族才得以溫飽，不過勞工終於進行報復：魔烙客族將挪落族吃掉了。第四次元被馬克斯論者借用來批評當代社會，卻出現了意外的轉折：勞工階層不會如馬克斯所預測的，從富人的枷鎖掙脫出來。他們會吃掉富人。

威爾斯在短篇小說《普列特納生活史》（*The Plattner Story*）裡，還嘲弄了右撇子與左撇子的矛盾話題。普列特納（Gottfried Plattner）是一位科學教師，有一次他在進行精密化學實驗的時候，發生了爆炸意外，將他送到另一個宇宙去。當他從陰界返回真實世界時，卻發現自己的身體發生了奇怪的改變：他的心臟已經被挪到身體的右邊，同時也成了左撇子。一群醫生為他檢查身體時，訝然發現普列特納的身體已經完全左右對調。在我們第三次元世界的生物學領域裡，根本不可能出現這種案例。「普列特納的身體被轉換成為奇特的左右對調狀態，正足以證明他曾經被移動脫離我們的空間，進入所謂的第四次元，隨後他又被送還我們的世界。」然而，普列特納拒絕在他死後進行解剖，結束延遲了「或甚至於永遠無法證實，他的身體已經左右對調的事實。」

威爾斯本身相當清楚，有兩種方法可以將一個原先左生的物體，轉換成為右生的物體。平面世界的人物有可能被扯離他的世界，翻轉過來，之後再被放回到平面世界，於是他的器官就會左右對調。另一個可能性則為，平面人是居住在所謂的麥比烏斯帶（Möbius strip）之上。也就是將長紙條扭轉一百八十度，並將兩端黏貼起來形成的紙環。如果平面人環繞麥比烏斯帶一周，回到原點，會發覺自己的器官已經完全反轉（圖 3.2）。麥比烏斯帶還有其他奇特性質，過去一百年

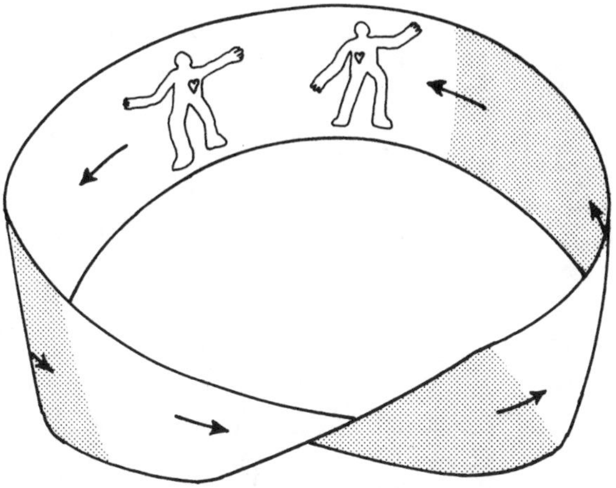

圖 3.2　麥比烏斯帶只有一面，它的外面與內面實際上是同一面。如果平面人在麥比烏斯帶上遊走，他的器官就會左右對調。

來，許多科學家為之著迷不已。例如：如果你沿著紙環表面走完一圈，會發現紙環竟然是單面的。還有，如果你沿著中心線將紙環剪開，你還是會得到一個完整的紙環。於是產生了一首數學詩：

一位數學家吐露道
麥比烏斯帶只有一面
如果你將它從中間剪開
會引來其他人一陣訕笑
因為紙環還是完整的一圈

在經典著作《隱形人》（*The Invisible Man*）一書中，威爾斯探討了一個人可能有辦法透過「一種公式，一種與四次元空間有關的幾何表現形式」的技巧，而隱藏身形。威爾斯已經知道，如果平面人被剝離他的二次元宇宙，他就會形同消失；以此類推，如果一個人能夠「跳入」第四次元，那麼他也會隱形不見。

威爾斯在他的短篇小說《大衛森的眼睛傳奇》（*The Remarkable Case of Davidson's Eyes*）裡，探討了「空間的扭曲現象」（a kink in space）是不是會讓人變成千里眼。故事裡的主角大衛森，有一天發現自己擁有了一種令人心煩的本領，他竟然能夠看到發生於遙遠南海島上的事情。這個「空間的扭曲現象」也就是一種空間變曲，南海的光線透過超空間照射到英國，並照耀他的眼睛。威爾斯在小說裡運用了黎曼的蟲洞作為文學表現的工具。

威爾斯又在《美妙的旅遊》（*The Wonderful Visit*）一書裡，探討天堂是否存在於平行世界，或平行次元，這個故事的情節環繞著一位意外下凡到英國鄉間的天使的遭遇。

威爾斯的著作流傳極廣，也開啟了小說的新紀元。麥克唐納（George McDonald）是數學家卡洛爾的朋友，他也針對天堂是否座落於第四次元的問題進行探討。麥克唐納的幻想小說《萊莉絲》（*Lilith*）完成於一八九五年，故事中的主角利用鏡子的光線折射，竟然在我們的宇宙與另一個世界之間開啟了一道次元間窗口。唐拉德（Joseph Conrad）與福特（Ford Madox Ford）於西元一九〇一年合著完成的《繼承者》（*The Inheritors*）一書中，描述了一個來自第四次元的超人族，這些殘暴無情的超人入侵我們居住的空間，並開始征服世界。

第四次元的藝術表現

西元一八九〇年到一九一〇年，可以算是第四次元的黃金時代。在這段時間裡，高斯與黎曼的創見瀰漫在文藝圈、激進先鋒派，以及一般大眾的思維裡，並且影響了藝術、文學和哲學的趨勢。新的哲學分支稱為神智學（Theosophy），也深受高等次元的影響。

然而，嚴謹的科學家對這個情況卻相當懊惱，因為黎曼的審慎研究成果竟然被小型報刊炒作成為頭條新聞。另一方面，第四次元的普及化倒也產生了一些好處。不但促成了為一般大眾接受的普及數學的進展，同時也跨越各個領域，促成了更豐盛的的不同文化潮流。

藝術史學家韓德森在《現代藝術領域的第四次元與非歐幾何學》（*The Fourth Dimension and Non-Euclidean Geometry in Modern Art*）一書中，曾經對此展開詳細探討。她認為第四次元對藝術領域中重要學派的發展，包括了立體主義與表現主義，都產生了關鍵性的影響。她寫道：「對立體主義者而言，第一個以新的幾何學為基礎的最調和藝術理論已經發展成功。」對先鋒派而言，第四次元則象徵了對資本主義過度氾濫的顛覆作為。他們認為壓抑的實證主義與粗鄙的物質主義都是毫無意義的詞藻堆砌。以立體主義者為例，他們眼見科學狂熱者太過傲慢，令人忍無可忍，於是叛離了科學。這幫人對於創世過程的詮釋也全然脫離了人性面。

先鋒派則以第四次元作為工具。一方面，第四次元將現代科學推演到極致，甚至於連科學家也無法完全理解其科學本質；另一方面，這也是一種神秘現象，炫耀第四次元知識可以當頭痛擊頑固不知變通，且自以為是的實證主義者。尤其是，在藝術領域產生了背離透視法則的形式。

中世紀的宗教藝術家刻意採用非透視手法進行創作，畫作裡的所有勞工、農夫，以及國王都以平面式呈現，類似小孩子的畫作。這些畫作強烈反映了教會的觀點：上帝是全能的，能夠一眼看遍我們世界的各個角落。於是，藝術必須反映這個觀點，因而畫作上的世界便呈現二次元空間。例如，著名的貝葉掛氈（Bayeux Tapestry，圖 3.3）便是描述西元一〇六六年四月，英國國王哈洛德二世（King Harold II）手下士兵的迷信態度。他們指著不吉祥的彗星橫過天際而

圖 3.3　貝葉掛氈的一景，其中描述英國軍隊駭然指向天際的異象（哈雷彗星）。這些人物都呈現平面造型，中世紀的藝術創作多半是如此。這樣可以顯示上帝的全能，於是圖像都以二次元形式表現（收藏者：Giraudon/Art Resource）。

心生畏懼，他們認為這是必敗的預兆（六個世紀以後，這顆彗星被命名為哈雷彗星〔Halley's comet〕）。

哈洛德隨後在黑斯汀（Hastings）戰役裡敗給了征服者威廉（William the Conqueror），威廉於是坐上英國王位，並開啟了英國歷史的新頁。回頭來看貝葉掛氈，這項創作和中世紀的其他藝術創作雷同，將哈洛德士兵的手臂與臉龐都畫成平面，似乎有一面透明的鏡子壓在他們的身體上，並將他們壓扁在掛氈上。

文藝復興時期的藝術作品則背離了這種以上帝為中心的創作手法，以人為中心的藝術形式開始萌芽。其中有橫跨畫面的景觀，還有從人類眼光觀察的唯妙唯肖三次元人體畫作。透過達文西（Leonardo da Vinci）對透視法則的精闢研究，我們可以看出他的素描都消失在地平線上的同一點。文藝復興時期的藝術反映了我們的眼睛，是從觀察者的單一角度觀看這個世界。我們可以從

圖 3.4　文藝復興時期的畫家發現了第三次元。當時的畫作不再藉助上帝的視野，而是從有利角度以單點透視圖法完成。請注意達文西的「最後的晚餐」（The Last Supper）壁畫裡的所有線條都匯聚到遠方的一點（收藏者：Bettmann Archive）。

米開朗基羅的壁畫，或達文西的素描簿裡看到大膽壯麗的圖形跳脫第二次元。換句話說，文藝復興時期的藝術發現了第三次元（圖 3.4）。

隨著機械時代與資本主義時代的來臨，藝術界有感於冷酷的物質主義宰制了工業社會，因而試圖加以反制。對立體派論者而言，實證主義根本就是限制我們的緊身衣，壓抑我們的想像力，只相信可以在實驗室裡被量測的事物。他們質疑道：為什麼藝術必須是依樣畫葫蘆的「寫實派」？因此，立體派者「背離了透視畫法」，並採取第四次元觀點，因為這樣就可以從所有可能的角落來觀察第三次元。簡言之，立體派藝術信奉第四次元。

畢卡索的畫作就是絕佳的範例，他明確地排斥透視法則，我們可以同時從各個角度來觀察畫作中的女士的臉龐。畢卡索的畫作並不是從單一角落來觀察事物，而是從多重角度觀看，就如同畫家是從第四次元來看一件東西，可以同時從不

圖 3.5　立體畫派深受第四次元的影響。例如，這個畫派試圖從第四次元人物的角度來觀看事物。這種生物可以同時從所有不同角度，來觀看一個人的臉龐。因此，第四次元生物就可以同時看到雙眼。畢卡索的畫作「杜拉瑪爾的肖像」（Portrait of Dora Maar. 收藏者：Giraudon/Art Resource. 1993. Ars, New York/Spadem, Paris）。

同角度觀察一樣（圖 3.5）。

有一次，畢卡索在火車上碰到一個陌生人，那個陌生人認出畢卡索，並且向他抱怨：為什麼他不能以寫實手法來畫人？為什麼他要扭曲畫中人的外觀？畢卡索要他拿出家人的照片。畢卡索觀察那張照片之後回答說：「你太太真的是那麼小，又那麼扁平嗎？」對畢卡索而言，無論一張照片是多麼「寫實」，其實還是要從觀察者的角度來決定其真實性。

抽象畫家除了試圖從四次元人物的觀點來繪製一個人的臉龐，他們還以時間為第四次元。在杜象（Marcel Duchamp）的畫作《下樓梯的裸女》（*Nude Descending a Staircase*）中，我們可以看到一個女士的模糊身影。這位女士在下樓的時候由於時間重疊，導致畫作上出現了無數身影。如果時間就是第四次元，由於他們可以同時看到所有的時間片刻，那麼這就是四次元人物會看到的人物形象。

西元一九三七年，藝術評論家夏皮洛（Meyer Schapiro）總結這些新的幾何原理對藝術界的影響，他寫道：「非歐幾何學的發現，強力促成了數學可以獨立於存在實體之外的觀點，抽象繪畫也將藝術模仿的古典觀點連根斬除。」藝術史學家韓德森也曾經說過：「第四次元以及非歐幾何學是將多數現代藝術與理論予以統整的最重要課題之一[5]。」

[5] 韓德森認為，「第四次元吸引了許多著名文學家的注意，例如，威爾斯、王爾德、康拉德、福特、普魯斯特與斯泰恩等。另外還有音樂家斯克里亞賓、瓦雷茲，與安泰爾等也對第四次元表達極大的興趣，而進行所謂的高次元存在事實（higher reality）的創作。」

布爾什維克與第四次元

第四次元也經由傳奇人物奧斯班斯基（P. D. Ouspensky）的著作而流傳到帝俄，奧斯班斯基向俄羅斯知識份子介紹了這個神秘的理念。他的影響力相當深遠，甚至於杜斯妥也夫斯基的《卡拉馬助夫兄弟們》（*The Brothers Karamazov*）一書裡的主角，伊凡・卡拉馬助夫在討論是否真的有上帝存在的時候，也思考過高等次元與非歐幾何學是否存在的課題。

由於在俄羅斯發生了布爾什維克革命歷史事件，第四次元在那個時候也意外地發揮了影響力。這段科學史上的奇特插曲到今天還是相當重要，由於列寧隨後加入了第四次元的論爭，對前蘇聯往後七十年間的科學產生重大的影響[6]（俄羅斯的物理學家隨後也在現代十次元理論的發展過程中，扮演了關鍵角色）。

沙皇在一九〇五年以暴力鎮壓革命之後，布爾什維克黨內部產生了一個新的「創神黨」（God-builders）支派。他們認為農民還沒有到接受社會主義的時機，布爾什維克黨必須先以宗教與唯心論來教導他們。他們引用德國物理學家暨哲學家馬赫（Ernst Mach）的言論，來支持他們的異端邪說。馬赫曾經雄辯滔滔地論述第四次元，並談到當時新近發現的一種奇特物質的放射性現象。創神黨指出，法國科學家貝克勒（Henri Becquerel）在一八九六年發現的放射性現象，以及居里夫人（Marie Curie）在一八九六年發現的鐳（radium），已經在德法二國的學術圈引發激烈的論爭。很顯然地，物質可以緩慢地解構並（以放射性形式）放射出能量。

新的放射性實驗顯示，牛頓物理學的根據已經搖搖欲墜。希臘人認為物質不滅也不變質的觀點，現在卻在我們眼前解體。鈾（uranium）與鐳在實驗室裡變質的事實，推翻了先前的信念。馬赫成為帶領他們走出迷津的先知。不過，他卻指出了錯誤的方向，他不採信唯物論，卻宣稱時空是出自於我們的主觀感受。他寫道：「我希望以後再也沒有人會引用我針對這個主題所說或所寫的話，來支持怪力亂神。」他的這個說法只是徒勞。

布爾什維克黨的內部出現分裂，他們的領導人列寧深感恐懼，靈魂與魔鬼是否能見容於社會主義？一九〇八年，列寧流亡到日內瓦，並撰成哲學鉅著《唯物主義與經驗批判主義》（*Materialism and Empirio-Criticism*），藉由攻擊神秘主義與玄學來支持唯物辯證法。列寧認為物質與能量的神秘消失現象，並不能證明神靈的確存在。他認為這個現象實際上顯示了新的辯證法已經誕生，並支持了物質與能量二者之存在。我們不能再相信牛頓的說法，將這二者視為不相干的實體，而是必須將這二者視為辯證法則裡的兩個標竿。我們需要新的守恆原則（當時列寧並不知道，愛因斯坦在三年前，也就是一九〇五年，早已提出正確的物理原則）。此外，列寧還質疑馬赫輕易信奉第四次元。首先，列寧讚賞馬赫，認為他「已經提出相當重要且有用的問題，具有N次元的空間實際上是可以理解的空間。」隨後他又批評馬赫沒有強調，實驗只能證實空間三次元的存在。我們可以透過數學來探討第四次元，以及那個世界的可能型態。列寧認為這一點倒是

---

❻列寧的《物理主義與帝國評述》（*Materialism and Empiro-Criticism*）深深影響了現代蘇俄與東歐科學，因此到今天仍佔有相當重要地位。列寧的名言「不竭的電子」彰顯出底下這個辨證主張：當我們窮究物質的核心，我們會發現更深的階層與更大的矛盾。例如，銀河系是由較小的星系所組成，星系則包含星群，星群又為分子所組成，分子則是由原子所組成，原子包含電子，而電子則是「不可竭盡」的。這就是所謂的「世界中的世界」理論。

好事，不過我們也只能在第三次元裡推翻沙皇！

列寧參與第四次元與雷射新論的論戰，他經過了好多年，才將創神黨從布爾什維克黨裡掃地出門。不過，他終於在一九一七年的十月革命之前不久贏得勝利。

重婚者與第四次元

第四次元的想法終於橫越大西洋來到美國，這位信使是一位傳奇性英國數學家欣頓。一九〇五年，愛因斯坦還在瑞士專利局辛苦地埋頭於研究工作，並發現了相對論，欣頓則任職於美國華盛頓特區的專利局。他們大概從未謀面，不過他們隨後卻機緣湊巧地走上相同的道路。

欣頓自成年後就執著於推廣第四次元，並希望能將這個概念具象化。科學史終將記載，他是能夠「看到」第四次元的人。

欣頓是詹姆斯・欣頓（James Hinton）之子，詹姆斯是英國著名的耳外科大夫，也是自由主義信徒。多年後，這位深具魅力的老欣頓先生成為一位宗教哲學家，積極倡導愛情解放與開放一夫多妻制，並終於成為深具影響力的英國教派領袖。他的身邊圍繞著一群極端忠誠、誓死奉獻的自由思想追隨者。他最著名的一個主張是：「基督是人類的救主，而我卻是女人的救主，我一點都不羨慕祂！」

他的兒子查爾斯卻命中注定要成為深受尊崇的無聊數學家，一夫多妻制不能吸引他，多邊體造型才能真正引起他的興趣！一八七七年，畢業於牛津大學之後，他邊研讀數學碩士學位，邊任教於阿平漢學校（Uppingham School），是一位備受尊敬的老師。欣頓在牛津就讀時即沉迷於將第四次元具象化的嘗試。他受過數學家的科學訓練，深知沒有人能夠完整看到四次元物體。然而，他了解我們有可能看到四次元物體的切面，或者其展開型態。

欣頓在通俗刊物上發表他的研究成果。他撰成影響深遠的文章「何謂第四次元？」刊載在《都柏林大學雜誌》（*Dublin University Magazine*）以及《徹爾敦漢女子學院雜誌》（*Cheltenham Ladies' College Magazine*）上，隨後於一八八四年重刊，並加上了聳動的副標題「釋鬼」（Ghosts Explained）。

欣頓的學術生涯在一八八五年急轉直下，他因重婚罪名被捕入獄。欣頓稍早已經與父親的黨徒之女瑪麗・布耳（Mary Everest Boole）結婚，她的丈夫就是偉大的數學家布耳（布耳代數之父）；然而，欣頓卻又與一位毛德・維爾頓女士（Maude Weldon）生下了一對雙胞胎。

阿平漢的校長見過欣頓的太太瑪麗與他的情人毛德，卻誤以為毛德是欣頓的手足。這件事一開始還沒有為欣頓帶來麻煩，但他犯了一個錯誤，竟娶毛德為妻。隨後校長知道欣頓重婚，醜聞於焉爆發。他立即被阿平漢學校開除，並以重婚罪受審。他在監獄裡關了三天，之後瑪麗撤回告訴，與欣頓聯袂離開英國前往美國。

欣頓受雇於普林斯頓大學數學系，擔任講師一職。他在那裡發明了棒球機，暫時拋開了對第四次元的狂熱。普林斯頓棒球隊受惠於欣頓的機器良多，這台機器能夠以七十英里的時速投擲棒球。如今，世界各地的重要棒球場都可以看到欣頓這項發明的後續機種。

後來欣頓被普林斯頓大學開除，所幸美國海軍氣象台的主任是一位第四次元的忠實信徒，透過他的影響力，欣頓得以到該單位任職。隨後，他在一九〇二年抵達華盛頓，並就職於專利局。

欣頓立方體

欣頓以數年時光發展出一套相當聰明的方法，讓一般人與愈來愈多的追隨者，而不只是專業數學家，能夠「看到」四次元的物體。他終於構思完成一種特殊的立方體，只要我們努力嘗試，就可以使四次元的超立方體具象化，後來我們就稱之為欣頓立方體（Hinton's cubes）。欣頓還替這種展開的超立方體取了一個正式名稱，叫做「特什瑞克特」（tesseract），並成為英文裡的一個正式字眼。

欣頓立方體成為一種重要的神秘物體，並被婦女雜誌與降神法會廣為流傳引用。高尚社會人士宣稱，我們可以透過欣頓立方體一瞥第四次元，同時也可以看到陰界鬼魂與已逝的親友。他的信徒面對這些立方體沉思冥想好幾個小時，終於得以在腦際透過第四次元安排重組這些立方體形成超立方體（hypercube）。據說，能夠從事這種心智絕活的人就可以達致涅盤的最高境界。

我們就以三次元立方體為例。雖然平面人無法看到完整的立方體，我們卻可以在三次元空間將立方體展開，並得到組成十字造型的六個正方形。當然了，平面人無法將這幾個正方形重組成立方體。在第二次元，各個正方形的切合線是固定的，不能移動彎曲；然而，我們可以在第三次元輕易地將這接合處折彎。觀察這個現象的平面人會看到正方形一個個消失不見，只剩下一個正方形留在他的世界裡（圖 3.6）。

同理類推，我們也看不到四次元的超立方體。不過我們可以將超立方體展開成為低階次元的構造，也就是普通的三次元立方體。接著，我們就可以將其安排成為三次元的十字架形狀，也

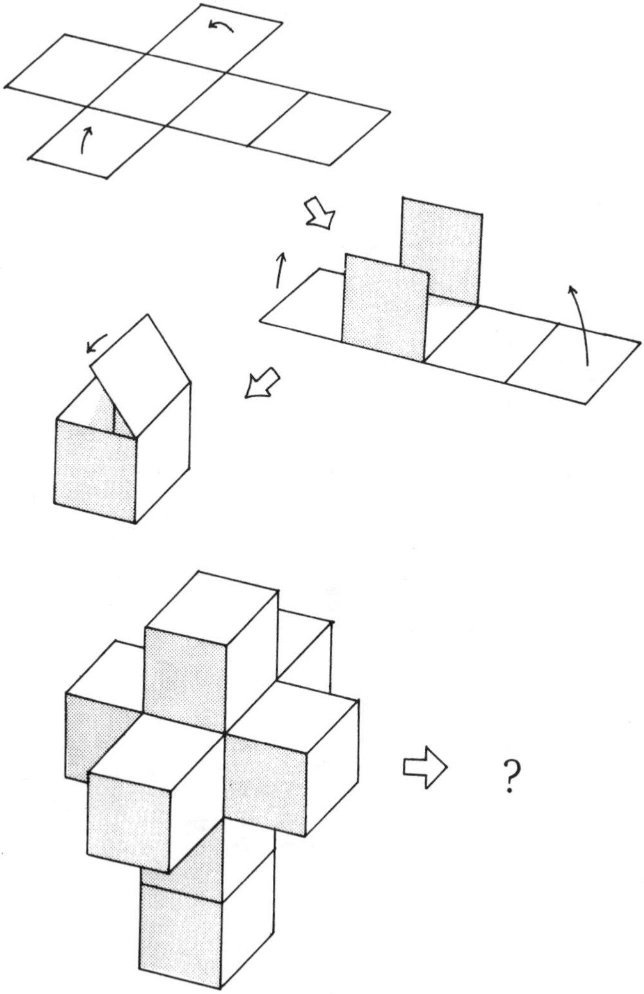

圖 3.6　平面人無法看到立方體，但是他們可以將其展開，這樣就可以獲得三次元的立方體概念。就平面人而言，立方體展開來的時候會成為十字形，並包含六個正方形。以此類推，雖然我們無法看到四次元的超立方體，不過如果我們將其展開，就可以形成許多立方體所組成的類似十字體造型的特什瑞克特。雖然這個立方體造型在我們眼中是固定不變的，第四次元的人物卻可以將這些立方體「組合」成超立方體。

就是特什瑞克特。如此，我們就可以想像如何將這些立方體具體重組成為超立方體。高等次元的人則可以將每一個立方體抽離我們的宇宙，並組合成為超立方體（我們的三次元眼睛則會看到一個不可置信的現象，其他的立方體會一一消失，僅有一個立方體殘留在我們的宇宙裡）。欣頓的影響力相當深遠，達利（Salvador Dali）在他所繪的名畫《超立方體上的基督》（*Christus Hypercubus*）裡，採用欣頓的特什瑞克特，描述耶穌基督被釘在四次元的十字架上（圖 3.7）。這副畫作目前展示於紐約大都會藝術博物館（Metropolitan Museum of Art in New York）。

欣頓也發現了第二種具體觀察高等次元物體的方法：觀看這些物體映射在較低階次元上的投影。例如，平面人可以看到立方體在二次元的投影，立方體看來就像是兩個重合的正方形。同理類推，超立方體在三次元上的投影會形成立方體中有立方體。（圖 3.8）。

除了把超立方體展開，以及檢視投影將其具象化之外，欣頓還有第三種方式來理解四次元：橫切方式。例如：如果方先生被送入第三次元，他的眼睛還是只能夠看到第三次元的切面。因此他只能夠看到許多圓圈出現，變大、變色，並突然消失。如果方先生經過一個蘋果，他就會看到一個紅色圓圈突然出現，並逐漸擴大之後又縮小，隨後變成一個棕色的小圓圈（果蒂），最後終於消失不見。同理，欣頓知道如果我們被拋擲到第四次元，我們也會看到奇怪的物體突然從虛空中冒出，變大、變色、變形、變小，最後消失。

我們總結欣頓的貢獻，大概就是以三種方式將高等次元物體介紹給大眾：觀察其投影或橫切「面」，及其展開之型態。即使到今天，這三種方法還是專業數學家與物理學家用來研究理解高等次元物體的主要方式。今天，凡是在物理學期刊上使用圖形說明的科學家，多少都要感謝欣頓

圖 3.7　達利（Salvador Dali）在超立方體上的基督（Christus Hypercubus）一畫裡描述基督被釘在展開的超立方體十字架上（收藏者：大都會博物館，戴爾（Chester Dale）贈，1955 年藏，1993 Ars, New York/Demart Pro Arte, Geneva）

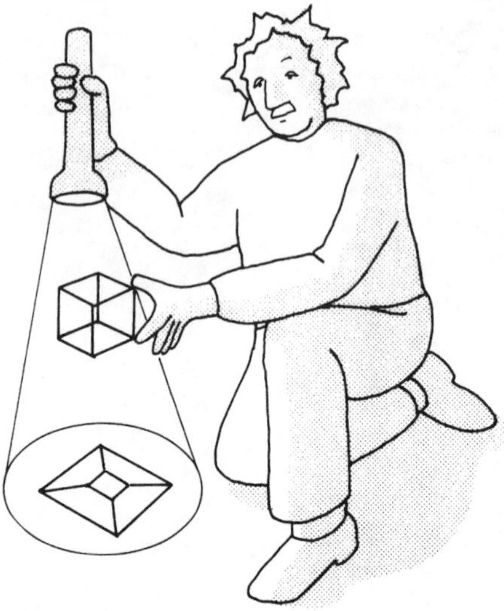

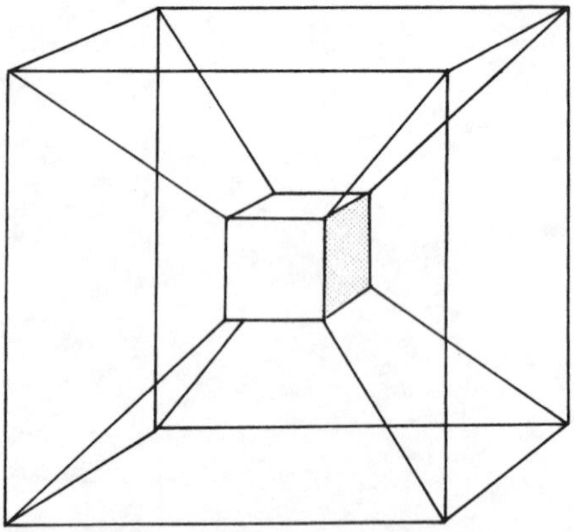

圖 3.8　平面人可以觀察投影來具體理解立方體，並顯現出正方形中有正方形。如果我們旋轉立方體，正方形就會呈現平面人所無法理解的運動狀態。同理，超立方體的投影會呈現立方體中有立方體。如果超立方體在四次元中旋轉，那麼這兩個立方體就會呈現出我們三次元頭腦無法理解的運動狀態。

的工作成果。

第四次元徵文大賽

欣頓的文章裡包含了針對五花八門的問題的解答，有人要他替第四次元取個名字，他會提出以安納（ana）與卡榻（kata）來代表第四次元中，相對於上下或左右的移動方式；又有人問第四次元到底在哪裡，對於這一點，他也早有答案。

現在，想像在密閉房間裡抽煙所產生的煙霧的運動情況。基於熱力學定律，煙的原子會分布擴散到房間裡的所有角落，我們可以測量在普通三次元空間裡，是否有任何區域不存在煙的分子。由於實驗觀測顯示，並沒有這種隱藏的區域。因此，只有當第四次元小於煙的粒子的狀況下，第四次元才有可能存在。如果第四次元真的存在，那麼它一定非常微小，甚至於比原子還小。這就是欣頓所採納的基本原理，也就是說我們三度元宇宙的物體必然也存在於第四次元，但是第四次元太小了，沒有任何實驗測觀可以觀察得到（我們會發現現代物理學者所採用的基本原理，基本上是與欣頓雷同。他們已獲得結論，認為高等次元太小了，因此我們無法以實驗進行觀測。有人問他：「光是什麼？」他也是成竹在胸，欣頓抱持與黎曼相同的想法，認為光是不可見的第四次元的一種振動，許多現代理論物理學者基本上也抱持相同的觀點）。

欣頓在美國隻手激起群眾對第四次元的高度興趣。許多暢銷雜誌，例如：《哈潑周刊》（*Harper's Weekly*）、《麥克琉》（*McClure's*）、《當代文獻》（*Current Literature*）、《大眾科學月刊》（*Popular Science Monthly*），和《科學》（*Science*）等，都以極大篇副刊載這類報導，以滿足群眾對第四次元日增的興趣。但是，真正讓欣頓在美國出盡鋒頭的事件大概就是《科學美國人》（*Scientific American*）於一九〇九年所贊助的著名徵文比賽。這次罕見的比賽提供了美金五百元作為獎金（這個數字在一九〇九年算是相當大的一筆錢），來徵求「對第四次元的最佳通俗解說」。雜誌編輯群相當高興地看到大量回函湧入辦公室，有些函件還是遠從土耳其、奧地利、荷蘭、印度、澳大利亞、法國與德國寄來的。

比賽的目標是要「徵求一篇短於兩千五百字的文章，並以一般讀者能了解的文筆撰寫而成。」有些人悲嘆地認為，澤爾納與斯萊德等人將第四次元與唯靈相提並論，污損了前者的名譽。然而，也有許多文章認可欣頓第四次元的空前研究成果（奇怪的是，並沒有任何文章提到愛因斯坦的研究。我們直到一九〇九年，仍絲毫沒有體認到愛因斯坦在當時已經發現了時空的秘密；事實上，當時並沒有任何文章提到以時間作為第四次元的想法）。

《科學美國人》的徵文比賽無法以實驗進行確認，因此無從解答高等次元的存在之謎。然而，該次比賽的確闡述了高等次元物體的可能形貌等問題。

來自第四次元的怪物

接觸來自高等次元的怪物會是什麼景象？

要怎樣來說明拜訪其他次元的假設性旅程，及其中的妙處與刺激？或許最好的方式就是透過科幻小說來說明，科幻作家早已嘗試解答這個問題。

在《來自虛空的怪物》（*The Monster from Nowhere*）故事中，作者龐德（Nelson Bond）嘗

試杜撰出一位深入拉丁美洲叢林的冒險家，當他碰到來自高等次元的怪獸所發生的事。

我們的英雄人物叫做派特森（Burch Patterson），他是一位汲汲於追求財富的冒險家。他到秘魯崇山峻嶺之間獵捕野生動物，這趟冒險之旅的經費來自於許多動物園的支援。派特森的旅途開銷由動物園資助，來換取他所能夠獵捕到的任何動物。媒體大肆宣揚派特森踏入處女領域的旅程進展。但是經過數週之後，探險隊與外界失去聯繫，隨後神秘失蹤且沒有留下任何痕跡。有關當局展開長期的搜救行動並無所獲，而不得不宣告探險隊員已經罹難。

兩年後，派特森突然重現世人面前。他私下密見記者，告訴他們一場悲劇與英勇行為交織成的驚人故事。就在探險隊失去聯絡之前，他們在秘魯的馬拉坦高原（Maratan Plateau）與一種奇異的動物不期而遇，那是一種怪誕的泡團狀怪物，以最奇異的方式不斷地變幻形狀。這些黑色泡團懸浮在半空中，飄忽現形並隨即消失，還不斷地變幻形狀與色彩。這些泡團突然對探險隊發動攻擊，並擊殺大半隊員。這些泡團將部分剩餘的隊員捕捉升離地面，那些人尖叫著，然後消失無影。

其中只有派特森生還，他在震撼驚懼之下仍不忘從遠處研究這些泡團，他終於整理出頭緒，了解牠們的本性以及如何捕捉牠們。他早些年前曾經讀過《平面世界》一書，於是他想像如果有人將手指伸入、伸出平面世界，居住其中的二次元居民必然會飽受驚嚇。平面人會看到肉環在半空中變幻大小，飄浮搏動（也就是我們穿透平面世界的手指）。以此類推，派特森理解到如果有高等次元的動物將其手臂或腳伸入到我們的宇宙裡，則從我們三次元生物的角度觀察，這景象就會像是突然從虛無裡出現的搏動肉質泡團一樣，同時也會不斷變幻形狀與色彩。這個說法也可以解釋為什麼他的隊友會突然消失無蹤：他們都被拖入高等次元宇宙了。

然而，他還是被一個問題所困擾：我們要怎樣逮著來自高等次元的生物？平面人見到我們的手指在他們的二次元宇宙中穿進穿出，如果他們試圖捕捉我們的手指也必定是徒勞無功。如果他們想要用套索圈捕我們的手指，我們只需移動手指就可以消失無影。以此類推，派特森推論，如果他用網子將一個泡團網住，高等次元生物只要將他的「手指」或「腿」抽離我們的宇宙，捕捉網就會撲空。

他突然想出解答，如果平面人試圖在我們手指穿透平面世界時將其捕捉，平面人可以以一根針穿透我們的手指，這樣就能夠將我們的手指痛苦地釘在二次元宇宙。派特森的策略就是要將一根刺穿透一個泡團，並將那個生物釘在我們的宇宙中！

派特森歷經數月來觀察那個生物，他辨識出那個生物的「腳」，並用一根刺將其刺穿。他花了兩年的時光才逮到那隻痛苦掙扎的泡團，並用船載回紐澤西。

派特森最後召開一場盛大的記者招待會，並宣稱他將在會場上展示他在秘魯抓到的生物。記者與科學家在看到這隻生物時都飽受驚嚇，那隻怪物被釘在一根鐵棍上痛苦掙扎，和金剛電影的一幕雷同，一名報社記者違規使用閃光燈拍攝怪物的照片。閃光燈激怒了怪獸，牠過度掙扎竟將血肉從鐵棍上撕裂。突然，怪獸掙脫，引起一場大騷動。留在記者會現場的人慘遭撕碎，派特森與其他人則被怪物抓走而消失在第四次元。

這場悲劇之後，有一位大屠殺的劫後餘生者決定將怪物存在的證據燒毀，這場謎團還是永遠不要解開的好。

建造一棟四次元房屋

我們在前一個段落裡，探討了與高等次元生物遭遇的可能情景。但是如果情況相反，是我們去拜訪高等次元宇宙，又會如何？我們已經看到，平面人無法完整看到三次元宇宙。然而，欣頓已經顯示平面人可以透過他們不同的理解方式，來展示高等次元宇宙的部分現象。

海廉（Robert Heinlein）在他的經典短篇故事《……他造了一棟歪七扭八的房子……，》裡，探索了我們要如何居住在開展的超立方體的可能方式。

提爾（Quintus Teal）是一位才華橫溢的急性子建築師，他企圖建造一棟外型完全創新的房子，也就是在第三次元開展的特什瑞克特。他勸服他的朋友貝里夫婦買下這棟房子。

這棟房子座落於洛杉磯，特什瑞克特是一組八個超現代派的立方體，彼此交疊成為十字架外型。很不幸地，正當提爾安排好要向貝里夫婦展示他的新創作時，南加州發生了地震，房子也跟著被震垮。所有立方體都開始崩塌傾倒，奇怪的是，只剩下一個立方體還屹立不倒，其他的立方體則神秘失蹤。提爾和貝里夫婦小心翼翼地進入這間房子，也就是只剩單一立方體的房子，他們發覺竟然可以從一樓窗口，清楚地看到其他消失的房間。這是不可能的事，房子只剩下單一立方體，這個單一立方體怎麼可能從內部，和其他一串從外部看不到的立方體相連？

他們爬上樓梯，找到了位於玄關樓上的主臥室。他們沒有找到三樓，卻發現自己已回到地面樓層。他們以為屋子鬧鬼，驚嚇地直衝到前門，卻發現自己並未離開房子。前門直通往另一個房間，貝里夫婦終於不支昏倒。

他們探索那間房子的時候，發現每個房間竟然都和其他房間互通，這根本是不可能的事。原屋的每一個立方體都有窗戶朝向戶外，現在則每扇窗戶都朝向別的房間，根本就沒有所謂的戶外！

這下他們完全嚇破了膽，於是戰戰兢兢地測試屋中的每一扇門，發現這些門全都通往其他的房間。他們終於試著去打開四扇百葉窗，向外查看。他們打開第一扇百葉窗，發現自己竟然是從帝國大廈向下看。顯然，那扇窗戶開啟了一扇通往那棟高樓塔頂上方空間的「窗口」。當他們打開第二扇百葉窗，發現自己是向外凝視廣闊的海洋，不過卻是上下顛倒的海洋。他們打開第三扇百葉窗，發現自己凝視著虛無，可不是虛無的空間，也不是漆黑的一片，只是「虛無」。終於，他們打開最後一扇百葉窗，他們發現自己凝視著一片蕭瑟的沙漠地貌，或許是火星上的景觀❼。

從外觀而言，提爾的房子原先是設計成一組普通立方體彼此連結成的造型。由於那棟房子的各個立方體之間的連接處在三次元里相當結實穩固，以致沒有崩垮。然而，從第四次元角度觀之，提爾的房子卻是一個開展的超立方體，可以重組成或重摺成一個超立方體。這就是為什麼房子在受到地震撼動的時候，會在第四次元重組，只留下單一立方體殘存在我們的第三次元。如果有人踏入僅存的單一立方體裡頭，他就會看到房間以令人難以置信的方法患連在一起。當提爾遊走在不同的房間時，其實已在不知不覺中，遊走於第四次元。

眼看我們的英雄就要終其一生受困於超立方體的迴旋之中，所幸，另一個強烈地震撼動了那個特什瑞克特。提爾和受驚的貝里夫婦屏息躍出最近的窗口。當他們著陸的時候，發現自己竟然出現在遠離洛杉磯的約書亞樹國家紀念物保護區。他們搭乘便車，幾個小時之後回到市內，他們回到原地卻發現，最後僅存的立方體已經消失不見。究竟特什瑞克特到哪裡去了？大概是在第四次元的某處飄盪吧。

無用的第四次元

我們回溯發現，黎曼的著名演說透過神學異人奇士、哲學家，與藝術家的推介而廣為流行於大眾之間，但卻未讓我們更進一步了解大自然。從現代物理學的角度而言，我們也可以了解為什麼一八六〇年到一九〇五年之間，我們對超空間的了解並沒有產生根本性的突破。

首先，沒有人試圖以超空間來簡化各種自然律，欠缺了黎曼的原始指導原則——也就是各種自然定律在高等次元會更簡化——這個時期的科學家根本就是瞎子摸象。黎曼的演說闡述了以幾何學——也就是蜷曲的超空間——來解釋自然力本質的想法，在這些年裡完全為人所遺忘。

其次，沒有人試圖探索法拉第的場論概念，或黎曼的度量張量，以找出超空間所依循的各種

❼假設有一個平面人建造了六個相連的正方形，並組成十字架的形狀，平面人會認為正方形為堅硬的實心物體，這些正方形的接合處都不能扭曲或旋轉。現在假設，我們可以將正方形折疊成立方體，各個正方形的接合處在二次元是緊密連接且不可轉動的，我們卻可以在第三次元裡予以折疊。事實上，我們可以在平面人毫無所覺下將其順利折疊起來。現在，如果有一個平面人身處立方體的內部，他會注意到一個驚世駭俗的事件。每個正方形都與另一個相互連結，立方體並沒有所謂的「外邊」。平面人在各個正方形之間移動時，他就在不知不覺之間折彎，並在三次元轉動九十度而踏上另一個正方形。從外面觀之，這一個立方體只是一個普通的正方形，然而，對進入這個正方形的人而言，他會發現這些正方形實在是相當詭異，每個正方形都以不可思議的存在方式與另外的正方形相互連接。對他而言，單一正方形的內部實在是不可能包容六個正方形。

場方程式。黎曼發展出來的數學工具竟成為純數學的研究領域，違背了黎曼的初衷。沒有場論你就無法對超空間進行任何預測。

因此在本世紀初，憤世嫉俗之徒宣稱當時根本沒有實驗能夠證實第四次元的存在（他們所言非虛）。更糟的是，他們還宣稱我們根本沒有實際的誘因來引介第四次元，唯一的用處就是說說鬼故事來刺激群眾。不過這種慘淡的狀況很快就會改觀。就在數十年裡，（時間的）第四次元理論就要改變人類歷史的走向，且無從回頭。原子彈以及新的創世論也會因此而誕生，造成這種改變的人是當時還是無名小卒的物理學家，他叫做愛因斯坦。

第四章

光的秘密：第五次元的振動

萬一（相對論）證實為真，一如我所預期的，那麼他就會被大眾接受，成為二十世紀的哥白尼。

——蒲朗克（Max Planck）論愛因斯坦

愛因斯坦的生活充滿著失敗與失望，他的母親曾經因為他遲遲不開口學習說話，而憂心不已；他的小學教師認為他是愚蠢的白日夢大師，他們抱怨愛因斯坦經常問一些愚蠢的問題，擾亂了課堂秩序。有一位教師甚至很鹵莽地告訴小愛因斯坦，要他最好調離他的班級。

他在學校裡朋友很少，加上對課程喪失興趣，終於從高中輟學。沒有高中畢業證書，參加特殊考試是唯一進入大學的途徑。他的第一次入學考試沒有通過，只得重考。他還因為扁平足而沒有考上瑞士軍事學院。

畢業之後，愛因斯坦曾申請大學教職卻被直接拒於門外，淪為失業的物理學家。在向其他機構求職時，也通通遭到拒絕。找不到工作，他只好以家教的微薄收入維生，每小時賺不到三法郎，他告訴他的朋友所羅文（Maurice Solovine）：「要求溫飽，還不如到街上去拉小提琴。」

愛因斯坦排斥大多數人一心追逐的事物，例如，權力與金錢。然而，他有一度悲觀地寫道：「所有的人都因為擁有肚皮，而不得不參加這場競逐。」最後，靠著一位朋友的影響力，他得以進入伯恩市（Bern）的瑞士專利局（Swiss patent office）擔任低階職員，賺取的薪水總算足敷應用，而不需依靠父母資助。他就以微薄的薪水養活年輕的太太與新生嬰兒。

由於欠缺財務資源，加上無法與科學界建立聯繫管道，愛因斯坦開始在專利局進行獨立研究。公餘之暇，他的心思飄盪到年輕時沉迷的問題上。於是他決定研究其中的一個主題，並徹底改變了人類的歷史軌跡。他應用的工具正是第四次元。

孩童的問題

愛因斯坦的天才本性從何而來？布洛諾夫斯基（Jacob Bronowski）在《人類的提升》（*The Ascent of Man*）一書中寫道：「牛頓與愛因斯坦等天才人物之所以不凡乃在於：他們詢問明確而率真的問題，結果出現了爆炸性的答案。」愛因斯坦在小時候，常以簡單的問題自問自答：如果你追上一束光線，它看起來是什麼樣子？你會不會看到一束靜止的光波，凍結在時間中？這個問題讓他在往後五十年裡走進時空神秘之旅。

想像我們正搭乘一輛高速行駛的汽車，並試圖超越一列火車。加速後，我們終與火車並駕齊驅，朝車裡望去，我們會看到車中的座位與乘客，從他們的舉止看來，火車似乎並未在移動，彷彿一切都處於靜止狀態。同樣地，愛因斯坦在孩提時代也曾經想像，如果他和光並駕齊驅，光應該是一串靜止的波，凍結在時間中；也就是說光應該呈現靜止狀態。

愛因斯坦十六歲的時候，發現這個論點有一個破綻。他後來回憶道：

> 我在十六歲時，就發現這項原理導因於一個矛盾的現象：如果我以速度c（真空中的光速）追逐一道光束，應該會觀測到一束靜止的空間振動電磁波。然而經過十年的熟思，我發現無論從經驗法則，或馬克士威的方程式觀之，世界上似乎並沒有這種東西。

愛因斯坦在大學裡更堅定了他的疑惑。他學到光能以法拉第的電場與磁場呈現，這些「場」

則遵循馬克士威的場方程式。和他的懷疑一樣，靜止凝固的光波並不見容於馬克士威的場方程式。事實上，愛因斯坦告訴我們，無論你如何加速想要追上光線，光仍然是以相同的 c 速度前進。

這個說法乍聽之下顯得相當突兀，也就是說，我們永遠無法追上火車（光束）。更糟的是，無論我們開得多快，火車似乎是永遠以相同速度在我們前面行進。換句話說，光束就像是老水手最喜歡吹牛的「鬼船」，那是一艘沒有人追得上的幽靈船。無論我們航行得多快，幽靈船永遠可以逃脫，並對我們的妄想追捕加以嘲弄。

西元一九〇五年，由於他在專利局的閒暇時間相當充裕，愛因斯坦仔細分析了馬克士威的場方程式，並導出狹義相對論（special relativity）：光速在任何恆動架構裡恆為常數。這個定理表面上看來並不顯眼，卻是人類心靈的最偉大成就之一。有些人說，狹義相對論與牛頓的萬有引力定律同為我們人類在地球上歷經兩萬年演化以來，在心智上的最偉大科學發明之一。我們可以在這個基礎上，順理成章地破解眾多恆星與銀河系釋放出的龐大能量之秘。

這麼簡單的論點是如何導引出如此重要的結論？讓我們回到開車超越火車的比喻。話說一位在人行道上的路人記錄下我們的汽車以九十九英里時速前進，火車則以一百英里時速奔馳。當然了，從我們坐在汽車裡的角度觀之，我們可以看到火車以超過我們一英里的時速在前方行駛，這是因為速度可以照一般的算術運算進行加減。

現在我們以光束來取代火車，但是將光束限制在一百英里時速。那個行人還是會記錄我們的汽車是以九十九英里時速前進，並緊緊跟在時速為一百英里的光束之後。根據行人的觀察，我們應該是相當逼近該光束。然而根據相對論，我們在汽車裡所看到的光束，並不是以超越一英里的時速在我們前方行駛，而是以超越一百英里的時速絕塵而去。我們竟然會看到光束在我們前方迅速遠去，就好像我們根本就是靜止不動的。我們不敢相信自己的眼睛，於是拚命加速，直到那位路人記錄我們的汽車以高達九九．九九九九英里時速飛奔。當然啦，我們會認為自己很快就要超過光束。但是，當我們朝窗外望去，我們看到光束還是以超越我們一百英里的時速在我們前方飛馳。

於是，我們不得不導出幾個詭異又怪誕的結論。首先，無論我們如何折磨汽車引擎，那位路人都會告訴我們，雖然我們可以逼近，卻無法超越一百英里時速；這似乎就是汽車的極速。其次，無論我們如何逼近一百英里時速，我們還是會看到光束以超越我們一百英里的時速飛奔，就好像我們根本是靜止不動一般。

這實在是太荒謬了，在高速汽車裡的人與靜止狀態下的人所測量的光束速度怎麼可能會一樣？在正常狀態下，這是不可能的。這根本是大自然開的一場大玩笑。

只有一個方法可以跳出這個矛盾窠臼。我們只得接受一個令人震驚的結論，愛因斯坦剛開始導出這個結論的時候都為之驚嘆不已。唯一能夠破解這個謎團的解答是，對坐在汽車裡的人而言，時間變慢了。如果那個路人用望遠鏡來細察我們的汽車內部，會看到車裡每個人的行動都變得異常緩慢。然而，身在汽車裡的我們卻永遠都不會注意到時間變慢了，因為我們的頭腦運作速率也慢了下來，所以一切事物看來都很正常。此外，他還會看到汽車扁平行進，就像手風琴一樣被壓縮了。然而，我們永遠也無法感受到這個效應，因為我們的身體也縮小了。

時空對我們開了一個玩笑。科學家已經成功實驗出，無論我們的移動速度有多快，光速永遠是c。這是由於我們移動得愈快，我們的時鐘就走得愈慢，我們的量尺也愈短。其結果是，我們的時鐘慢下來了，我們的量尺也縮小了，正好讓我們在測量光速的時候得到相同的結果。

但是，為什麼我們無法看到或感受到這個效應？這是由於我們的大腦在我們逼近光速的時候，會以較為緩慢的速度思考，我們的身體也變得更為纖細。所幸，我們完全不知道自己已經變成了慢郎中。

這是必然的現象，由於光速實在是太快了，在我們的日常生活裡，我們根本無從察覺這些異常微小的相對效應。我這個紐約客在搭乘地鐵的時候，偶爾還是會想起這些時空扭曲的現象。當我站在地鐵月台的時候，除了等候下一班地鐵列車，就無所事事。有時候，我會讓我的想像力任意奔馳、沈思。如果光速和地鐵列車一樣只有三十英里時速，那會是什麼光景。列車終於轟隆隆地駛進月台，車廂看來就像手風琴一樣被壓扁。我想像這部列車就如同一疊被壓扁的一尺厚金屬塊，緩緩行駛在鐵軌上，全體乘客都變得和紙張一樣薄，他們就像是靜止的雕像，凍結在時間裡。隨後，列車終於在煞車聲中停住，忽然在眼前開展，直到這一疊金屬塊逐漸充塞整個月台。

這種扭曲現象根本是太過瘋狂，然而，火車裡的旅客卻完全察覺不到這些改變。一來，他們的身體和空間本身都會沿著列車移動的方向被壓縮；二來，他們的腦部活動也變得遲緩。於是，所有人事物看起來都會呈現正常的面貌。隨後，當地鐵列車終於停止，他們也完全不會知道對月台上的人而言，自己所搭乘的列車就像是奇蹟一樣地展開，並填滿整個月台。旅客步下列車，卻對這種狹義相對論預期必然會發生的重大變化一無所知❶。

第四次元與高中同學會

到目前為止，已經有好幾百篇從不同角度研究愛因斯坦理論的著名論著出版。然而，卻沒有一個研究能夠捕捉到狹義相對論的精髓：時間是第四次元，而高等次元可以簡化並統一所有的自然定律。將時間視為第四次元等於是將亞里斯多德以降，我們對時間的概念完全推翻。於是狹義相對論的辨證方式從此將時空連結在一起，再也不可截然劃分（澤爾納與欣頓曾經假設，我們將來會發現的下一個次元應該是第四空間次元；從這個觀點而論，他們都錯了，而威爾斯是正確的。我們下一個發現的次元會是時間次元，也就是第四時間次元。至於有關第四空間次元的知識

---

❶火車乘客也會認為列車實際上是靜止不動，而地鐵車站則朝向列車而來。他們會看到月台和所有站在月台上的人都像手風琴一樣被壓縮。於是這個現象讓我們陷入矛盾，列車上的人和車站上的人都會認為是另一邊的事物被壓縮。要解決這個兩難問題的解答有些棘手❷。

❷通常，兩個人不可能彼此高於另一個人。然而，就底下這個例子裡的兩個人而言，彼此都認為對方受到壓縮，這並不全然是一種矛盾的現象。因為測量需要時間，而時空都已經被扭曲了。精確言之，在一個架構下同時發生的事件，從另外一個架構觀之，可能並非同時發生。例如，假設地下鐵月台上的人拿出一把尺，並在列車通過的時候拋擲，並讓這把尺的兩端同時觸地，如此他們就可以證實這輛壓縮列車從頭到尾只有一尺長。現在讓我們思考，從列車上乘客的觀點來觀察這個測量的過程又是什麼狀況。他們會認為自己是靜止不動，並看到壓縮的地鐵月台朝他們而來。被壓縮的人正要將被壓縮的尺拋到月台上，剛開始的時候，他們會認為這麼小的一把尺是不可能用來測量列車全長。然而，當那把尺落下之時，尺的兩端並非同時觸地。尺的一端在月台通過列車前端的時候觸地，並且直到月台移動通過列車全長之後，尺的另外一端才終於觸地。如此，同一把尺便在兩個架構下測量獲得列車全長。這個矛盾的重點及其他相對論裡的例子的重點就在於，測量過程需要時間，同時卻不同架構下的時空也會以不同方進行扭曲。

則需要再等數十年才可能有所進展）。

高等次元要怎樣簡化自然定律？我們知道，任何物體都有長、寬、高。當然，我們可以任意將物體旋轉九十度，那麼物體的長就變成寬，而寬也變成高。只要將物體旋轉，我們就可以將三個空間次元任意互換。於是，如果時間是為第四次元，我們就可以將它旋轉，並將空間轉變成為時間次元，反之亦然。這種四次元的「旋轉」正是狹義相對論所預測必然會發生的時空扭曲現象。換句話說，經由一種受制於相對論的基本方法，時間與空間可互相混合。所謂的第四次元是一個時間次元的意思是，我們可以運用數學方法將時空旋轉互換。從此以後，這兩者應被視為是相同定量的兩個面向：時－空。因此我們說，增添高等次元可以促進自然定律的統一。

牛頓在三百年前的著作認為，時間在宇宙的任何地點都以相同速率運行。無論我們是端坐在地球上、火星上，或遙遠星球之上，時鐘應該是以相同速率運轉。我們一度認為宇宙各地的時間都應該是以相同的節奏流逝。我們根本就無從理解，時空竟然能夠旋轉互換。時、空應該是截然不同的定量單位，彼此毫無瓜葛，我們不可能將二者統合為一個定量單位。然而根據狹義相對論，時間卻可以依照物體的運動速度以不同的速率消逝。時間既然是第四次元，當然會與物體在空間的運動產生關聯。時鐘的運轉速率會受制於它在空間的運動速度，科學家將原子鐘以火箭發射送上繞地軌道進行精密實驗，證實留在地球上的時鐘與由火箭送到外太空的時鐘，的確是以不同的速率運轉。

我受邀參加高中畢業二十年的同學會，那次聚會很生動地讓我回憶起相對性原則。雖然我和大部分同學在畢業之後都未曾謀面，仍然假設歲月會在每一個人的身上留下相同的痕跡。果然，大多數參與同學會的人都鬆了一口氣，因為歲月加添的痕跡的確是發生在所有人的身上；所有的人兩鬢都添上華髮、腰圍變粗，同時也多了幾許皺紋。雖然我們彼此相距數千英里，並分離達二十年時光，每個人還是會認為，時光流逝亙古皆然。我們直覺地認為，全部的人都以相同速率增長歲月。

但是我的思緒開始飛揚，想像著如果有一位同學踏入同學會會場，他的外觀和他畢業當天一模一樣，那會是什麼光景。起初，他大概會引起同學的側目，心想這個人是不是我們二十年前認識的那個人？當大夥兒體認到他正是那個人時，整個大廳會充滿驚惶。

我們因這次的接觸而震撼不已，因為我們彼此心照不宣地假設，縱然彼此遠隔，時間在各地的流逝速率仍然相同。然而，如果時間是第四次元，那麼時空就能夠彼此旋轉對調，歲月也會隨著它們所處空間的運動速度，而以不同速率流逝。例如，這個同學或許曾經搭乘火箭以接近光速旅行。對我們而言，那一趟搭乘火箭的旅行歷時二十年之久，但對他而言，由於時間在高速火箭裡會變緩，他從畢業那一天之後只增長些許年歲。他只是踏入火箭，加速飛往外太空，做了一趟愉快的幾分鐘短程旅行，隨後返回地球降落，並正好趕上畢業二十年的同學會，他處在斑白華髮群中，是那麼年輕。

每次回想起初次接觸到馬克士威的場方程式，我都會想起第四次元可以簡化自然律。所有曾經學習電力學與磁力學的大學生都要掙扎好幾年，試圖理解這八個抽象又異常晦澀難解的方程式。馬克士威的八個方程式都是在個別獨立處理時空的問題，因此這些方程式都顯得相當笨扭又難以記憶（直到今天，我仍要查書才有把握將所有的符號都正確寫出）。我記得，當我首次聽說，如果以時間作為第四次元，就可以將這些方程式精簡成為普通的單一方程式時，那種讓人鬆一口氣的感受。就是這樣一舉竟其功，第四次元將這些方程式簡化成為漂亮、易解的形式❸。這些方程式具備了高度的對稱性；也就是說，時空可以對調。就像一片漂亮的雪花，無論你沿著軸心如何旋轉，它的圖形永遠保持不變。由於馬克士威的場方程式是以對稱形式寫成，即使我們將時空互換，仍能保持不變。

奇妙的是，這個以相對論形式寫成的單純方程式，包含了馬克士威在一百多年前所寫下的原始方程式的所有相同物理特性。這個單一方程式左右了萬事萬物的本質，包括：發電機、雷達、收音機、電視機、電射、家用電器，以及各式各樣的消費性電子產品等，這些每個人起居室裡都有的東西。這是我第一次碰到所謂的物理之美的概念，也就是說四次元空間的對稱性能夠解釋龐雜的物理知識，沒有這個公式，這些知識可以塞滿整個工程學圖書館。

於是，我們又一次探討了本書的主題之一，也就是引入高等次元有助於簡化，並統一各種自然律。

物質就是凝聚的能量

截至目前為止，我們所討論的統一自然律還是相當抽象，如果愛因斯坦沒有踏出重大的下一步，到現在還是會那麼抽象。他了解，如果時間和空間能夠統合成為單一實體，稱為時－空（space-time），那麼或許物質與能量也可以統合成為具備相互辯證的關係。他推論，如果我們使用的量尺縮小了，時鐘也變慢了，屆時我們用量尺和時鐘所測量的萬事萬物也會隨之完全改觀。然而在物理學家的實驗室裡，幾乎所有的東西都必須使用量尺與時鐘來測量。也就是說，物理學家必須重新校正實驗室裡所使用的所有物理量（quantity），他們一度認為這些物理量當然是固定不變的。

尤其是，能量是根據我們如何測量距離和時間段落而定的物理量。當高速行駛的測試汽車撞上磚牆時，當然會有能量潛伏其中，如果速度趨近光速，其屬性就會遭到扭曲。它會像手風琴一樣縮短，車中的時鐘也會慢下來。

更重要的是，愛因斯坦發現，汽車的質量會隨著速度加快而增加，這些額外的質量從何而來？愛因斯坦的結論是，質量是從能量而來。

---

❸馬克士威的方程式如下（我們假設 c＝1）：

$$\nabla \cdot E = \rho$$

$$\nabla \times B - \frac{\partial E}{\partial t} = j$$

$$\nabla \cdot B = 0$$

$$\nabla \times E - \frac{\partial B}{\partial t} = 0$$

第二行與最後一行實際上是各自代表三個方程式的向量方程式。因此馬克士威方程式裡有八個方程式。我們可以從相對論觀點將這三個方程式重寫。如果我們代入馬克士威的張量為（$F_{\mu\gamma} = \partial_\mu A_\gamma - \partial_\gamma A_\mu$），於是這些方程式簡化為一個方程式：

$$\partial_\mu F^{\mu\gamma} = j^\gamma$$

這就是以相對論方式重寫的馬克士威方程式。

這個結論造成騷動。十九世紀的兩大物理發現是質量守恆以及能量守恆，也就是說，封閉系統裡的總質量和總能量在與外界隔離的情況下都不會變動。例如，如果那一輛高速行駛的汽車撞上磚牆，汽車儲存的能量並不會無端消失，能量會轉換成為碰撞的音響能量、磚頭破碎飛射而出的動能與熱能等能量形式。撞擊前後的總能量與總質量則維持不變。

愛因斯坦現在卻說，汽車儲存的能量有可能轉變成為質量，這是新的守恆原則。也就是說，質量的總合加上能量的總合得守恆。質量不會突然消失，能量也不會無端出現。由此觀之，創神黨錯了，而列寧對了。質量消失便會釋放出龐大的能量，反之亦然。

愛因斯坦在二十六歲時已經精確計算出，在相對性原則是正確的前提下，能量的變動方式；他還發現了 $E = mc^2$ 的關係。由於光速的平方（c^2）會得出一個極大的天文數字，因此少量物質就可以釋放出龐大的能量。最小的物質粒子本身就已經蘊藏了巨大的能量，釋放出來的能量超過化學爆炸的一百萬倍。從某個角度而言，物質可以說是無窮能量的儲藏室；換句話說，物質就是凝聚的能量。

由此角度觀之，我們看到數學家（欣頓）和物理學家（愛因斯坦）彼此工作成果之間的巨大差異。欣頓成年後的大半光陰都在試著具象化高等空間次元，他並沒有興趣找出第四次元的物理學詮釋。愛因斯坦則看出第四次元有可能是時間次元。他受到一個信念以及物理直覺的指引，認為高等次元有其目的，也就是要統一自然原理。只要加入高等次元，它就可以統一許多物理概念，這些物理概念在三次元世界是彼此毫無瓜葛，例如物質與能量。

自此以後，物質與能量就可以被視為單一單位，質—能（matter-energy）。愛因斯坦針對第四次元所作的研究成果的直接衝擊，當然就是促成了氫彈的發展，後者也成為二十世紀科學最具威力的發明。

我生命裡最快樂的念頭

然而，愛因斯坦並不滿意。他的狹義相對論無疑地會讓他成為物理學界的巨擘而留名青史，但這個理論仍有其缺失。愛因斯坦的最主要領悟是要應用第四次元，並引入兩個新的概念來統一自然律：時－空以及質－能。雖然他已經破解了自然界最奧妙現象的部分秘密，他卻知道他的理論還有一些破綻。這兩個新概念彼此之間的關係又是如何？說得明白一點，狹義相對論所忽略的加速度？還有重力呢？

他的朋友蒲朗克，也就是量子理論之父，曾經諄諄告誡年輕的愛因斯坦，重力的問題太過複雜，勸他企圖心不要太高，「身為你的朋友，又比你虛長幾歲，我必須告誡你不要去做。首先，你不會成功；就算你成功了，也沒有人會相信你。」愛因斯坦卻一頭栽進去試圖破解重力之秘。這項劃時代發現的關鍵又一次寄託在唯有孩童才會問的問題上。

孩童搭乘電梯的時候，有時候會很緊張地問：「如果繩子斷了會發生什麼事？」答案是，你會處在無重力狀態，並在電梯裡面飄浮，就像是在外太空一樣，這是因為你和電梯會以相同速率向下掉落。縱使你和電梯是在地球重力場裡加速下降，但二者的加速度完全一樣，因此你在電梯裡似乎是處於無重狀態（至少在你降到電梯井底之前是如此）。西元一九〇七年，愛因斯坦理解到一個在電梯裡飄浮的人，很可能會認為有人以其神力將重力關閉起來。愛因斯坦有一次回想道，「我坐在伯恩專利局的一張椅子上，突然一個念頭升起：『如果有一個人處在自由落體狀態，他就不會感覺到自己的體重。』我頓時為之目瞪口呆。這個簡單的想法在我腦海裡留下深刻的印象。這個念頭驅使我引申出一項重力理論。」愛因斯坦隨後稱之為「我生命裡最快樂的念頭。」

如果將這個狀況反過來想，他知道在一架加速度火箭中的人會感受到一股力量將他推向座椅，就像是有股重力在拉著他一樣（事實上，太空人所承受的加速力量通常被稱為 g 力——地球重力的乘數）。他所獲得的結論是，置身在加速度火箭中的人或許會認為這股作用力是重力引起的。

愛因斯坦透過這個童稚的問題掌握了重力的基本特性：在加速度架構下的自然律和重力場的定律是一樣的。這個簡單的論點就稱為等效原理（equivalence principle），該原理對一般人恐怕沒有什麼意義，但是在愛因斯坦的手裡，又一次成為宇宙定律的基礎。（這個等效原理也以簡單的方式解答了複雜的物理問題。例如：如果我們搭乘汽車時，手裡拿著一個氫汽球，突然汽車向左急轉，我們的身體會向右拋擲，但是汽球會向哪邊移動呢？常識告訴我們，汽球會隨著我們的身體向右移動。然而這個巧妙問題的正確解答，卻讓最老道的物理學者都為之震撼，這個問題要以等效原理才能解答。想像一個重力場從右邊拉住汽車，我們的身體會被重力拉向右邊，由於氫氣球比空氣輕，它會向「上」，也就是與重力作用方向相反的方向飄浮。因此汽球必然會向左邊，也就是轉彎的方向飄去，這與我們的常識完全背道而馳）。

愛因斯坦鑽研等效原理來解決光速是否會受到重力影響的老問題。這個問題原來絕對不是簡單的問題，但經由等效原理，它的解答卻變得相當明確。如果我們在加速的火箭裡打開手電筒，那麼光線便會向下，也就是向地板的方向彎折（這是因為在光束跨越房間的同時，火箭也在進行加速）。因此愛因斯坦論斷，重力場也會扭曲光線的行進路線。

愛因斯坦知道，有一個物理基本定律說明光束會在兩點之間採取最快速的途徑（稱之為費瑪最短時間原理〔Fermat's least-time principle〕）。通常兩點間最快速的途徑是直線，因此光束是直的（縱使光束在穿越玻璃時，會出現彎折的現象，光仍然會遵守最短時間原則。這是由於光在玻璃中行進時速度會變慢，穿越空間與玻璃的最短捷徑便是折線，這就稱為折射〔refraction〕，這也是顯微鏡與望遠鏡的功能原理）❹。

無論如何，如果光採取兩點間的最短時間途徑，且受到重力的影響而轉折，那麼兩點間的最短距離就是曲線。愛因斯坦震攝於這個結論：如果我們能夠觀察到光以曲線前進，這就意味著空間本身是彎曲的。

空間彎曲

愛因斯坦的中心思想是，我們可以用純幾何學來解釋作用力。想像我們在玩旋轉木馬。所有

❹例如：想像你是海灘上的救生員，就在離水邊一段距離之外。你以眼角瞥到某個人在海裡掙扎起伏且即將溺斃，他的位置與水陸交界處形成一個角度。假設你在柔軟的沙地上跑得很慢，在水中卻異常靈活，如果你採取直線距離到溺者處，你就會在沙灘上逗留太久的時間。花費最少時間的途徑是折線，也就是能夠儘量減少在沙地上跑步的時間，並且延長在水裡游泳的時間。

人都知道，如果我們在旋轉木馬遊戲中換馬，在走過平台的時候，會感受到一股「力」道在拉扯我們。由於旋轉木馬的外圈移動速度高於內圈，根據狹義相對論，旋轉木馬的外圈必然要縮小。然而，如果旋轉木馬的平台有一圈縮小了，或是其圓周縮小了，整個平台勢必會扭曲。對身處平台上的人而言，光線就不再是沿著直線行走，就好像有一股「力」將他拉向外圈，普通幾何定理至此不再適用。因此，我們在旋轉木馬平台上的馬匹之間走動時所感受到的「力」，就能夠以空間彎曲來解釋。

愛因斯坦獨力發現了黎曼的原始計畫，也就是用純幾何學來解釋作用力的概念。我們回憶起黎曼以居住在一張揉成一團的紙張上的平面人來作為比喻。就我們而言，平面的人在移動經過皺摺表面的時候，他們勢必無法保持直線行走。無論他們往哪個方向行走，他們都會從左右兩方感受到一股力。對黎曼而言，空間彎曲正是形成作用力的原因。換句話說，所謂的力根本不存在；力是由於空間彎曲造成的現象。

然而黎曼的問題，正是他並不了解重力或電力與磁力是如何造成空間彎曲。他的研究方法是純數學的，他並沒有踏實的物理學概念來精確描述空間彎曲的原因。愛因斯坦就在這一點上完成了黎曼無法獲致的成就。例如，想像我們將一顆石頭放在繃緊的床單上，石頭必然會向床單施壓造成下陷，並形成平滑的凹陷現象。如果這時將一個小彈珠彈到床單上，彈珠就會沿著圓形或橢圓形軌道繞行石頭。如果有人遠遠地看著彈珠沿著軌道繞石運行，他們大概會說石頭發出的作用力影響了彈珠的軌跡。然而如果我們仔細觀察，就可以輕易看出事情的真相：石頭造成床單彎曲，也影響了彈珠的行進軌跡。

以此類推，行星群之所以會繞著太陽運行，是由於太陽的存在造成空間彎曲，因此行星群在彎曲的空間運行。我們之所以可以站在地球上，而不會被拋擲到外太空，正是由於地球在我們的周圍持續形成空間彎曲所致（圖4.1）。

愛因斯坦注意到，由於太陽的存在扭曲了遙遠距離傳來的星光軌跡。這個簡單的物理景象，讓我們能夠對這個理論進行實驗驗證。首先，我們在沒有太陽的晚上，測量那些遠距恆星的位置，隨後在發生日蝕的時候再測量那些恆星的位置。這時候，太陽雖然出現在周圍，日光卻不會遮掩住星光。根據愛因斯坦的說法，太陽出現的時候，恆星的相對位置會產生變動，這是由於太陽的重力場會在星光照射到地球的途中將其路徑扭曲。我們可以比較夜間星群的照片，以及日蝕狀態下的星光照片，並據以測試這個理論。我們也可以使用所謂的馬赫原理來總結這個現象，愛因斯坦就是依據馬赫原理發想出他的廣義相對論。我們回想起彎曲的床單是石頭的重量施壓造成的。愛因斯坦以這個比喻總結：質—能的存在造成其周圍的時空彎曲。這就是黎曼當初未能發現的物理原則的基礎，也就是說，空間彎曲與該空間內所包含的質—能數量直接相關。

我們可以用愛因斯坦的著名方程式來總結這個原則❺，基本上它說明了：

---

❺愛因斯坦的方程式如下：

$$R_{\mu\gamma} - \frac{1}{2} = g_{\mu\gamma} \cdot R = \frac{8\pi}{c^2} GT_{\mu\gamma}$$

其中$T_{\mu\gamma}$為用來測量質量的內涵之能量—動量張量，而$R_{\mu\gamma}$則是收縮的黎曼曲率張量。這個方程式顯示能量動量張量決定了超空間裡的曲率數值。

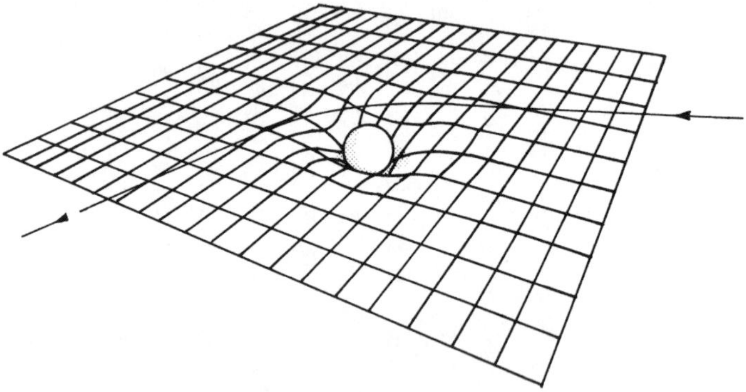

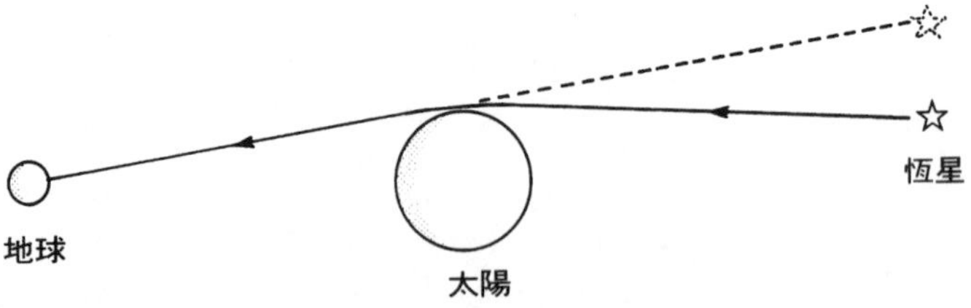

圖 4.1　愛因斯坦認為，「重力」是由於空間扭曲所造成的錯覺。他預測通過太陽周圍的星光會被扭曲，所以恆星在太陽出現的時候所呈現的相對位置就會被扭曲。這個預測已經由多次實驗獲得證實。

質→能→時─空

其中的箭頭表示「決定」。這個簡短的方程式竟然是人類心智的最大勝利之一。從這個方程式竟然產生了萬事萬物的基本原則，包括了恆星與銀河系的運動、黑洞、大霹靂，或許還包括了宇宙的終極命運本身。

不過，愛因斯坦還是有一個謎團尚未解出。他已經發現了正確的物理原理，卻欠缺強而有力的數學形式來表達它；他所欠缺的是重力的法拉第場論。諷刺的是，黎曼有數學公式卻沒有物理指導原則，愛因斯坦則反之，他發現了物理原理卻欠缺數學工具。

重力場論

由於愛因斯坦在導出其物理原理時，對黎曼的工作成果一無所知。因此，他並不具備數學語言或技巧來表達他的物理原理。從西元一九一二年到一九一五年間，他掙扎挫敗了整整三年，無助地搜尋足以呈現那個原理的有力數學表達形式。愛因斯坦在絕望下寫信給他的親密朋友，數學家葛羅斯曼（Marcel Grossmann）。他哀求道：「葛羅斯曼，求你幫我的忙，否則我會瘋掉！」

所幸葛羅斯曼在圖書館搜尋線索以解答愛因斯坦的問題的時候，意外讀到黎曼的研究成果。葛羅斯曼讓愛因斯坦看黎曼的研究成果，以及被物理界遺忘達六十年的黎曼度量張量。愛因斯坦後來回憶道，葛羅斯曼在檢索文獻後，很快就發現到那個數學問題其實早已經由黎曼、里奇（Ricci）和列維─奇維塔（Levi-Civita）等人解答出來，而黎曼的成就則是其中最高者。

愛因斯坦訝然發現，黎曼在一八五四年發表的著名演講正是破解問題的關鍵。他也發現可以在重整自己的物理原理時，套用黎曼的完整工作成果，並得以具體表現其特性。黎曼的偉大研究成果在愛因斯坦的物理原理中找到了歸宿，並能完美契合，這正是愛因斯坦最感驕傲的研究成果，甚至於還超越了著名的 $E = mc^2$ 方程式。這套針對黎曼在一八五四年所發表的著名演說的物理學詮釋，如今我們稱之為廣義相對論（general relativity）。愛因斯坦的場方程式現在已被奉為科學史上的最偉大思想之一。

我們回想起黎曼的偉大貢獻，他引入了度量張量的概念，那是一種藉由空間各點來定義場的想法。度量張量並不是一個單一數字，空間任何一點都可以十個數字來表示。愛因斯坦的策略是遵循馬克士威的原則寫出重力場論，他的目標是要尋找一個場來描述重力，黎曼的演講開宗明義就提到這一點。事實上，黎曼的度量張量正是重力的法拉第場！

愛因斯坦的方程式一旦套用了黎曼的度量張量，他們的研究成果就能具體表現出物理學前所未見的優美形式。諾貝爾獎得主錢德拉塞卡（Subrahmanyan Chandrasekhar）有一次稱之為「有史以來最美麗的理論。」（事實上，愛因斯坦的理論相當簡潔，卻又威力無窮。物理學者有時候會疑惑這個理論怎麼會這麼好用。麻省理工學院的物理學者魏斯卡夫（Victor Weisskopf）也曾說：「這就像是一位農夫詢問工程師，蒸氣引擎是如何運作？工程師向農夫詳細解釋蒸氣的流動方向，還有它是如何穿過引擎等等。但是農夫卻問：『對，我完全了解，但是馬匹在哪裡？』這就是我對廣義相對論的感受。我知道所有的細節，也了解蒸氣怎麼流動，但是我是不確定我真的了解馬匹在哪裡。」）

我們回溯往事，知道了黎曼在愛因斯坦之前六十年，差一點就發現了重力論。他在西元一八五四年就具備了完美的工具，而他的方程式足以描述最複雜的任何次元的時空彎曲現象。然而，他欠缺了物理學的現象描述（也就是質—能決定了時—空的彎曲，以及愛因斯坦所擁有的敏銳物理直覺）。

生活在彎曲空間

我在波士頓曾觀賞過一場現場冰上曲棍球賽，我的焦點都集中在滑冰場內曲棍球員的滑冰動作。看到曲棍球的橡皮圓盤球在球員的推擊下往返飛射，這讓我想起，原子形成化學元素或分子時所產生的電子交換現象。我也注意到滑冰場當然並沒有參與比賽，球場只是被動地畫出不同的界限；球場本身是完全被動的，只是讓曲棍球隊員得分的地點。

接著我還想像，如果滑冰場可以主動參與比賽的情景：如果球員被迫要在山巒起伏的滑冰場彎曲表面進行比賽，那會是什麼光景？

曲棍球比賽會突然變得更為有趣，球員必須在彎曲表面滑冰，滑冰場的曲率會扭曲他們的行動，這就如同有一股作用力將球員向各方拉扯。橡皮圓盤球也會以曲線蛇行，遊戲難度會更高。

接著我進一步想像，如果全體球員都被迫在圓柱型的滑冰場裡進行比賽，球員如果有辦法充分加速，他們就可以頭下腳上地滑冰繞行圓柱一周。於是有人發明新的遊戲策略，像是趁對手不備時，頭下腳上地埋伏攔截。因此，一旦滑冰場彎曲成為圓圈狀，空間本身就主宰了場中事物的運動狀態。

以下這個例子與我們的宇宙有比較密切的關聯，這是以在四次元的超球體來解釋居住在彎曲空間的狀態❻。如果我們在超球體彎曲空間裡往前看，光線會順著超球體的小型圓周繞回到我們的眼睛裡。於是我們就會看到前面有人背對著我們，他的穿著與我們完全相同。我們會看著前面那個人的糾結亂髮而搖頭不齒，接著才想起當天我們也忘了梳頭髮。

這個人是鏡子映射的虛像嗎？我們伸手放在他的肩膀上來解答這個問題。我們會發現前面的人是真的，不是假的。如果我們遠遠地看過去，我們就會看到無數個相同的人，每個人都面朝前看，每個人都把手放在前面那個人的肩膀上。

最讓人驚駭的是，有人從後面偷偷抓住我們的肩膀。在震撼之餘，我們回頭觀看，卻看到無數個相同的人在我們後方，每個人都是臉朝向另一邊。

這到底是怎麼回事？我們當然是唯一住在這個超球體裡的人，我們前面的人正是我們自己。我們正凝視著自己的頭部；我們將手放在前面，就如同我們將手伸展環繞這個超球體，直到我們的手觸及自己的肩膀。

超球體內有可能發生這種違反直覺的異象。這種物理學現象之所以能夠吸引我們的注意，正是因為有許多天文學家相信，我們所居住的宇宙正是一個大型的超球體。我們還可以發現其他一樣怪異的拓樸學現象，例如：超級甜甜圈、麥比烏斯帶。雖然這些現象或許最終仍無任何實際用途，卻可以顯示許多居住在超空間的特徵。

例如，讓我們假設我們是居住在超級甜甜圈裡，如果我們向自己的左、右邊觀望，我們會驚訝地發現兩邊都各有一個人。由於光線會環繞整個甜甜圈的較大圓周並回到原點，因此，如果我們轉頭向左觀看，就會看到一個人的右邊身體；向右觀看，就會看到他的左邊身體。無論我們頭部的轉動角度有多大，在我們前面和兩邊的人也都會以相同的角度轉頭，所以我們無法看到他們的臉。

現在，想像你將手臂向兩邊伸展，結果左右兩旁的人也都伸展他們的手臂。事實上，如果你的距離夠接近，你就可以抓到兩邊的人的左右手；如果你小心向兩邊觀看，你就會看到無限長的一列隊伍，所有人都是手牽著手；如果你向前看，還有另一個無限長的一隊人群站在你前面排成一直列，他們也都是手牽著手。

這到底是怎麼回事？我們的手臂竟然能夠伸展環繞整個甜甜圈，一直到手臂互相碰觸。我們也因此而能夠抓住自己的雙手（圖 4.2）！

現在，我們不想再玩這種有樣學樣的遊戲，這些人只是在開我們的玩笑；他們完全是學舌，完全是模仿我們的作為。我們真的被惹火了——於是我們拿起一把槍對著我們前面的人。就在扣下板機之前，我們自問：這個人真的是透過鏡子映照的虛像嗎？如果是的話，子彈就會射穿他的身體；如果不是，子彈就會環繞宇宙一周後，從背後射到我們自己。或許在這個宇宙裡開槍並不是個好主意！

---

❻超球體的定義方式與圓圈或球體的定義方式極為類似。我們可以將圓圈定義為在 x-y 平面上滿足 $x^2+y^2=r^2$ 條件的所有點。球體的定義則為在 x-y-z 空間上滿足 $x^2+y^2+z^2=r^2$ 條件的所有點。四次元超球體的定義則為在 x-y-z-u 空間上滿足 $x^2+y^2+z^2+u^2=r^2$ 條件的所有點。我們可以輕易將這個過程擴張到N次元。

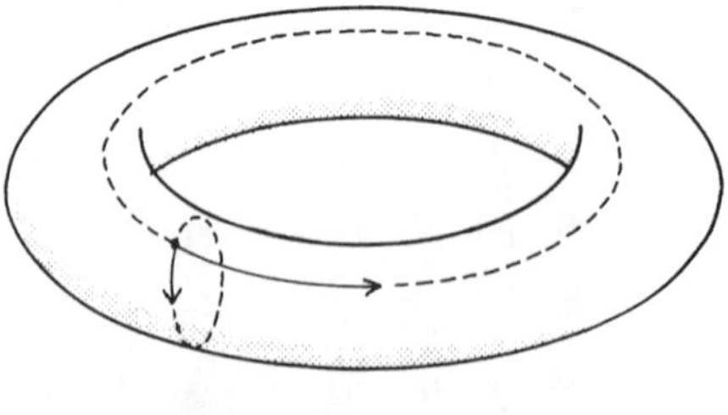

圖 4.2　如果我們居住在一個超甜甜圈裡，就會看到一系列無數個自我在我們的前、後、左、右各方向列隊，這是由於光線能夠從兩個方向穿越整個甜甜圈所致。如果我們和左、右方的人握手，我們實際上是握住了我們自己的手；也就是說，我們的手臂實際上已經環繞了整個甜甜圈。

此外，還有一個更奇特的宇宙。想像我們居住在一個麥比烏斯帶式的宇宙，也就是類似將長紙條扭轉一百八十度，並且黏貼成為完整圓紙環的世界。如果有一個慣用右手的平面人環繞麥比烏斯帶一周，他會發覺自己變成了左撇子的平面人。在旅行越過宇宙的時候，方向性完全對調了。這就像威爾斯在其短篇故事《普列特納遊記》中所描述的，故事中的英雄在發生意外之後回到地球，竟發現他的身體構造完全反了過來，例如，他的心臟現在在右邊了。

如果我們住在超麥比烏斯帶（hyper-Möbius strip），我們也向前看，這時我們就會看到一個人的後腦勺。剛開始，我們不會想到那是我們自己的頭，因為分髮方向錯了。如果我們伸出右手放在他的肩膀上，那麼他就會舉起他的左手放在他前面的人的肩膀上。事實上，我們就會看到無限個人組成的長串人鍊，每個人都把手放在別人的肩膀上，但是每隻手擺放的位置都是左右肩膀交錯。

假設我們離開朋友，從某一點徒步繞行這個宇宙，我們會發現自己又回到了出發點，但是，我們的朋友會訝然發現我們的身體已經左右顛倒。我們的分髮方向和手指上的戒指都已經不在原來的地方了，我們體內的器官也完全反轉過來。受到驚嚇的朋友詢問我們的感覺如何，事實上，我們覺得完全正常；對我們而言，我們的朋友才是完全反了過來！於是爭執出現，到底是誰被左右對調過來。

當我們住在時空彎曲的宇宙裡，就會發生類似這些有趣的現象，及其他可能的狀況。空間不再是被動的競技場，而是我們宇宙事件的積極參與者。

總結前述現象，我們看到愛因斯坦完成了黎曼在六十年前展開的計畫，也就是要運用高等次元來簡化各種自然律。然而，愛因斯坦在許多方面都超越了黎曼。愛因斯坦和他之前的黎曼一樣，兩人都各憑己力了解作用力是幾何現象，唯愛因斯坦不同於黎曼之處是，他有能力找出這個幾何現象背後的物理原理，也就是質能存在造成了時空彎曲。愛因斯坦和黎曼也都知道，我們可以用場來描述重力，也就是度量張量的應用，然而，愛因斯坦卻能夠發現這些場所遵循的精確場方程式。

大理石宇宙

到了一九二〇年代中葉，由於廣義與狹義相對論的發展，愛因斯坦已經可以確立他在科學史上的地位。西元一九二一年，天文學家已經證實，星光越過太陽的路徑確實會形成彎曲現象，完全符合愛因斯坦的預測，當時愛因斯坦就已經以牛頓（Issac Newton）的繼承人著稱於世。

然而愛因斯坦仍然不滿意，他還要做最後一搏來創造出另一個世界級理論。不幸的是，他的第三次嘗試失敗了。他的第三個，也就是最後一個理論如果能夠發展成功，便會成為他一生功勳的光耀冠冕。他試圖尋找「一切事物的理論」，以解釋我們所熟悉的一切自然，包括光以及重力。他稱這個理論為，統一場論（unified field theory）。最後，他尋找光與重力的統一論卻無所得。他死的時候，書桌上只留下了這個未能實現想法的各種手稿。

諷刺的是，愛因斯坦的挫折是來自於他自己的方程式結構。三十年來，他一直對此公式的基本缺陷感到相當困擾。就這個方程式的某一面而言，它在時空彎曲的描述上，展現了漂亮的幾何結構，愛因斯坦將之比喻為「大理石」。他認為時空彎曲正像是希臘建築的縮影，美麗而寧靜。

然而，他卻痛恨這個方程式的另一面，也就是對質能的描述，他認為這個部分相當醜陋，而將之比擬為「木頭」。時空的「大理石」相當乾淨優雅，質能的「木頭」則是一團混亂的恐怖事物，形成從次原子粒子、原子、聚合物，以及結晶體到石頭、樹木、星球和行星等等毫無規則可尋的隨機形式。然而在一九二〇以及一九三〇年代，也就是愛因斯坦積極從事統一場論之際，物質的本質還是不解之謎。

愛因斯坦的最終策略是要將木頭轉換成為大理石，也就是要賦予物質完整的原始幾何面貌。但是，在我們對木頭尚未有更進一步的物理線索，及更深的物理學理解之前，這個策略不可能實現。我們可以一棵多節瘤的龐然大樹來做比喻，這棵樹長在公園中央，建築師已經在大樹周圍以最純的漂亮大理石建造了一片廣場。他小心地將大理石塊組合，拼成壯觀漂亮的圖案，並從這棵樹散發出根、莖、枝、幹等不同圖形。這個時候，馬赫原理就可以詮釋為：樹木的形狀可以決定周圍的大理石圖案，但是愛因斯坦相當厭惡這個二分現象，也就是一面是醜陋複雜的木頭，另一邊則是簡單的純粹大理石。他的夢想是要將樹木轉變成大理石；他始終想要擁有一座完全由大理石打造的廣場，而且中央樹立著一棵漂亮對稱的大理石樹木雕像。

我們回溯過往，或許可以找出愛因斯坦錯誤之所在。我們回想，各種自然律都可以在高等次元獲得簡化和統一。愛因斯坦兩次成功運用這個原則，也就是在廣義與狹義相對論上。然而在他第三次嘗試的時候，他放棄了這個基本原則。在他的時代，我們對原子結構與核物質的了解還相當淺薄，當時並不清楚要如何運用高等次元空間作為統一原則。

愛因斯坦盲目地試驗了好幾種純粹是數學的方法，他顯然認為「物質」可以視為是空間的糾結、振動或扭曲現象。從這個觀點而言，物質正是極度密集扭曲的空間。也就是說，我們所看到的週遭萬象，從樹木、雲，到天上星辰，恐怕都只是錯覺，其實都只是超空間的某種皺摺形式。然而，若沒有更多的有力線索或實驗數據，這個想法只會讓我們走到一條死胡同。

這個謎題要留待隱藏於某處的數學家踏出下一步，將我們帶到第五次元。

克魯查—克萊因理論的誕生

西元一九一九年，愛因斯坦收到一封讓他啞口無言的信件。

這封信來自於一位不知名的數學家，他就是任職於前蘇聯加里寧格勒（Kaliningrad）境內的德國柯尼斯保大學（Königsberg University）的克魯查（Theodor Kaluza）。這位數學家在短短幾頁的書簡篇幅裡，針對本世紀大難題提出了可能的解答。在簡短幾行字裡，克魯查引入第五次元（也就是四個空間次元，以及一個時間次元），將愛因斯坦的重力論與馬克士威的光論統合為一。

基本上，他是將欣頓和澤爾納的原有「第四次元」重建，並以嶄新的方式納入愛因斯坦的理論而成為第五次元。克魯查就像他的前輩黎曼一樣，假設光是這個高等次元的漣漪所產生的波動。這個新的研究成果與黎曼、欣頓，以及澤爾納的工作成果之間有一個關鍵差異，也就是克魯查所提出的是真正的場論。克魯查在他的文章裡，首先輕描淡寫地敘述了愛因斯坦的重力場方程式的五次元解，而非常見的四次元（請記得黎曼的度量張量可以在任何次元鋪陳形式公式）。接著他繼續展現這些五次元方程式，並說明我們可以在其中包容愛因斯坦的早期四次元理論（我們早就料到了），並加上一個額外的論述。然而，讓愛因斯坦震撼的是，這個額外的一點正是馬克士威的光論。換句話說，這位不知名的科學家試圖一舉將科學界所知的兩個最偉大場論，也就是愛因斯坦與馬克士威的場論，在第五次元統整為一。這就是純大理石雕塑成的理論——也就是純幾何學。

克魯查已經找到將木頭轉變成大理石的第一個重要線索。前面提到的公園比喻中，我們回想起大理石廣場是二次元。克魯查觀察到，如果我們能夠將大理石塊提升到三次元，就可以將其雕塑成大理石「樹」。

就一般的門外漢而言，光與重力之間並無共同點，「光」是具備了各種絢麗色彩跟形狀的一種常見的力，而「重力」則是飄渺不可見的。在地球上，真正有助於我們征服自然的是電磁力而非重力；我們以電磁力來推動機器、提供都市電能、點亮霓虹燈，並讓我們的電視機閃耀發光。重力則在更大的規模下運作，它是導引行星和避免太陽爆炸的力量，這是橫跨宇宙並牽引整個太陽系的天文力量（除了韋伯跟黎曼之外，法拉第本身是最早在實驗室裡積極尋找光與重力之間關聯性的科學家。法拉第用來測量的實驗器材，目前還可以在倫敦皮卡迪利皇家學院（Royal Institution in Piccadilly, London）裡看到。法拉第試圖以實驗方法找出這兩種力之間的關聯性，雖然失敗了，他卻認為統一的威力無窮。他如此寫道：「如果統一的期望果真有其堅實的根據，則我試圖掌握的這個迄今不異之力的性質是何等恢宏壯麗，而它可能為人類心智開啟的新知識領域又將是多麼宏大。」）

即使單從數學面來看，光與重力已猶如水油般互不相容。馬克士威的光場論需要用到四個場，而愛因斯坦的重力度量理論則需要十個。克魯查的文章卻是那麼的優雅而引人注目，愛因斯坦無法拒絕它。

剛開始，這就像是在玩一個數學把戲，只是將時空次元從四擴展到五，這是由於當時缺乏第四空間次元的實驗證據。然而，愛因斯坦卻驚訝地發現，如果將該五次元場論分解成為四次元場論，馬克士威及愛因斯坦的方程式仍然能夠成立；換句話說，克魯查成功地將兩片拼圖碎片組合起來，因此，這兩片碎片都是五次元這個更大、更完整空間的一部分。

「光」成為高等次空間的幾何扭曲現象，這個理論似乎能夠實現黎曼的原有夢想，也就是用一張皺摺的紙來解釋各種作用力。克魯查在他的文章裡面宣稱，他的理論能夠將當時最重要的兩個理論統合在一起，他的理論具備了「至高的形式統合」。他更進一步強調，由於他的理論充滿著簡約之美，因此絕對不能將它「歸因於只是任意撥弄所產生的意外現象。」最讓愛因斯坦震撼的事是，那篇文章所表現出的大膽與簡約；克魯查的基本觀點就和所有其他的偉大想法一樣，優雅而精簡。

我們以拼圖碎片拼湊成整體的比喻有其意涵，請回憶黎曼以及愛因斯坦在度量張量的基礎研究——也就是十個數字一組來定義空間的每一點。這是從法拉第的場的概念自然衍生出來的成果。在圖2.3裡，我們看到這十個數字能以4×4的棋盤組合成形。我們可以使用 g_{11}、g_{12}……來表示這十個數字。此外，馬克士威的場也是使用四個數字來定義空間任何一點。這四個數字也可以用 A_1、A_2、A_3、A_4 等符號來表示。

我們就從黎曼的五次元理論開始了解克魯查的技巧。我們可以5×5的棋盤結構呈現度量張量。現在，由定義我們可以將克魯查場的元素重新命名，其中的部分就成為原始的愛因斯坦場，而其他部分則成為馬克士威場（圖 4.3）。這就是克魯查技巧的基礎，愛因斯坦完全沒有料到會有這種結果。只要將馬克士威的場加入愛因斯坦的場，克魯查就可以將二者重新組合成為五次元場。

請注意，十五個元素構築成黎曼的五次元重力場，因此有「充足的空間」納入愛因斯坦場的十個元素，以及馬克士威場的四個元素！於是，克魯查的精采想法可以摘要如下：

$$15 = 10 + 4 + 1$$

（略過的部分則是一個極小的量，對我們的討論並不重要）。如果我們仔細分析完整的五次元理論，我們會發現馬克士威場十分恰當地融入了黎曼的度量張量，符合了克魯查的說詞。這個貌不驚人的方程式，精簡了本世紀的一個最基本想法。

總而言之，這個五次元的度量張量將馬克士威的場，以及愛因斯坦的場容納在內。愛因斯坦為此驚嘆不已，這麼簡單的想法竟然能夠解釋兩個最基本的自然力：重力和光。

難道這只是個宮廷奇技表演？算命仙人跳？抑或是巫術？克魯查的信件讓愛因斯坦深受震撼，事實上，他根本就拒絕回覆那篇文章。他對那封信保持緘默長達兩年，這樣一篇有可能造成重大影響的文章被壓下長達兩年而不予發表，對任何人而言，都是一段相當長的時間。最後，他認定這篇文章可能相當的重要，於是公開發表於《普魯空學院科學會議報告》（*Sitzungsberichte*

$$\left(\begin{array}{cccc|c} g_{11} & g_{12} & g_{13} & g_{14} & A_1 \\ g_{21} & g_{22} & g_{23} & g_{24} & A_2 \\ g_{31} & g_{32} & g_{33} & g_{34} & A_3 \\ g_{41} & g_{42} & g_{43} & g_{44} & A_4 \\ \hline A_1 & A_2 & A_3 & A_4 & \end{array}\right)$$

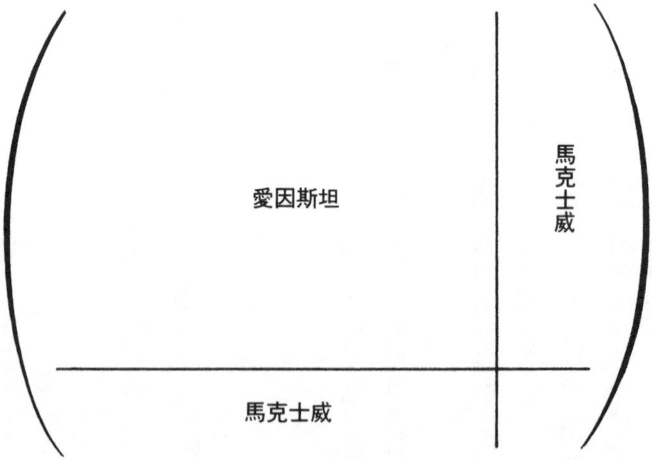

圖 4.3　克魯查的精彩想法是要將黎曼的矩陣以五度次元寫成。第五個欄與列代表麥克斯韋的電磁場，其餘的 4 述 4 區域則是我們所熟悉的愛因斯坦的四度次元矩陣。於是克魯查只是額外增加一個次元，就能夠將引力論與光論一舉予以統合。

Preussische Akademie der Wissenschaften）上，並賦予一個堂皇的標題：「物理學的統一問題」。

在物理史上，從未有人發現第四空間次元有任何用途。自黎曼以降，我們就知道高等次元數學之美令人屏息，然而卻沒有任何實際用途。有史以來第一次，終於有人發現第四空間次元的用處：統一各種物理定理！就某方面而言，克魯查提出一個想法，也就是愛因斯坦的四次元實在是「太狹隘」了，無法將電磁力與重力包容在內。

從歷史角度來看，克魯查的研究成果並不全然是無心插柳之作。多數科學史家在提到克魯查的工作成果時，多半會說明第五次元是意外現象，是原創學理，完全無從預期。由於物理學研究通常會有其一慣性，難怪這些科學史家會愕然發現，克魯查竟在前無古人的狀況下，開啟了一片新領域。其實他們之所以會感到訝異，或許是因為他們對非科學領域不夠熟悉，也就是神幻術士、文人，以及激進主義者等人士的觀點。詳細檢視這些文化與歷史的大環境就足以顯示克魯查的工作成果並非全然是意外的發展。我們已經知道，由於欣頓、澤爾納等人的貢獻，高等次元的存在可能性或許已經成為最為人所熟知，並普及於藝術領域的準科學（quasi-science）學理。從這個宏觀的文化觀點來看，遲早會有物理學者認真採納欣頓的通俗學理，也就是光正是第四空間次元的振動。就此而言，黎曼的工作成果透過欣頓與澤爾納在文藝界播下了種子，隨後或許又透過克魯查的工作成果回饋給科學界（最近由佛洛恩德揭示的事實支持了這個論點，其實克魯查並不是首位提出重力五次元理論的先驅。愛因斯坦的競爭對手諾茲特洛姆（Gunnar Nordstrom）正是是發表五次元場論的第一人。然而，那個理論過於簡陋無法將愛因斯坦與馬克士威的理論包容在內。由克魯查與諾茲特洛姆分別試圖探索第五次元的事實可以顯示，廣泛流傳於通俗文化的那些概念已經影響了他們的思維[7]。）

第五次元

所有的物理學者第一次接觸到第五次元的時候，都會悚然一驚。佛洛恩德清楚記得他初次接觸到第五以及更高次元的那一刻，那次經驗在他的腦海裡留下了深刻的印象。

西元一九五三年的羅馬尼亞，也就是佛洛恩德的誕生地，史達林（Joseph Stalin）才剛剛辭世，他的死紓解了不少緊張壓力。當年，佛洛恩德是位早熟的大學新生，他前往聆聽弗朗恰努（George Vranceanu）的演講。他還能清晰地回憶起弗朗恰努討論一個重要問題時的講辭：為什麼我們非得視光與重力為二個截然不同的自然力？這位講者接著提到一個能將光論與愛因斯坦的重力方程式兼容並蓄的早期理論，其秘訣就在於以五次元鋪陳的克魯查－克萊因理論。

佛洛恩德感到一陣顫慄。怎麼會無端冒出一個這麼精采的理論。他雖然只是位大學新鮮人，卻有足夠膽識提出一個明顯的問題：這個克魯查－克萊因理論要如何詮釋其他的自然力？他詢問道：「縱然你可以將光與重力統一，還是沒有用，因為還有核力。」他了解克魯查－克萊因理論並沒有將核力納入理論之內（事實上，在冷戰高峰期一度威脅地球上全體人類安全的氫彈，正是來自於核力的釋放，而非電磁力或重力）。

講者對此並沒有解答。年輕熱情的佛洛恩德冒出一句話：「那就再增加次元吧？」

「但是要加多少次元呢？」講者這樣問他。

佛洛恩德也沒料到會有這個問題。他不想提出一個較小的次元數目，讓其他人有機會超越。於是他提出無人可以超越的數字：無限次元！（只不過對這個早熟的物理學家而言，所謂的無限次元是不可能實現的物理命題）。

圓柱體上的生活

經歷過首次接觸第五次元的震撼之後，多數物理學家必然會受到刺激而提出一些問題。事實上，克魯查的理論所引發的問題多過於它能解答的問題。其中，一定要問克魯查的問題是：第五次元在哪裡？所有的實驗都明確顯示，我們所居住的宇宙只有三度空間次元和一度時間次元，這個難解的問題仍然存在。

克魯查的回答相當聰明。他的解答基本上與多年前欣頓的相同，高等次元無法經由實驗觀

❼愛因斯坦提出廣義相對論之前，物理學者諾茲特洛姆（Gunner Nordstrom）已經於一九一四年嘗試運用五次元馬克士威理論來統一電磁力與重力。我們檢查他的理論會發現，這個理論將馬克士威的光論正確包容在四次元內。然而，這個理論同時也是一種重力的向量理論。我們知道，這個說法並不正確，結果諾茲特洛姆的想法大部分為人遺忘。從某方面而言，他出版得太早，太早公開研究結果。他在愛因斯坦的重力論發表之前一年就完成這篇論文，因此當時他不可能寫出五次元的愛因斯坦型態的重力論。克魯查的理論與諾茲特洛姆相異之處在於，前者由 $g_{\mu\gamma}$ 著手，並形成定義於五次元空間的度量張量。隨後克魯查發現 $g_{\mu\gamma}$ 與馬克士威的張量 A_μ 彼此一致。愛因斯坦原有的四次元度量則能夠符合克魯查的新的度量，但是先決條件是 μ 與 υ 均不等於五。於是，愛因斯坦場與馬克士威場都以這種簡潔優雅的方式納入克魯查的五次元度量張量。次外，曼德（Heinrich Mandel）與麥（Gustav Mie）也都提出了五次元理論。因此，由於高等次元在通俗文化裡的優勢，很可能也為物理界播下了種子。從這個角度觀之，黎曼的工作成果總算是歷經殊途而同歸一元。

察，且迴異於其他次元。高等次元已經崩解成為一個圓圈，它的體積太小了，連原子都裝不下。因而，第五次元並不是為了操弄電磁與重力而發軔的數學技倆，它是能夠提供整合這兩個基本力，並將其匯集為一的凝聚因素，但卻由於體積太小而無法測量。任何人朝第五次元的方向走去，最後總是會回到出發點。這是由於第五次元的外表結構呈圓圈狀，而整個宇宙展現的是一個圓柱體外觀。

對此現象，佛洛恩德的解釋如下：

想像一些居住在直線世界的虛構人物，那個世界只有一條直線。有史以來，他們就相信他們的世界就只是一條直線。隨後，有一位直線世界的科學家提出他們的世界不只是一條單一次元的直線，而是一個二次元世界。如果有人問他，這個神秘不可見的第二次元究竟在哪裡？他就會回答道，第二次元已經蜷曲成為小球，因此直線人實際上是居住在非常纖細的長條型圓柱體表面。由於那個圓柱體的直徑太小，根本無法測量，事實上，就是因為直徑太小了，整個世界看起來就一條直線。

如果圓柱體的半徑再稍微大一點，直線人就可以與他們的直線世界成垂直角度移動，並脫離他們的宇宙；換句話說，他們就可以進行次元間旅行。當他們以垂直於直線世界的角度移動，他們就會接觸到無數個與他們宇宙同時並存的平行直線世界。當他們向更遠方移動，就會進入二次元，最後則會回到他們自己的直線世界。

現在請想像居住於平面上的平面人。有一位平面世界的科學家也干冒大不諱宣稱，他們或許可以穿越第三次元旅行。基本上，平面人可以脫離他們的平面世界表面。這個平面人緩慢地向上飄浮進入第三次元，他的「雙眼」就會看到一幅奇妙的景象，一層層與其宇宙並存的平行宇宙，逐漸展現在他的眼前。由於他的雙眼只能看到平行於平面世界的不同平面，他會看到不同的平面世界呈現在他的眼前。如果該平面人飄離他的平面世界太遠，最後還是會回到他原來的平面世界。

現在，再想像我們目前的三次元世界，實際上還有另一個蜷曲成為圓圈的次元。為了方便討論，姑且假設第五次元的長度為十英尺。我們可以跳躍進入第五次元，並立即從我們的現有宇宙消失。一旦我們進入了第五次元，會發現當我們移動十英尺之後，就會回到出發點。不過首先我們要問，為什麼第五次元會蜷曲成為圓圈？西元一九二六年，數學家克萊因（Oskar Klein）對這項理論做了一些改進，並認為量子理論或許可以解釋第五次元蜷曲之謎。在此基礎上，他計算出第五次元的尺寸應該只有 10^{-33} 公分（也就是蒲朗克長度〔Planck length〕），這個微小的體積對我們現有的任何實驗而言，都太小了，根本偵測不到（這個觀點和我們今天用來解釋十次元理論的說法相同）。

一方面，這可以顯示該理論與實驗結果並沒有衝突，因為第五次元小至無法測量到。另一方面，這也顯示了第五次元實在是太過微小了，我們根本無法建造威力足夠的機器證實這項理論是否正確（量子物理學家鮑立〔Wolfgang Pauli〕喜以尖酸刻薄的語氣否認他不喜歡的理論，他不改其一貫的本色如此批判這個理論：「這個理論甚至連錯都還稱不上。」換句話說，這些理論根本是「半生不熟」，我們還無從判斷它究竟正確與否。由於我們無法對克魯查的理論進行測試，我們也可以說這個理論甚至連錯都稱不上）。

克魯查－克萊因理論之死

即使以克魯查－克萊因理論那麼具有將來性，並很有可能為自然力奠定純幾何學根基的理論，到了一九三〇年代還是死了。就某方面而言，物理學者並不相信第五次元真的存在。克萊因推測第五次元蜷曲成為大小等於蒲朗克長度的細小圓圈，卻無法進行測試。我們可以計算出需要多少能量來探測如此微細的距離，這也就是所謂的蒲朗克能量（Planck energy）或相當於10^{20}億電子伏特，百萬兆倍於質子蘊涵的能量，這個能量強度遠超過我們在往後數百年間所可能產生的能量值。

就另一方面而言，也由於我們發現了另一個對整個科學界產生革命性影響的新理論，導致許多物理學者相繼離開這個研究領域。這個詮釋次原子世界的理論所引發的潮流完全淹沒了克魯查－克萊因理論的研究空間。這個新的理論就稱為量子力學（quantum mechanics），並敲響了克魯查－克萊因理論的喪鐘，讓該理論在往後六十年裡無法翻身。厄運還不止於此，量子力學還對各種力的平滑幾何學詮釋提出挑戰，並提出不連續能量包的詮釋方法。

黎曼與愛因斯坦所提出的原則難道完全錯了嗎？

第二部

在十次元統一

第五章

量子異端

任何不震懾於量子理論的人，
根本不了解量子理論。

——波耳（Niels Bohr）

木頭建構的宇宙

西元一九二五年，突然出現了一個新的理論。這個理論以流星般高速發展，令人昏頭轉向。我們從希臘遠古時代以來所珍視的物質觀念，傳承至今卻被這個理論完全顛覆。這個理論幾乎不費吹灰之力，就將數百年來困擾物理學家的許多老問題一掃而空。物質的成分究竟為何？是什麼將物質束縛並保持其型態？為何物質可以展現無限多種形式，例如：氣體、金屬、石頭、液體、結晶體、陶瓷、玻璃、閃電、星星等？

這個新理論就稱為量子力學，它讓我們首度能夠有系統地展開規劃，以解開原子的秘密。次原子世界曾經是物理學家的禁地，如今，許多秘密也開始從這個領域透露出來。

這一場革命從發軔到擊敗對手理論的速度究竟有多快？我們要指出，在一九二〇年代早期，有些科學家對於「原子」的存在還抱持極度保留的態度。他們以嘲諷的語氣說道，任何無法在實驗室裡直接觀測的事物都不存在。然而，到了一九二五年及一九二六年，薛丁格（Erwin Schrödinger）、海森堡（Werner Heisenberg）等人已經針對氫原子發展出幾近完整的數學描述。當時，他們已經可以將氫原子的幾乎一切特性作極精確地純數學描述。到了一九三〇年，狄拉克（Paul A. M. Dirac）等量子物理學者宣稱，他們運用第一原理（first principles）就可以導出所有物質的化學性質。他們甚至於還早早就宣稱，只要給電腦充足的運算時間，他們就可以預測宇宙中所有物質的一切化學特性。對他們而言，化學已經不是基礎科學，從現在開始，化學已經成為「應用物理學」。

量子力學的崛起可以用光芒萬丈來形容，它不但對原子世界的奇異特性作出精確的描述，也遮掩了愛因斯坦的研究成果長達數十年，愛因斯坦的宇宙幾何論是量子革命的早期受害者之一。在各個普林斯頓大學高等研究院的研究室裡，年輕的物理學者開始傳言，愛因斯坦的時代已經過去了，量子革命已經完全將他超越。年輕一代爭先閱讀有關於量子理論的最新論文，而非關於相對論的學理。甚至該研究院的歐本海默（J. Robert Oppenheimer）院長也私下對親近的朋友透露，愛因斯坦的研究成果已經跟不上潮流了；連愛因斯坦也開始認為自己已經成為「老古董」了。

我們知道，愛因斯坦的夢想是要創造出完全由「大理石」——也就是純粹幾何學——所建構的宇宙。但是，現在愛因斯坦卻被一團混亂無章的醜陋物質形成，也就是他所稱的「木頭」給擊敗了。愛因斯坦的目標是要將他理論裡的這個瑕疵一勞永逸地去除，也就是要將木頭轉變成大理石。他最大的期望就是創建完全由大理石建構成形的宇宙新論，然而，愛因斯坦卻驚駭地了解到，量子理論竟然是完全由木頭建構成形的！諷刺的是，他現在發現自己犯了一個天大的錯誤，宇宙竟然偏好木頭而不喜歡大理石。

我們知道，在木頭與大理石的比喻裡，愛因斯坦希望能將大理石廣場中的樹木轉變成為大理石雕像，並且完成全由大理石材質建構的公園，而量子物理學家卻從完全相反的觀點來看這個問題。他們的夢想是要用一把大鐵鎚將所有的大理石粉碎，將所有的大理石碎片挪開之後，就會以木頭覆蓋整個公園。

量子理論根本就把愛因斯坦給徹底顛覆掉了。量子理論從任何一個細節而言，都和愛因斯坦的理論完全相左。愛因斯坦的廣義相對論是一種宇宙學理論，也就是說，這個理論是描述平滑的時空結構將星星與銀河系束縛在一起；反之，量子理論是描述小宇宙的理論。所有的次原子粒子都是由粒子尺度的作用力維繫在一起，同時在虛無的時空舞台上跳躍舞動，這個舞台只是個空無一物的事件發生現場，這兩個理論根本就互不相容。事實上，量子革命激起的狂潮已經將半個世紀多以來，所有從幾何角度來理解各種作用力的努力完全淹沒了。

縱貫本書，我們已經發展出一個中心主題，也就是物理定律在高等次元裡會更單純而統一。然而，由於量子異端在一九二五年出現，我們首度看到這個主題面對嚴重挑戰。事實上，在往後的六十多年裡，一直到一九八〇年代中葉，這群量子異教徒的意識形態會宰制整個物理界，他們以大量無可駁斥的優秀實驗成果，幾乎將黎曼以及愛因斯坦的幾何理念完全埋葬了。

量子理論在極短的時間裡，就開始為我們建構出一個描述可見宇宙的極佳架構：物質宇宙包含了各種原子及其組成物。我們可以用大約一百種不同型態的原子或元素，來建構地球上甚或外太空裡各種已知的物質。電子繞行原子核外圍旋轉，原子核則由中子和質子所組成。基本上，我們可以將愛因斯坦的漂亮幾何理論，以及量子理論彼此間的關鍵差異摘要如下。

一、作用力是由不連續的能量包交換而產生（也就是量子〔quanta〕）

相對於愛因斯坦有關於「作用力」的幾何學觀點，量子理論裡的光則被分解成為細小碎片。我們稱這些光包為光子（photon），光子的行為非常類似細小粒子。根據量子理論，兩個電子互撞時會彼此互斥，並非空間扭曲所造成的，而是二者彼此交換一個能量包，也就是光子所導致的。

這些光子的能量係以蒲朗克常數（planck's constant, 每秒 $\hbar \sim 10^{-27}$爾格）作為測量單位。蒲朗克常數是一種微量數值，意味量子理論對牛頓定律進行微小修正，我們稱之為量子修正（quantum corrections）。作為測量的單位，這個數值在我們熟悉的宏觀世界裡可以被忽略。因此，我們在描述日常生活百態時，大可以將量子理論整個忘掉；然而，當我們要處理次粒子微觀世界的時候，這些量子修正值就主宰了所有的物理過程，並解釋違反我們直覺的次原子粒子的奇異特質。

二、不同作用力的產生來自於不同量子的交換

例如，弱作用力（弱核力）是由於交換不同的W粒子（W：弱的〔weak〕）。同理，在原子核內部將中子與質子束縛在一起的強作用力（強核力），則是由於一種稱為π介子（meson）的次原子粒子的交換。我們也曾經在原子對撞實驗裡發現，W玻色子（W boson）以及π介子二者的殘骸，從而證實了這個研究方向的正確性。最後，將質子與中子甚至於介子束縛在一起的次核力則稱為膠子。

於是，我們擁有新的物理定律「統一原則」。我們可以透過假設的不同中介量子來統一電磁力、弱作用力和強作用力。於是，量子理論不需要幾何學就能統一四種作用力中的三種（重力除外）。這似乎是違背了本書的主題，以及到目前為止我們所談的一切命題。

三、我們永遠無法同時知道次原子粒子的速度及其位置

這就是海森堡測不準定理（Heisenberg Uncertainty Principle）。這正是該理論截至目前為止最引起爭議的部分，也是在半個世紀裡最禁得起任何實驗室挑戰的一個定理。至今，還沒有任何

一個實驗結果違背這一條定理。

測不準定理顯示我們永遠無法確定一個電子的所在位置，或者其速度為何；我們頂多能夠計算出該電子出現在某一定點，並具備某一速度的機率。這個狀況倒還不至於那麼絕望，因為我們可以運用數學計算找到那個電子的機率。雖然電子是一種微細粒子，卻伴隨著一種波動，並遵循一個明確定義的方程式原則，也就是薛丁格波動方程式（Schrödinger wave equation）。概言之，波動愈大，在該點找到該電子的機率也愈大。

因此，量子理論將粒子與波動概念融合成為一個精密的辨證推理：自然界的基本實體是粒子，然而，在特定時空找到特定粒子的機率卻遵循波的機率原則，而這個波則遵循明確定義的薛丁格數學方程式。

量子理論最瘋狂的一點是，它將所有事物都化約為難解的機率。我們可以精確預測光束的電子穿越濾網孔洞時，會有多少粒子四處散佈；然而，我們卻無法明確知道那一個電子會往哪個方向散射而去。這並不是因為我們使用的儀器過於簡陋；根據海森堡，這是一種自然律。

當然，這個定理在哲學上的意義並不明確。牛頓學派的看法認為宇宙就像是一座龐大的時鐘，在時光的起點之初上緊發條，並遵循牛頓的運動三定律運轉至今；然而這個宇宙觀點，現在已經被不確定性和機率取而代之。量子理論將牛頓以數學方式來預測宇宙間所有粒子運動的夢想一舉擊潰。

如果我們說量子理論違背了我們的常識，唯一原因是大自然根本不在乎我們的常識為何。這些想法看起來相當奇特，而且令人困惑，但在實驗室裡卻總是能夠獲得證實。我們可以用著名的

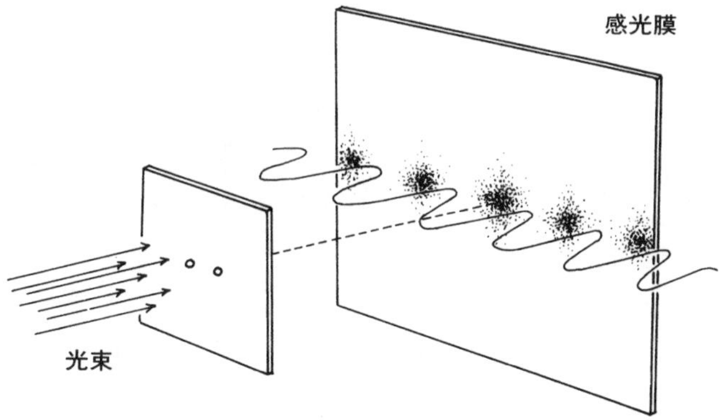

圖 5.1　電子束穿過兩個小孔讓薄膜感光。我們預期會在感光膜上看到兩個點，卻在上面看到波動的干涉圖形。這怎麼可能呢？根據量子理論，電子實際上是微細粒子，因此不可能同時穿過兩個孔。但是所有電子都具備的薛丁格波卻能夠穿透兩個孔，並進行自我干涉。

雙孔實驗來加以說明。假設我們對一個具備兩個小孔的銀幕發射一束電子束，銀幕後方有一張感光紙。根據十九世紀的古典物理學，在兩個孔後方的感光紙上應該會出現兩個被光束燒出的痕跡。然而，當我們在實驗室進行這個實驗，卻發現了干涉圖形（interference pattern，一系列明暗交錯的直線）出現在感光紙上。一般而言，我們會將這個結果與波動而非與粒子的行為聯想在一起（圖 5.1）。（製造干涉圖形的最簡單方式是，靜靜地洗浴並有韻律地撥水形成波浪，水波就會形成蛛網狀並在水面相互交錯跨越，這是由許多個波前峰相互碰撞所造成的干涉圖形。）出現在感光紙上的圖形則類似於同時穿越兩個孔，並在屏幕後方相互干涉的波動型態。既然這個干涉圖形是由許多單一電子的群聚運動所形成，且既然波動同時行經兩個孔洞，於是我們可以得到一個荒謬的結論，也就是電子不知怎麼回事竟然能夠同時穿越兩個孔。然而電子怎麼可能同時出現在兩個位置？根據量子理論，電子是微細粒子，只能穿過兩個孔之一，然而電子的波動功能卻能在空間擴散四溢穿越兩個洞孔，並自我相互干涉。縱使這個觀點讓人無法接受，卻已經由多次反覆實驗獲得確認。物理學家詹姆士・吉恩斯伯爵（Sir James Jeans）曾經說過：「要討論一個電子佔據多少空間，就跟討論一股恐懼、焦慮，或一項不確定性佔據多少空間一樣無聊。」（我有一次在德國看到一張汽車防撞桿貼紙，將這個觀念簡潔地總結如下：「搞不好，海森堡還曾經因此睡過大頭覺。」）

四、粒子有可能以有限機率進行「穿隧」（tunnel）或量子跳躍（quantum leap），並穿越不可滲透的障礙物

這是量子理論諸多預測中，較為讓人驚奇的一點。這個預測在原子尺度的成效相當成功。「穿隧」或稱為「量子跳躍」穿越障礙，成功通過所有實驗的挑戰。事實上，現在我們認為世界萬事萬物必然存在穿隧效應。

我們可以進行一個簡單的實驗，來顯示量子穿隧效應的正確性。首先將一個電子放在盒子裡，就常理而言，該電子並沒有足夠的能量可穿透盒子四壁。假使古典物理學為真，該電子就永遠離不開盒子。然而根據量子理論，那個電子的機率波會散播穿越盒子，並滲透穿越進入盒子外面的世界。這種穿過牆壁的現象可以經由薛丁格波動方程式精確計算得出，也就是該電子會出現在盒子外面的機率是微乎其微。這種現象的另一個說法是，該電子有機會但機率十分渺茫能穿隧障礙（盒子的牆壁），並從盒內移動到盒外。在實驗室裡，如果我們測量電子出現穿隧障礙的比例，會發現它與量子理論精確吻合。

這種量子穿隧效應正是神秘的穿隧二極管（tunnel diode）之解答，我們可以說，穿隧二極管純粹是一量子力學儀器。電流在正常狀況下恐怕沒有足夠能量穿過穿隧二極管；然而，這些電子的波效應卻能夠穿越二極管障礙，因此，電流會以不可忽略的機率出現穿隧作用，並穿透出現在障礙物的另一端。當你聆聽或身歷美妙聲音的時候，請不要忘了，您所傾聽的正是遵循各種奇特量子力學定律的電子律動之聲。

假使量子力學並不正確，那麼所有電子設備，包括電視機、電腦、收音機、環繞音響等等的功能都會消失（事實上，如果量子理論不正確，我們體內的原子都會崩潰、解體。根據馬克士威方程式，在原子內部自旋繞行的電子會在一微秒之間就喪失能量，並崩毀在原子核上。由於量子理論為真，才得以避免這種霎時的崩毀。因而，我們的存在正是量子理論的活證據）。

換句話說，「不可能」的事件具有可計算的有限發生機率。例如，我可以計算我突然消失穿隧通過地球，並在夏威夷出現的機率（但我要指出，我們要等待這個特例出現的時間，恐怕要比我們宇宙一生的壽命還要長。因此，我們恐怕不能運用量子力學穿隧到世界各地的度假勝地）。

楊－米場，馬克士威的繼承人

量子物理學在一九三〇與一九四〇年代草創之時，經歷了科學有史以來最成功的大幅進展，但自一九六〇年代以來卻開始喪失動力。威力強大的原子對撞機可以將原子核擊碎，並在殘骸裡發現數百種神秘的粒子。事實上，物理學家根本就被這些粒子加速器所得出的排山倒海實驗數據給淹沒了。

愛因斯坦單以他的物理學直覺，揣度出整個廣義相對論的架構，而粒子物理學家則在一九六〇年代被實驗數據所淹沒。原子彈製造人之一，費米（Enrico Fermi），就曾經承認道：「如果我有能力記住所有這些粒子的名稱，我早就成為植物學家了。」學者在破碎的原子殘骸中發現了數百種「基本」粒子。粒子物理學家也提出了無數理論架構，但試圖解釋而不成。錯誤的架構太多了；有人說，次原子物理學理論的半衰期只有兩年。

每當我們回想起粒子物理學領域裡的這些死胡同，以及錯誤的第一步，我們就不禁想起科學家與跳蚤的故事。

有一次，一位科學家訓練一隻跳蚤聽到鈴聲就跳躍。他使用顯微鏡將跳蚤的一條腿麻醉，並敲響鈴聲，那隻跳蚤還是能夠跳躍。

那位科學家接著將跳蚤的另一條腿麻醉，並敲響鈴聲。那隻跳蚤還是能夠跳躍。最後，科學家將跳蚤的腿一條一條地麻醉，且每次都敲響鈴聲，每次跳蚤還是能夠跳躍。最後跳蚤只剩下一條腿，當科學家把最後一條腿麻醉，並敲響鈴聲，他很驚訝地發現，跳蚤不再跳躍了。

於是，那位科學家基於不可駁斥的科學數據，鄭重發表結論：跳蚤是由腿部來發揮聽覺功能。

雖然高能物理學家經常覺得他們就像是故事裡的科學家，但數十年下來，他們終於逐漸發展出一致的物質量子理論。西元一九七一年，一位二十多歲的荷蘭研究生霍夫特（Gerard't Hooft）將三種量子力（重力除外）賦予統一描述，由於促成這項關鍵發展，他徹底改變了理論物理學的全貌。

科學家以光子（也就是光的量子）為喻，認為弱作用力與強作用力是源自於能量量子的交換，我們稱之為「楊—米場」（Yang-Mills field）。這是楊振寧與他的學生米爾斯於一九五四年發現的理論。它是衍生自一百年前，用來描述光的馬克士威場。不過楊—米場擁有更多組成成分，且可具備電荷（光子並不具備電荷）。楊—米場裡的弱交互作用量子稱為W粒子，並具備+1、0、和−1電荷。楊—米場裡的強交互作用粒子則是將原子核裡的質子與中子「膠合」在一起的膠子。

這個統整架構雖然相當引人注目，但在一九五〇與一九六〇年代卻有一個問題一直困擾著物理學家。楊—米場無法進行「重整」（renormalize）。換句話說，當我們將此理論應用到單純的交互作用時，該理論並不能產生有意義的有限值。於是，造成量子理論在說明弱交互作用與強交互作用時，毫無用處。量子理論終究還是碰壁了。

物理學者在計算兩個粒子對撞的時候，使用了一種所謂的微擾理論（perturbation theory）法，這就是一種很聰明的近似值估計方式的新奇說法，這使他們在進行計算的時候發生了問題。例如，在圖5.2（a），我們可以看到一個電子撞擊另一個弱交互作用粒子，也就是不可捉摸的微中子（neutrino，亦稱微子）的時候會發生什麼現象。首先我們來揣度一下，我們可以使用費曼圖（Feynman diagram）來描述這個交互作用，圖形顯示電子以及微中子彼此間會交換弱交互作用量子，也就是W粒子。這個初始近似值是符合實驗數據的合理初估。

然而根據量子理論，我們也必須對初始估計值作微量修正。為求計算更為嚴謹，我們還必須

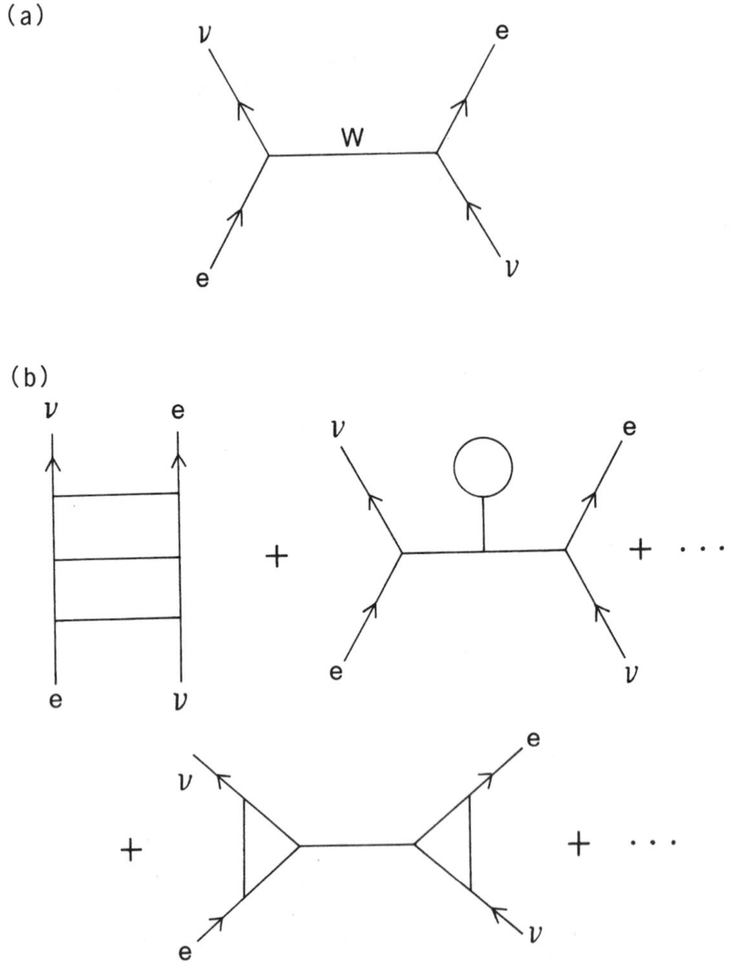

圖 5.2 (a) 量子理論裡的次原子粒子在相互碰撞時會交換能量包，或稱為量子。電子與微中子經由交換一個弱作用力量子進行交互作用，這個量子稱為W粒子。(b) 要計算電子與微中子的完整交互作用，就必須加上無窮系列的圖解。這些圖解稱為費曼圖（Feynman diagrams），圖示裡的量子會以更為複雜的幾何模式相互交換。這種增添無窮系列的費曼圖解過程稱為微擾理論。

加上所有可能的費曼圖解，包含環狀圖形在內，參見圖 5.2（b）。理想上，這些修正值應該是相當微小，畢竟如前所述，量子理論的本意就是要對牛頓物理學進行微量的量子修正。但是，結果卻大出物理學家的意料。這些所謂的「環狀圖」的量子修正不但不小，還無限大。無論物理學者如何修正其方程式，或試圖隱藏這些無限大數，都在其量子修正計算裡一致發現這種分歧現象。

此外，我們拿楊—米與較簡單的馬克士威場相比，前者還有難以計算之惡名。有關於楊—米場的一項迷思就是，這個場太過複雜難以作實際運算。所幸霍夫特當時還只是個研究生，並沒有受到更「老道」物理學家的偏見所影響。他使用其指導教授斐德曼（Martinus Veltman）率先發展出來的技巧顯示，每次發生「對稱破壞」（symmetry breaking，我們稍後再加以解釋）現象時，楊—米場就會獲得一個質量，但還是能維持有限理論。他證明環狀圖所導致的無限性可以相消，或加以移動而獲得簡化。

楊、米二人提出楊—米場之後將近二十年，霍夫特終於顯示楊—米場正是粒子交互作用的明確定義理論。霍夫特的研究成果如烈火一般散開，諾貝爾獎得主葛拉秀（Sheldon Glashow）記得當他聽到這個消息的時候，曾經嘆道：「這個傢伙要不是完全瘋了，就是近幾年裡最偉大的物理天才！」這個理論經歷了密集而迅速的發展。接著，溫伯格與薩拉姆（Abdus Salam）在一九六七年提出的弱交互作用早期理論，也很快為人證實為弱交互作用的正確理論。至一九七〇年代中葉，楊—米場開始應用在強交互作用上；到了一九七〇年代，我們才猛然醒悟，楊—米場可以解開所有核子物質的秘密。

這就是遺失的拼圖碎片。將物質聚合在一起的木頭正是楊—米場，而非愛因斯坦的幾何學。

這似乎才是物理的中心課題，而非幾何學。

標準模型

今天，楊－米場促成了一個描述所有物質的廣博理論。事實上，我們對於這個理論相當有信心，於是殷切地稱之為標準模型（Standard Model）。

標準模型可以解釋有關於次原子粒子的任何實驗數據，適用的能量範圍高達一兆電子伏特（也就是一兆伏特將一個電子加速所能產生的能量），大約就是目前使用中的粒子對撞機的能量極限。我們可以說標準模型是科學史上最成功的理論。

根據標準模型，將各種不同粒子束縛在一起的各種作用力，都是產生自交換不同種類的量子。我們現在就分別討論不同的作用力，最後再將這些作用力組合成為標準模型。

■強作用力

標準模型認為，質子、中子和其他重粒子根本不是基本粒子，這些粒子還包含許多更小的粒子，我們稱之為夸克（quark）。這些夸克粒子各具不同的形式：三「色」六「味」，這些名字和實際的顏色或味覺並沒有任何關係。夸克也有其反物質，稱為「反夸克」（antiquark）。（反物質與物質雷同，但是電荷與物質相反，與物質接觸則會湮滅），於是我們有 3×6×2＝36種夸克。

夸克由交換小能量包——膠子——將夸克束縛在一起。這些楊－米場以數學形式來描述的膠子，「濃縮」成為類似太妃糖的濃稠物質，並將夸克永遠膠合在一起。膠子場以極強的作用力將夸克束縛無從分離，我們稱之為夸克束縛（quark confinement）。這就是為什麼我們不曾在實驗室裡發現自由夸克。

例如，我們可以用三個鐵球（夸克）來代表質子與中子，這三個鐵球組合成類似三叉型飛鏢，並由Y型弦（膠子）將其束縛在一起。其他的強交互作用粒子，例如：π介子則可以由圖5.3所示的單弦，將夸克反與反夸克束縛在一起的模型為代表。

我們可以撞擊這種精巧的鐵球模型以形成振動，在量子世界只能存在不連續振動。每一種這種鐵球組，也就是夸克模型的振動，都代表了不同的次原子粒子型態。因此，這個簡單而有力的模式可以解釋無窮盡的強交互作用粒子的存在事實。在標準模型裡，對強作用力進行描述的部分就稱為量子色動力學（quantum chromodynamics，QCD），也就是色荷力（color force）的量子理論。

■弱作用力

標準模型的弱作用力支配電子、渺子（muon），和陶介子（tau meson）及其微中子伴侶等不同「輕子」（lepton）的特質。輕子和其他作用力一樣也會以交換量子來進行交互作用，這些量子稱為W玻色子和Z玻色子。這些量子也已經由楊—米場以數學描述。經由交換W與Z玻色子所產生的作用力太弱了，不像膠子作用力可以將輕子束縛形成共振。因此，我們無法從粒子對撞機裡找到無窮的輕子。

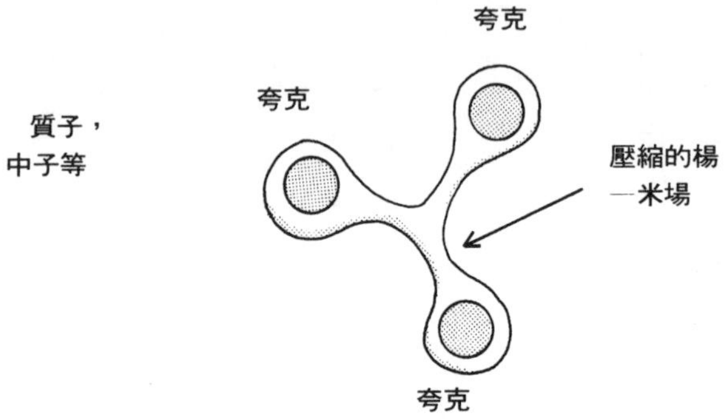

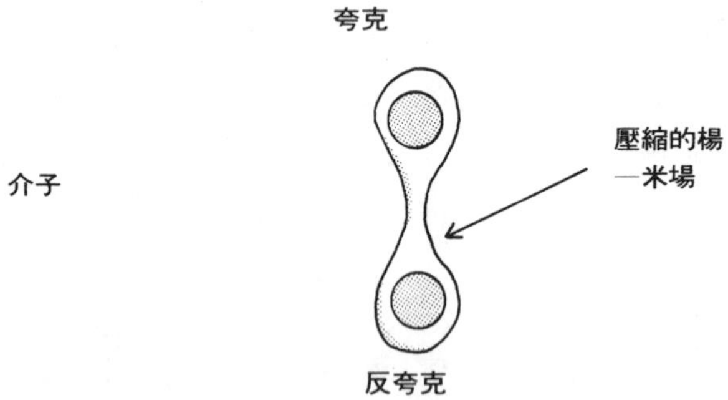

圖 5.3　強交互作用粒子實際上是由更小的粒子所組成，稱為夸克。根據楊－米場的描述，夸克是由類似太妃糖的膠狀物質束縛在一起。質子跟中子都由三個夸克所組成，介子則由一個夸克與一個反夸克所組成。

■電磁力

標準模型裡也包含了馬克士威的粒子交互作用理論。標準模型的這個部分支配了電子與光的交互作用，我們稱之為量子電動力學（quantum electrodynamics，QED），並已經過實驗證實，其精確度達到千萬分之一，就技術上而言，這是有史以來最精確的理論。

總而言之，五十年的豐碩研究成果以及政府所投入的數億美金，讓我們得到如下的次原子模型：所有的物質都包含夸克和輕子，並經由交換不同型態的量子進行交互作用，這個過程已經由馬克士威場與楊－米場加以描述。總之一句話，經過一個世紀的研究挫敗，我們已經掌握了次原子領域的核心。從這個簡單的模型，我們得以從純數學角度引申出有關於物質的無數難解特質（現在看起來好像很容易，標準模型的創造人之一溫伯格曾經闡述，這五十年的標準模型發現之旅是多麼的曲折，他寫道：「理論物理學有一項悠久傳統，當然會影響到包括我在內的所有人，認為強交互作用實在是太過複雜，遠非人類心智所能處理。」）

物理的對稱性

標準模型的細節相當無趣也不重要，標準模型最有趣的部分在於它的對稱基礎。我們可以在所有不同的交互作用裡，明確地發現這些對稱的跡象，並驅使我們探究進入物質的「木頭」領域。夸克跟輕子並非隨機出現，它們在標準模型裡是有一定的型態。

對稱當然不是物理學者的專利領域。藝術家、作家、詩人，與數學家都深深被對稱之美感動而心嚮往之。詩人布雷克（William Blake）便認為對稱具有神秘，甚至於奪人心弦的特質，他在詩作《老虎、老虎，火樣斑斕》（*Tiger!Tiger!burning bright*）裡表達了這個意念：

老虎、老虎，火樣斑斕
叢林暗夜閃光芒
哪雙聖手，何方神眼
竟能創造你凜然對稱之美？

數學家卡洛爾認為，對稱代表一種有趣的熟悉概念。他在《獵捕蛇鯊》（*The Hunting of the Snark*）一詩裡，捕捉到對稱的基本要義，他寫道：

任你在鋸木屑中翻炒：
任你以膠水予以塗敷：
任你與蝗蟲一起在火酒中浸泡：
還是可以看到一個基本物理——
保留住其對稱形狀。

換句話說，由於具備對稱性，即使我們將一個物體解體或旋轉，該物體仍然可以保持其原有形狀。自然界常見夕種不同的對稱形式。首先是旋轉對稱（rotation）與反射對稱（reflection）。例如，如果我們將雪花旋轉六十度角，它還是能維持相同的外形。萬花筒、花朵，以及海星都具有這種對稱型態。我們將這種經由在時間或空間裡旋轉物體所展現的對稱性稱為時空對稱，由於狹義相對論所描述的正是這種時間與空間的旋轉，因此也屬於這種對稱型態。

另一種對稱型態則是來自於移動一組物體。各位記得貝殼遊戲吧，郎中移動三個貝殼，其中一個貝殼底下則藏了一顆豆子。這個遊戲的困難處在於，移動貝殼的方式太多了。事實上，我們可以得到六種不同的貝殼移動方式。由於豆子是藏在貝殼下面，對觀眾而言，這六種不同組合是完全相同的。數學家喜歡為不同的對稱命名。他們為這個遊戲的不同對稱形式命名為S_3，也就是說三個相同物體的不同互換方式。

如果我們以夸克來取代貝殼，那麼當我們移動夸克的時候，粒子物理學的方程式就必須保持不變。如果我們移動三個著色的夸克，同時方程式也維持不變，那麼我們就稱這些不同的方程式具有某種ＳＵ（３）的對稱性。數字3表示我們現在有三個不同顏色，而ＳＵ則代表對稱的某種特定數學特質❶。我們稱此現象為在一個多重態（multiplet）裡有三個夸克。這個多重態裡的三個夸克可以彼此移動對調位置，而不會變更該理論的物理特性。

同理，弱作用力支配了電子與微中子這兩種粒子的性質。這兩種粒子可以彼此對調，同時方程式也得以保持不變，這種對稱就稱為ＳＵ（２）。也就是說，一個多重態的弱作用力包含了一

❶ＳＵ代表「特定一元」（special unitary）矩陣，也就是具有一元特質的單位行列式矩陣。

個電子與一個微中子，彼此之間可以旋轉對調。最後，電磁力則具有U（1）對稱性，可以將馬克士威場的組成元素旋轉成為其本身。

上述的每一種對稱都相當單純而優雅。然而，標準模型最為人詬病的問題是，它所謂的將三種基本力「統一」的作法，只是將所有這三個理論拼湊成為一個較廣的對稱性，SU（3）×SU（2）×U（1），也就是所有單獨作用力對稱之乘積（這就類似我們將拼圖碎片拼湊成形。如果我們有三塊不太能夠拼成形的碎片，我們還是可以用膠帶將它們接合黏貼起來。標準模型就是用這個作法將三組全然不同的多重態黏貼在一起。這樣做實在不怎麼漂亮，但是至少三塊拼圖碎片是以膠帶黏貼起來了）。

我們當然希望這個「終極理論」能夠將所有粒子含括在內，成為單一的多重態。不過，標準模型卻有三組各自獨立的多重態，彼此仍然無法旋轉取代。

超越標準模型

支持標準模型的人還是振振有辭，認為它的確能夠正確解釋所有的實驗數據。事實上，也的確沒有任何實驗數據違反這個標準模型。然而，即使是最熱情的信徒也不相信，這就是物質的終極理論。這裡有好幾個重要的原因，讓它無法成為終極理論。

首先，標準模型不能解釋重力，當然不完備。如果我們試圖將愛因斯坦的理論與標準模型拼湊在一起，結果會產生不合理的解答。例如，如果我們使用這個拼湊的理論來計算一個電子受到重力場排斥的狀況，我們會得到無窮的可能機率，這根本就說不通。物理學家認為量子重力具有不可重整化（nonrenormalizable）的特質，也就是說這個理論無法產生可以用來描述簡單物理過程的合理有限數目。

其次，還有一個更重要的理由是，這個理論硬是將三組完全不同的交互作用黏貼在一起，顯得相當醜陋。我個人認為標準模型就好像是將三種完全不同的動物，好比一頭騾子、一頭大象和一條鯨魚硬湊在一起成為四不像。這個理論的結構太過醜陋，連發明人都感到有點難為情。他們也是第一個為其缺陷提出道歉說詞的學者，同時也承認這絕對不會是終極理論。

如果我們仔細列出夸克與輕子的細節，就可以看出其醜陋之處。現在就讓我們列出標準模型裡的不同粒子與作用力，並描述這個理論之醜：

一、有三十六種夸克，可以區分為六種「味」以及三種「色荷」，還各有相對應的反物質來描述強交互作用。

二、以八個楊—米場來描述將夸克束縛在一起的膠子。

三、以四個楊—米場來描述弱作用力與電磁力。

四、以六種輕子來描述弱交互作用（包括電子、渺子、陶輕子，以及各自的對應微中子）。

五、以一大堆神秘的「希格斯粒子」（Higgs，或稱為規範玻色子）來勉強解釋質量，並需要用到許多常數來描述粒子。

六、以超過十九種硬套上的常數來描述粒子的質量，以及不同交互作用的強度。這十九種常數並非得自於理論的計算，而是人工填入。

更糟糕的是，這一長串粒子還可以區分為三個「家族」的夸克以及輕子，這三個家族實際上根本無從區辨。事實上，這三個粒子家族幾乎就是其他的翻版，結果導致所謂的「基本」粒子重複出現，使基本粒子數膨脹為原來的三倍（圖 5.4）。（我們現在竟然出現了比一九四〇年代所發現的次原子粒子總數還多的「基本」粒子。讓人不禁懷疑這些基本粒子究竟有多基本）。

相對於愛因斯坦方程式的簡約特質，標準模型更形醜陋，前者的所有原理都是從第一原理推演而出。要了解標準模型和愛因斯坦廣義相對論的美醜對比，首先我們要知道，當物理學家談到他們的理論之「美」時，他們的意思是這些理論至少具備兩種不同的特質：

一、具備統一的對稱性。

二、能夠以最簡約的表達模式來解釋大量的實驗數據。

就這兩者而言，標準模型都不合格。我們已經看到，它的對稱實際上是將三個代表三種作用力的較狹隘對稱接合黏貼而成。其次，這個理論看起來笨手笨腳，用起來也礙手礙腳，當然也完全不符合簡約原則。比方說，愛因斯坦的方程式整個寫出來的長度不過一英寸，還填不滿本書的一行。我們卻可以透過這一行方程式超越牛頓的三定律，並推演出空間彎曲、大霹靂，以及天文學上的其他重要現象；然而，光是要把標準模型寫全，就需要本書這一頁的三分之二篇幅，同時看起來就像是一場颳起一堆複雜符號的暴風雪。

科學家泰半認為，大自然創造萬物傾向於採取精簡原則，並且在創造物理、生物以及化學結構時，總是會省去多餘的。大自然創造出貓熊、蛋白質分子或黑洞的時候，其結構都非常簡單。或者，就如諾貝爾獎得主楊振寧所言：「大自然似乎相當擅於應用以簡潔數學式表達的對稱定律。只要我們停下腳步，思考其中的數學模式所展現出的優雅與絕美，並將之與複雜又難以理解

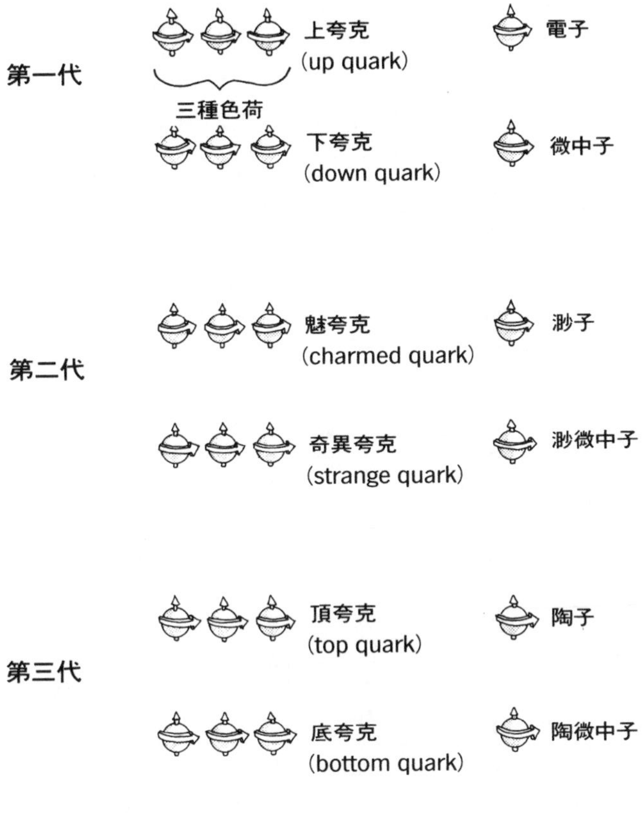

圖 5.4　標準模型裡的第一位粒子包含「上」與「下」夸克（具有三種色荷，並有對應的反粒子）還有電子與微中子。標準模型最讓人難堪的特色是這類粒子竟然達三個世代之多，每一代與前一代幾乎完全一致。很難相信大自然會這麼浪費，竟然在這麼基本的層次上創造出三套完全一樣的粒子副本。

的理物表象對比，我們不禁要震懾於對稱定律的威力。」然而，就在最基本的粒子層次上，我們卻發現了完全違背這條原則的現象。三種完全相同的家族，每一個家族還各自包含不同的奇特粒子，這是標準模型最讓人困惑之處，並留給物理學家一個老問題：我們是不是應該因為它的醜陋外觀，便將標準模型這個科學史上最成功的理論拋棄？

漂亮是必備的嗎？

我有一次在波士頓聆聽一場音樂會，所有的人都被貝多芬第九交響曲的強大張力所震撼。音樂會結束之後，豐富的餘音繞樑不絕。我信步走過空盪的交響樂團席位，注意到一些人面帶驚奇地注視著音樂家留下的樂譜。

當時我想，即使是最動人的音樂作品的音符，在我們這些外行人的眼裡，也不過像是一堆無意義的塗鴉。我們會認為那只是一堆胡亂塗抹的無意義符號，而非漂亮的藝術傑作。然而，對於音樂行家而言，這些直線、音部記號、音調符號、高低音譜表及音符，都栩栩如生地在心中迴響躍動。音樂家只要看著樂譜就能夠「聽到」美妙的旋律，以及豐富的和絃。樂譜對他們而言並不只是上面的直線的總合而已。

同理，如果我們將詩定義為「根據某些原則所安排的一組短句」，對詩而言，這無疑是一種侮辱。這個定義不僅沒有切中要旨，也完全不正確。因為這個定義並未顧及詩，及其在讀者身上所引發的情緒之間的微妙互動考慮在內。因為詩能夠將作者的深切感情及心象凝結成文字，並傳達給讀者，所以詩的現實性也遠超過列印在紙上的字句。例如，簡短幾行日本俳句短詩就可以傳達給讀者全新的感受。

數學方程式就和音樂、藝術一樣，會自然發展成形，有其邏輯，因而引發科學家的罕見熱情。雖然一般大眾會認為數學方程式根本是對牛彈琴，但方程式對於科學家卻非常類似於大型交響樂的一個樂章。

簡約、優雅，這些特質正足以激發最偉大的藝術家，創造出他們的曠世傑作。也就是這些相同的特質促使科學家搜尋大自然的基本定理。方程式就如同藝術創作或一首激情詩篇一樣，有其美感及獨特的韻律。

物理學家費曼（Richard Feynman）以下面這段話來表達這個意念：

> 一旦你與真理的單純之美相遇，就能一眼認出它。一旦你走在正確的道路上，一切都會水到渠成——至少有經驗者的體會是如此——因為事情的根柢會愈來愈清楚……沒有經驗的人或妄想狂只能作簡單的揣度，而你一眼就能看穿他們都錯了，那些都不算數。其他人，例如沒有經驗的學生，能作出複雜的揣度，表面上看來還不錯，但我知道並非如此，因為真理通常比我們所想的更為單純。

法國數學家龐加萊（Henri Poincaré）更坦白寫道：「科學家並非因為實用價值而研究自然；他研究大自然是因為他喜歡大自然，他喜歡大自然是因為大自然的美。如果大自然缺少美，就不值得去了解，如果大自然不值得了解，生命也就沒有意義了。」就某方面而言，物理方程式就如同大自然的詩篇。這些詩篇是根據某些原則組成的簡短詩句，其中最美麗的可以表達自然的隱藏對稱性。

例如，馬克士威的方程式，我們記得它最初包含了八個方程式。這些方程式並不「優美」。這些方程式並沒有很好的對稱性。它們的原始型態相當醜陋。然而，對研究雷達、廣播、微波，或電漿維生的所有物理學者或工程師而言，這些方程式卻是他們的維生工具。這八個方程式的重要性就像侵權行為之於律師，或聽診器之於醫師一樣。然而，如果以時間作為第四次元並加以改寫，這一套八個方程式會崩解成為單一的張量方程式。這就是物理學者所謂的「美」，因為它現在已經可以符合前述的兩種標準。增加次元數目就可以顯示理論在四次元的真正對稱性，並得以運用單一方程式來解釋大量的實驗數據。

於是我們再一次看到，增加次元數可以簡化自然定律。

今天，科學界遭遇到的最大謎題之一，就是解釋這些對稱的起源，尤其是在次原子世界裡。我們使用威力強大的機器，以超過一兆電子伏特的能量將原子核擊碎，我們發現所產生的碎片可以根據這些對稱加以組合。在我們探究次原子世界的過程裡，總會發現罕見的珍貴事實。

科學的目的並不只是要讚美自然定律之優雅特性，還要去解釋這些定律。自古以來，次原子物理學者所面對的基本問題是，我們並不了解這些出現在實驗室裡，以及黑板上的對稱之起源。

這正是標準模型的失敗主因。無論這個理論多麼成功，所有的物理學家都認為，我們還需要以更高等的理論來取代它。這個理論在有關於美的兩個「測試」上都失敗了。它既沒有單一對稱群，也無法遵循簡約原則來描述次原子世界。更重要的是，標準模型無法解釋這些對稱的起源。

我們只是隨心所欲地將這些對稱群加以接合黏貼，卻未深入了解它的起源。

大一統理論

發現原子核的物理學家拉賽福（Ernest Rutherford）曾經說過：「所有的科學不是物理學，就是集郵。」

他的意思是說科學可以包含兩個部分。第一部分是物理學，也就是基於物理定律或原理為基礎的部分。其次則是分類法（taxonomy，例如：採集昆蟲或集郵），也就是說，雖然你對各種物體的本質幾乎一無所知，你還是可以基於其外表的類似性，賦予深奧的希臘名稱。就此而言，標準模型並不是真正的物理學，而比較像是集郵，我們只是根據次原子粒子的某些外表對稱性做整理，卻未對它們的來源做任何說明。

同樣地，當達爾文將他的書命名為《物種起源》（*On the Origin of Species*），他已經不只是在做分類研究，因為他已經可以對自然界的不同動物給予符合邏輯的說明。物理學正需要一本這種書，稱為《對稱起源》（*On the Origin of Symmetry*），並解釋我們之所以可以在自然界找到這些對稱的原因。

由於標準模型根本就是拼湊而來，這麼多年以來，大家試圖得到一些進展，卻成敗參半。其中有一項努力成果稱為大一統理論（Grand Unified Theory，GUT）。這個流行於一九七〇年代末的理論，試圖統一強、弱作用力和電磁力量子的對稱性，將其整理成為更為廣泛的對稱群（例如，SU（5）、O（10），或E（6））。大一統理論並非單純地將這三種作用力的對稱群接合黏貼而成，而是試圖從更廣泛的對稱著手，如此則不較需要硬套上那麼多不同的常數，也不需要那麼多假設。大一統理論比標準模型多出了種類數目，其優點則是醜陋的SU（3）×SU（2）×U（1）可以被單一的對稱群取代。最簡單的大一統理論稱為SU（5），雖然它運用了二十四組楊—米場，至少所有這些楊—米場全隸屬於單一對稱群，而非三組獨立的對稱群。

大一統理論之美在於它們將強交互作用夸克，以及弱交互作用輕子放在同一個立足點上。例如：就以SU（5）而言，一組多重態包含三種具有色荷的夸克、一個電子及一個微中子。旋轉SU（5），這五種粒子可以相互對調而不改變其物理性質。

大一統理論最初引起極大的爭議，因為統一三種基本力所需的能量大約為10^{16}億電子伏特，只略低於蒲朗克能量。這個能量遠超過地球上現有任何粒子對撞機所能產生的能量，的確相當令人沮喪。然而，物理學者逐漸琢磨出大一統理論可以清楚推論出可測試的預測：質子衰變。

讓我們回想標準模型，就以SU（3）對稱群為例，它可以將三種夸克彼此旋轉對調；換句話說，這是由三種夸克組成的多重態，其中任何一種夸克在特定狀況下都可以變成其他的不同夸克（例如：楊—米場的粒子交換）。然而，夸克卻不能轉變成為電子。這組多重態不能混合。然而在SU（5）大一統論裡，一個多重態裡面有五種粒子，彼此都可以旋轉互調：三種夸克、一個電子，以及一個微中子。也就是說在某些特定情況下，我們可以將夸克組成的質子轉變成電子或微中子。換句話說，大一統理論認為，長久以來我們認為具有永恆生命的穩定質子，實際上也並不穩定。基本上，這也意味著宇宙中的所有原子最後都會裂解為輻射線。如果這是正確的話，這也意味著我們在基本化學課程裡所稱的穩定化學元素，實際上也並不穩定。

這並不是說我們體內的原子隨時都會崩解，並爆裂成為輻射線。我們的計算結果是，質子衰變成為輕子的期間長達10^{31}年，遠超過我們宇宙的壽命（一百五十到二百億年）。我們雖然得出這種天文數字般的時間長度，卻未困擾實驗學者。普通一桶水就可以包含多達天文數字的質子，因此，縱然質子的平均衰變期是天文時間長度，我們也可以計算出水桶裡面部分質子即將衰變的機率。

搜尋質子衰變

就在幾年之間，這個抽象的理論計算進入測試階段：全世界有好幾組科學家運用數百萬美金的鉅額資助展開不同的實驗。科學家採用極為昂貴的尖端技術，並建造足夠敏感的偵測器偵測質子衰變。首先，實驗學者需要建造龐大的容器，並在裡頭偵測質子衰變。之後，他們還要以富含氫的液體，例如：水或清潔液（還需要經過特殊技術過濾，以去除雜質與污染物）將它填滿。最重要的是，他們要將此龐然巨物深埋在地底下，以阻絕具高度滲透性的宇宙線的污染。最後他們還要建造好幾千個高敏感度的偵測器，這樣才能夠記錄次原子粒子從質子衰變放射出的次原子粒子的微弱蹤跡。

到了一九八〇年代末，全世界竟然已經有六座龐大的偵測器完工運作。例如：日本神岡偵測器，以及美國俄亥俄州克里夫蘭附近的ＩＢＭ（Irvine，Michigan，Brookhaven）偵測器。這些偵測器容納了龐大數量的純液體（例如：水），其重量則從六十到三千三百噸不等（就以世界最大的ＩＢＭ偵測器為例，這個偵測器座落於伊利湖湖床底下一座二十公尺長的龐大鹽床洞穴中。只要有質子在純水中發生衰變，就會立刻產生微弱的閃光，偵測器裡的二千零四十八個光電管就可以偵測到這個現象）。

我們可以美國人口來比擬這個龐大探測器，以了解如何偵測質子的壽命。美國人的平均壽命為七十多歲，但我們並不需要等待七十多年才能得到死亡數字。美國人口總數超過二億五千萬，每隔幾分鐘就會有人瀕臨死亡。基於類似的原理，最單純的SU（5）大一統理論預測質子的半衰期應為10^{29}年；也就是在大約10^{29}年之後，宇宙裡的半數質子就會發生衰變[2]（這段時間是宇宙本身壽命）。雖然這個壽命看似很長，但是，這些偵測器應該早就可以看到這種罕見的事件。偵測器裡的質子數量實在相當龐大，事實上，每噸水裡包含了超過10^{29}個質子。在這麼多質子裡頭，預計每年會有少量的質子會發生衰變。

然而，無論實驗學者等待多久，至今他們還是沒有看到質子衰變的明確證據。截至目前為止，我們認為質子壽命必然超過10^{32}年。所以我們可以捨棄較為單純的大一統理論，不過，較為複雜的大一統理論還是有成功的機會。

最開始的時候，人們對大一統理論的興奮激情大量出現在媒體上，探索物質的統一理論，以及搜尋質子衰變也成了科學界和作家的注目焦點。公共電視網的《*NOVA*》節目針對這個主題製作了許多專題報導，許多通俗專書以此為題，多種科學雜誌也針對這個主題發表了相當多的文章。然而，在一九八〇年代末期，這股狂潮復歸沉寂。無論物理學家花多久的時間等待質子衰變，質子就是不肯合作。許多國家花了數千萬美金來尋找質子衰變，仍一無所獲。大眾對大一統理論的興趣逐漸淡去。

質子還是可能發生衰變，大一統理論也有可能經證實為真。然而物理學家基於好幾個理由，在態度上，對於將大一統理論視為「終極理論」變得更為審慎。大一統理論和標準模型一樣並沒有提到重力，如果我們不經思索就將大一統理論與重力合併，該理論會得出無窮數字解，這完全不合理。大一統理論與標準模型一樣是「不可重整化」的；此外，該理論是在龐大能量尺度下被定義，也就是我們預期重力效應會出現。所以，大一統理論沒有將重力含括在內，便成為一項嚴重的缺陷。再者，該理論還有一個毛病，也就是神秘出現了三組完全相同的粒子家族。最後，該理論也不能預測基本常數，例如：夸克質量。大一統理論欠缺更廣泛的物理學原理，來整理第一原理中的夸克質量與其他常數。最終，大一統理論看起來也還是集郵。

最基本的問題則是，楊—米場並不能提供足以統一所有四種交互作用的「膠」，它所描述的木頭世界的威力不足以解釋大理石的世界。

經過半個世紀的蟄伏，「愛因斯坦復仇」的時機已然來臨。

❷半衰期為某物質衰減一半所需的時間。經過二個半衰期之後，只有四分之一的物質得以存留。

第六章

愛因斯坦的復仇

超對稱是要將所有粒子完全統一的終極計畫。

——薩拉姆

克魯查—克萊因復出

我們認為這個問題是科學界有史以來，所面臨到的最大問題。媒體曙稱之為物理學界的「聖杯」，也就是要將量子理論與重力統合，以創造出一個「萬有理論」（Theory of Everything）。這個問題挫折了二十世紀最聰明的心智，無疑地，能夠解決這個問題的人一定能夠獲頒諾貝爾獎。

到了一九八〇年代，物理學的成就臻於頂點，只剩下重力頑固地獨立於其他三個作用力之外。諷刺的是，雖然早期由於牛頓的研究成果，大眾最先接受了重力的古典理論，然而最後為人所了解的交互作用卻是重力的量子理論。

所有物理學界的耆宿都試圖破解這個問題，但全都失敗了。愛因斯坦生前的最後三十年，也完全奉獻給他的統一場論。即使是偉大的海森堡，這位量子理論的創建發明人之一，也投入他生命裡的最後幾年，試圖創造出統一場論，他甚至以此為題出版了一本書。西元一九五八年，海森堡甚至於還在電台廣播，宣稱他與合作夥伴鮑立終於成功找到統一場論，只欠缺技術細節（媒體為這項震撼人的消息而趨之若鶩，鮑立因風聞海森堡過早逕行發表研究成果而大為震怒。鮑立寫了一封信給他的合作夥伴，裡面只有一張白紙，上面寫了一行註解：「我以此向世界顯示我的畫作可比提香（Titian，著名威尼斯畫家，一四九〇—一五七六），只欠缺技術細節。」）同年稍後，鮑立終於以海森堡—鮑立統一場論為題，發表了一次演講。許多物理學者都到場聆聽，並急切地想知道所欠缺的技術細節。當他演說完畢，大眾反應毀譽參半。波耳終於站起來說話：「我們都認為你的理論相當瘋狂，我們無法達到共識的一點是，這個理論到底夠不夠犧牲。」事實上，由於太多人想要嘗試成就這個「最後的整合」（the final synthesis）而招致激烈的批評。諾貝爾獎得主施溫格（Julian Schwinger）便曾經說過：「這無異是全世代物理學者的宿命折磨，這是一種驅力，強烈的期盼症狀，希望能在他們有生之年裡解答所有的基本問題。」

然而到了一九八〇年，「木頭的量子理論」經歷了半個世紀幾乎不間斷的勝利，也開始喪失動力。我還清楚記得在這個時期，疲憊不堪的年輕物理學者所感受到的挫折，全部的人都覺得標準模型終會毀在自己的成功上。這個模型是如此的成功，以致當時每次舉辦國際物理研討會都只像是再一次替它背書的橡皮圖章。所有的演講都只是提出另一個令人厭煩的實驗發現，又是一次支持標準模型的成功。我在一次物理學研討會上向後掃視，卻發現有半數人已經開始打瞌睡；主講人滔滔不絕地翻過一張張的圖表，顯示最近的實驗數據都可以納入標準模型體系。

我的感受如同世紀交接之初的物理學者，他們也似乎面臨到了一條死胡同。他們耗費了幾十年時光，費心地將無數的數字填入表中，以顯示不同氣體的光譜線，或計算馬克士威方程式解，以求得愈形複雜的金屬表面性質。由於標準模型具有十九個自由參數，可以任意填入任何數值，就像是收音機的頻率調整鈕一樣。我曾經想像物理學者恐怕會花上數十年的光陰，來找出所有十九個參數的精確值。

該是革命的時候了。大理石世界正在召喚著下一世代的物理學家。

當然，在我們發展出聰明的量子重力理論之前，還需要克服好幾個艱深的難題。要架構重力理論的一個問題是，這種作用力實在是太微弱了。例如，要將我桌上的紙固定位，需要整個地球的質量。然而，我只要用一把梳子梳過我的頭髮，就能夠將這些紙片吸附起來，超越了整個地球的作用力。我梳子上的電子作用力凌駕了整個地球重力的牽引。相同地，如果我試圖要建造一個「原子」，而且我不想依靠電的作用力，讓這個原子具有足夠重力將電子吸附在原子核上，那麼該原子的體積必然大如整個宇宙。

傳統上，和電磁力相比，重力的強度微弱的可以被忽略，因而難以測量到。然而，如果我們希望寫出重力的量子理論，則又另當別論了。重力量子修正所需的能量尺度是蒲朗克能量，也就是10^{20}億電子伏特，遠超過本世紀地球上所能達到的能量尺度。如果我們還想要嘗試創造完整的重力量子理論，這個難解的狀況會更形嚴重。我們記得，當量子物理學者試圖將作用力量子化時，他們正是要將其打散成微小的能量包，稱為量子。如果你不假思索就想要將重力理論量子化，你就是假定重力是透過交換微小的能量包而發生的，這種量子就稱為重力子（gravitons）。物質要彼此迅速交換重力子，才可以形成能夠將二者束縛在一起的重力。從這個觀點言之，正是由於交換這種看不見的無數微細重力子粒子所產生的重力，讓我們固定在地面上，使我們不至於以數千英里時速飄向外太空。然而，每當物理學者想要進行簡單的計算，以求得牛頓與愛因斯坦重力場的量子修正值時，他們就會得到無窮解，根本就毫無用處。

例如，讓我們來檢驗兩個中性電場粒子互撞所產生的現象。我們如果要為這個理論計算費曼圖解，首先要產生一個估計值，於是我們可以假設時空扭曲極微，因此黎曼的度量張量接近1。首先我們進行第一次猜測，我們假設時空接近平坦而無扭曲現象。於是，我們將度量張量的組成元素拆開，成為$g_{11}=1+h_{11}$，公式裡的1代表方程式中的平坦空間，而h_{11}則是重力子場（愛因斯坦當然是被嚇壞了，量子物理學者怎麼可以用拆散度量張量的方法，將他們的方程式做這種引申，這就像是拿鐵鎚敲碎一塊漂亮的大理石）。經過這種引申過程，我們就可以得到傳統形式的量子理論。圖6.1（a），顯示兩個中性粒子交換一個重力量子，並標示以h場。

一旦我們要將所有環狀圖解整合的時候就會產生問題，我們會發現它們各不相同，如圖6.1（b）。就以楊—米場而言，我們可以有技巧地將無窮數值解挪移相消，或將其納入無法測量到的數值裡。然而，當我們要使用這種重整化的老方法來處理重力的量子理論，就完全行不通了。事實上，物理學者在過去半個多世紀以來，試圖將這些無窮數值相消，或納入其他變數的努力都完全失敗了；換句話說，要將大理石以蠻力擊碎的企圖是徹底失敗了。

隨後，在一九八〇年代發生了一件奇特的事情。我們記得，克魯查—克萊因理論已經蟄伏長達六十年；然而，物理學者試圖將重力與其他量子作用力統一的努力卻遭受重大挫折，於是他們開始克服對於不可見次元以及超空間的歧視偏見。他們開始願意探索這個不同的可能性，這就是克魯查—克萊因理論。已故的物理學者帕格將這一股克魯查—克萊因理論重回舞台的熱情摘要如下：

> 一九三〇年代之後，魯克查—克萊因的想法失寵並蟄伏多年，但是最近，物理學者已經搜尋了所有將重力與其他作用力統一的可能途徑，於是這個理論重新被人提出，並重新躍上舞台。今天與一九二〇年代的不同處是，物理學者面臨的挑戰已經不只是要將重力與電磁力統一而已——他們希望能將重力與弱作用力，以及強作用力同時統一，所以需要更多的次元，超過了第五次元。

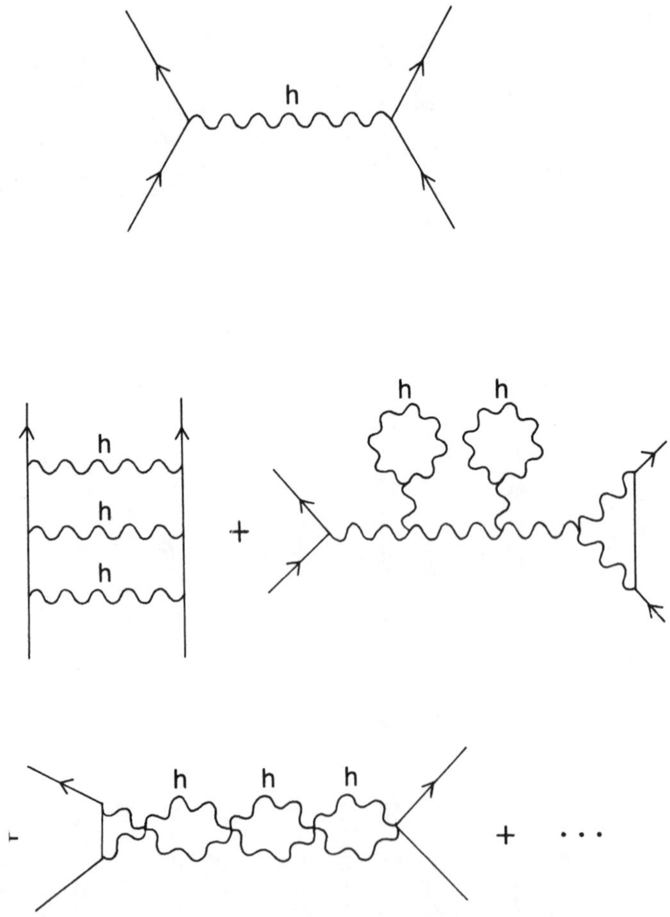

圖 6.1 （a）量子理論描述重力的量子為重力子，並以h表示，也就是將黎曼度量打散而得。在此理論裡，物體經由交換重力包來進行交互作用，於是我們完全喪失了愛因斯坦的美麗幾何外觀。（b）不幸的是，所有具有環狀態的圖解都是無限大數，於是在過去半個世紀以來，我們無法將重力與量子理論整合統一。將重力的量子理論與其他作用力統一的目標，便成為物理界的聖杯。

甚至連諾貝爾獎得主溫伯格都被克魯查—克萊因理論所激起的熱潮掃到；然而，還是有部分學者對於克魯查—克萊因理論重回舞台抱持質疑的態度。哈佛大學的喬吉（Howard Georgi）便提醒溫伯格，要以實驗來測量這些壓縮並蜷曲的次元是多麼困難，並作了底下這首詩：

溫伯格從德州返家
帶來多重次元難倒大家
但多出的次元都已全部蜷曲成球體
毫微細小從不影響大家

雖然克魯查—克萊因理論仍然不可重整化，卻依舊引燃濃厚的研究興趣火花，原因是該理論給了我們建構大理石理論的希望。當然，要將一團混亂的醜陋木頭轉變成為純粹、優雅的大理石形式，也是愛因斯坦的夢想。然而，一九三〇和四〇年代，我們對於木頭的基本性質幾乎是一無所知，到了一九七〇年代，標準模型終於破解了木頭的秘密，也就是物質是由楊—米場所束縛在一起的夸克及輕子共同組成的，並遵循SU（3）×SU（2）×U（1）的對稱原則。不過問題來了，我們要如何從大理石求得這些粒子，以及神秘的對稱之解。

最初，這似乎是不可能達到的目標。畢竟，這些對稱是來自於微細粒子彼此互換造成的結果。如果一個多重態裡的N個夸克彼此互換對調，那麼其對稱性貝為SU（N）。這些對稱似乎只適用於木頭，而不適用於大理石。SU（N）和幾何又有什麼關係呢？

將木頭轉變為大理石

一九六〇年代，出現了第一個小小的線索，物理學家在當時發現了，另外還有一個方法可以將對稱引入物理學。物理學者將克魯查—克萊因原有的五次元理論引申到N次元，他們發覺這樣就能自由地將對稱導入超空間。當第五次元蜷曲起來，他們就可以看到馬克士威場從黎曼度量張量凸顯出來。然而，當N次元也蜷曲起來，物理學者就會發現著名的楊—米場，也就是標準模型的關鍵，也會從他們的方程式凸顯出來——我們可以藉由一個普通沙灘球來顯示，對稱性要如何從空間凸顯出來：我們可以將沙灘球沿著球心旋轉，沙灘球仍然會保持其原態。沙灘球的對稱性（也就是球體對稱性）稱為O（3），或稱為三次元的旋轉；同理，超球體也可以在高等次元沿著其中心點旋轉，並仍然能保持其原態。這個超球體所具有的對稱性稱為O（N）。

現在，再考慮讓沙灘球產生振動，其球面就會出現波紋。如果我們細心地讓沙灘球以特定頻率產生振動，我們就可以引起規律性的振動，稱之為共振（resonance）。這類共振和一般的波紋不同，我們只能在特定頻率甲起這種振動。事實上，如果我們讓沙灘球以相當快的頻率進行振動，我們就能製造出某種特定頻率的音調，這類振動現象都可以歸入對稱性O（3）。

沙灘球薄膜能夠引起共振頻率並不稀奇。我們喉嚨裡的聲帶是另一個例子，聲帶是能夠延展的薄膜，能夠以一定的頻率或共振進行振動，因此能夠產生音調。另外一個例子則是我們的聽覺。各種不同的聲波衝擊著我們的耳鼓，我們的耳鼓則以特定頻率引起共振。這些振動則轉變成為電子訊號，送入我們的腦部，經過詮釋成為聲音；這也是電話的基本原理，電話裡的金屬振動板接受電話線傳來的電子訊號而產生振動。這就是振動板的機械振動或共振，當然也就產生了我們在電話上所聽到的聲波；這也是音響組合裡的揚聲器，與管弦樂團鼓樂的基本原理。

就超球體而言，其作用也是一樣的。超球體就如同薄膜一般，也能產生不同頻率的共振，其頻率則由對稱性O（N）決定。於是數學家依照類似原理，構思出較為複雜的高等次元表面，並以複數來描述（複數採用 −1 的平方根，$\sqrt{-1}$），於是，我們就可以簡潔地顯示對應於一個複雜「超球體」的對稱性為SU（N）。

關鍵就在於此：如果某粒子的波函數在此表面上振動，則會承襲這個SU（N）對稱性。於是，我們可以透過空間振動的副產品形式，來觀察這個起源於次原子物理學的神秘SU（N）對稱性！換句話說，我們現在能夠解釋木頭的神秘對稱性的起源：它們實際上是自於大理石的隱藏對稱性。如果我們現在將克魯查－克萊因理論定義為4＋N次元，並將N次元蜷曲起來，我們就可以發現這個方程式已經被拆開成為兩個部分。第一部分就是愛因斯坦的一般方程式，其實這個部分我們早就可以猜得到。第二個部分卻不是馬克士威的理論，我們會發現這個剩餘的第二個部分正是楊－米場，這個理論建構了所有次原子物理學的基礎！這就是將木頭的對稱性轉變成為大理石的對稱性的關鍵。

最初，木頭的對稱性是在經過痛苦的嘗試錯誤後才發現到的，我們歷經艱辛才從粒子對撞機的殘骸裡發現木頭的對稱性。最令人不解的是，木頭的對稱性竟然是從高等次元自動產生。夸克與輕子能夠對調互換的對稱性竟然是源自於超空間，這實在是不可思議。有一個比喻可以幫助我們了解這個現象。物質就像是黏土一樣，完全是沒有固定形狀的一團，並不具備幾何形狀的優雅對稱性。然而，我們可以將黏土擠壓到具有對稱圖案的模子裡，例如，如果我們將模子依照某個特定角度加以旋轉，模子依然可以保持其原先的樣子不變，如此一來，黏土就可以沿襲模子的對稱性；黏土就像物質一樣，透過模子，也就是時空，而得以承襲其對稱性。

如果以上所言為是，我們就可以推斷，過去數十年來，無心插柳意外發現的夸克與輕子之間的奇異對稱性現象，實際上根本就是超空間振動的副產品。例如，如果不可見的次元具有對稱性SU（5），那麼我們就可以寫下SU（5）大一統論，並視之為克魯查—克萊因理論。

我們也可以從黎曼的度量張量裡看到這個現象。這個現象與法拉第場雷同，只是擁有更多的組成元素而已。我們可以將其組合成為棋盤式方格，並從棋盤的第五行、列區隔這些組成元素，就可以將馬克士威場與愛因斯坦場拆開。現在，用相同的作法在（4＋N）次元空間裡處理克魯查—克萊因理論。如果你在棋盤的前四行、列將剩餘的N行和N列與之隔開，就會得到能夠同時描述愛因斯坦，以及楊—米場理論的度量張量。我們在圖 6.2 裡已經將一個（4＋N）次元的克魯查—克萊因理論的度量張量予以區隔，並將愛因斯坦場與楊—米場拆開。

德州大學的物理學家狄威特（Bryce DeWitt）絕對是首先使用這種簡約方式的物理學者之一。多年來，他一直在研究量子重力。當他發現了這個將度量張量劃分開來的技術，我們就可以運用相當簡潔的計算，將楊—米場抽取出來。狄威特認為，從N次元重力場中抽取出場—米場是相當單純的數學運算，他在一九六三年將這個問題指定為法國 Les Houches暑期學校物理學班〔Les Houches Physics School〕的家庭作業（最近佛洛恩德發現克萊因在一九三八年早就獨立發現了楊—米場，足足比楊振寧與米爾斯等人的研究成果還早了幾十年。克萊因在華沙的一次研討

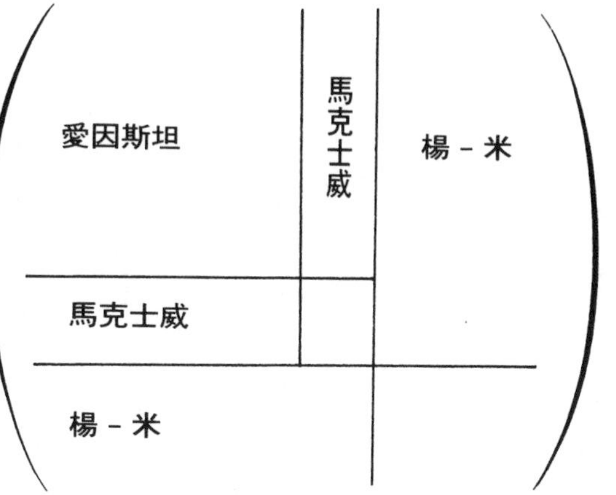

圖 6.2　如果我們到了第 N 次元，度量張量就是一系列的 N^2 之數值。如果我們將第五以及更高行、列曲隔開來，就可以抽取出馬克士威電磁場和楊－米場。如果超重力論一舉讓我們統一愛因斯坦場（描述重力）、馬克士威場（描述電磁場）及楊－米場（描述所有的弱作用力以及強作用力），所有的基本作用力就像拼圖一樣完美吻合。

會裡，以「物理學新理論」（New Physical Theories）為題，宣稱他早就能夠引申出馬克士威的工作成果，並將其納入高等對稱性O（3）。不幸的是，由於第二次世界大戰所造成的混亂，更由於量子理論所引發的激情，克魯—克萊因理論被埋葬了。這個重要的研究成果竟被人完全遺忘了。諷刺的是，克魯查—克萊因理論是因為量子理論的崛起而被埋沒，量子理論是以楊—米場為根基，而楊—米場最初卻是經由分析克魯查—克萊因理論而來。物理學者在發展量子理論的激情之下，竟然忽略了起源於克魯查—克萊因理論的關鍵發現。

從克魯查—因理論抽取出場—米場，只是第一步。我們自然可以將木頭的對稱性視為是起源於不可見次元的隱藏對稱性。下一步則是要從大理石中創造出（由夸克與輕子共同組成）木頭本身，這個部分稱為超重力。

超重力

要將木頭轉變為大理石之前，我們還要面對重重阻礙。根據標準模型，所有的粒子都會「自旋」（spinning）。例如，我們現在知道木頭是由夸克與輕子所組成。這二者則以二分之一量子單位進行自旋（以蒲朗克常數 $\hbar$ 為計量單位。具有半整數自旋〔例如，1/2、3/2、5/2等〕的粒子稱為費米子（fermions，名稱的來源是首先研究其特性的費米）。各種作用力則是由具有整數自旋的量子來描述。例如，光子，也就是光的量子，具有一個單位的自旋。楊—米場也是如此。重力子，也就是假設性的重力包，則具有兩個單位的自旋。這些都稱為玻色子（boson，這個名稱是源自於印度物理學者的名字玻色〔Satyendra Bose〕）。

傳統上，量子理論會將費米子與玻色子嚴格區分。的確，無論是誰想要把木頭轉變成為大理石，都一定要面對費米子與玻色子具有截然不同性質的事實。例如，SU（N）可以將不同夸克彼此互換對調，費米子與玻色子則絕對不應該彼此混合使用。因此，當我們發現一種新的對稱——超對稱（supersymmetry），正是要將二者混合，這當然會對我們造成極大的震撼。具備超對稱的方程式容許費米子與玻色子相互對調，而仍然能夠維持原有的方程式不變。換句話說，超對稱多重態包含了相同數目的玻色子與費米子。任我們如何在多重態裡將玻色子與費米子相互對調，超對稱方程式仍然能夠保持其原始樣貌。

這個現象讓我們不禁揣度，我們說不定可以將宇宙間的所有粒子全部都放在一個多重態裡！

諾貝爾獎得主薩拉姆就曾經強調，「超對稱就是要將所有粒子完全統一的終極計畫。」

超對稱的新數字系統基礎會讓所有的學校教師抓狂。我們平常不需思索就採用的乘除運算，在超對稱裡完全行不通。例如，假設a與b是兩個「超數字」，那麼a×b＝-b×a。這在一般數字觀念裡是完全不可能的事。通常，不管是那一個學校的教師都會將這種超數字拋到垃報桶裡，因為從a×a＝a×a，你會得到a×a＝0。如果這是一般的數字，就會得到a＝0，整個數字系統將為之崩潰。然而，超數字系統並未崩潰；我們發現相當令人震驚的算式，當a≠0的時候，a×a＝0還是可以成立。雖然，這些超數字違反了我們從孩提時代至今所學的數字原則，我們卻能證實這些數字是具有一致性，和實質意義的系統。我們竟然能夠以此為基礎，發展出一套新的完整超微積分系統。

美國紐約州立大學石溪分校（State University of New York at Stony Brook）的佛雷得曼（Daniel Freedman）、福瑞拉（Sergio Ferrara），以及馮紐恩惠森（Peter van Nieuwenhuizen）等三位物理學家，隨即在一九七六年寫下超重力理論。超重力理論是第一個理論來描述完全由大理石所建構的世界。超對稱理論裡的所有粒子都有超伴子（super partners；或譯為「超夥伴」），稱為超粒子（sparticles）。石溪大學小組的超重力理論只包含兩個場：雙自旋重力子場（the spin-two graviton field，這是一種玻色子），及其3／2自旋伴子，稱為微重力子（gravitino）。由於這種粒子還不足以將標準模型納入，學者試圖將此論與更複雜的粒子結合。

納入物質的最簡單方式就是以十一次元空間來陳述超重力理論。我們要在十一次元裡描述超克魯查—克萊因理論，首先要大量增加黎曼張量的組成元素，於是形成黎曼超張量。我們可

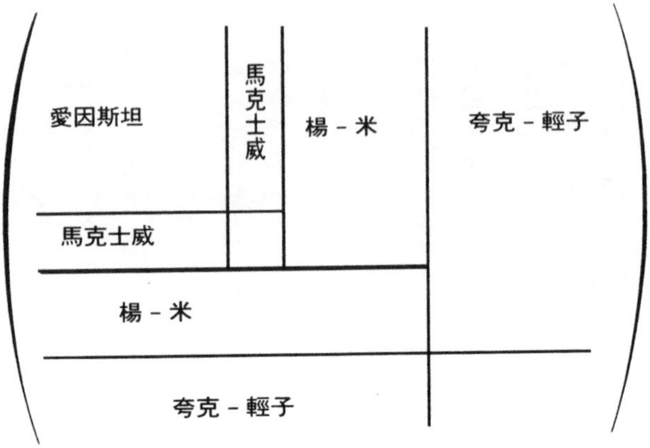

圖 6.3 超重力論幾乎實現了愛因斯坦的夢想，以純粹幾何學起源論來描述宇宙間所有的作用力和粒子。請注意，如果我們將超對稱加入黎曼的度量張量之內，度量的尺寸就會加倍，於是我們會得到超黎曼度量張量。超黎曼張量裡的新組成元素相當於夸克與輕子，如果我們將超黎曼張量依照其組成元素來劃分，我們就會發現超度量張量包含了自然界裡幾乎所有的粒子與作用力：愛因斯坦的重力理論、楊－米與馬克士威場，還有夸克與輕子。然而，部分粒子並不存在於這個架構的事實，導致我們不得不採納更強而有力的理論：超弦理論。

以寫下度量張量，並顯示超重力要如何將愛因斯坦場、楊—米場，以及物質場包容在一個超重力場裡，這樣，我們就可以目睹超重力是如何將木頭轉變成為大理石（圖6.3）。這個圖解的基本特徵是，我們可以將物質、楊—米氏，以及愛因斯坦等方程式包容在同一個十一次元的超重力場裡。超對稱就是能將木頭與大理石在超重力場裡互換對調的對稱。因此二者都是相同作用力的表象，也就是超作用力。木頭不再是單一獨立的存在事實。木頭現在是與大理石融合為一，並形成了超級大理石（圖6.4）！

物理學者馮紐恩惠森是超重力論的創始者之一，他深深體認到這次統一所代表的重大意義。他寫道，超重力「有可能會將大一統理論……與重力加以

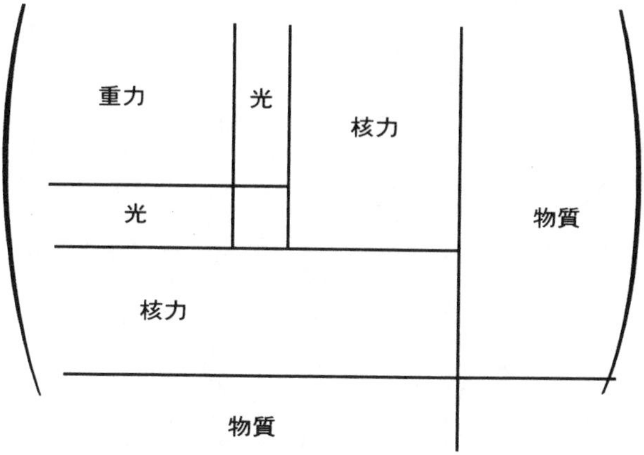

圖 6.4　超重力論幾乎將所有的已知作用力（大理石）與物質（木頭）統合為一。這些組成元素就像拼圖一樣，在黎曼的度量張量裡拼湊成形，也幾乎達成了愛因斯坦的夢想。

統一，形成一個幾乎沒有自由參數的模型。那個獨特的理論能在費米子與玻色子之間提供局部規範對稱。那會是最漂亮的規範理論（gauge theory），那個理論實在太漂亮了，大自然應該知道這個理論的！」

每次想起我參加過的許多這類超重力研討會，以及我在會場上發表的演說，滿足愉悅之情不禁然升起。研討會裡充滿了面臨重大發現的興奮激情。我記得相當清楚，有一次在莫斯科舉辦的研討會裡，許多精采的議程都是以超重力理論為題而籌辦的，目的在進一步推動該理論的持續進展。似乎是在經過六十年的失夢之後，我們終於快要實現愛因斯坦的大理石宇宙夢想。當時，便有些人謔稱之為「愛因斯坦的復仇」（Einstein's revenge）。

西元一九八〇年四月二十九日，天文學家霍金（Stephen Hawking）獲得盧卡斯教席（Lucasian Professorship，不朽的物理學巨擘，如牛頓與狄拉克等人都曾擔任這項職位），並樂觀地發表了一場名為「理論物理學是否終點在望？」的演講。一位學生為他朗讀：「（我們）在這幾年已經獲得許多進展，讓我這樣說，我們已經具備了部分基礎，因此我們的態度是審慎而樂觀的，我們有可能在部分在座諸君有生之年，看到完整的理論。」

超重力熱潮逐漸擴散到大眾之間，甚至於在宗教團體中還產生了後效。例如，「統一」的概念成為超覺靜坐運動的中心信仰，它的信徒因而出版了一幅大型海報，上面印出了描述十一次元超重力的完整方程式。他們認為方程式裡的每一個項目都代表了某種特殊意義，例如，「和諧」、「愛」、「手足之情」等等（這幅海報就懸掛在石溪理論學院的牆上），這是我第一次看到理論物理學的方程式竟然能夠激起宗教團體的追隨！

超度量張量

馮紐恩惠森以裝扮光鮮亮麗聞名於物理界。他的身材高大、壯碩、擁有古銅色皮膚，而且穿著入時。他看起來比較像是在電視上推銷古銅色防曬油的影星，而一點都不像是超重力論的創始人之一。他是一位荷蘭籍物理學者，目前在石溪大學任教；他和霍夫特一樣，都是斐德曼的學生，長期以來也對統一論表示高度興趣。他是我所碰過最孜孜不倦於艱難數學運算的物理學者，研究超重力論需要極度的耐心。我們記得黎曼在十九世紀所引入的簡單度量張量，當時只有十個組成元素；至今，黎曼的度量張量已被重力的超度量張量所取代，新的度量張量已經具有數百個組成元素。我們對此並不驚訝，因為任何具備高等次元，並宣稱可以統一所有物質的理論，必然要有足夠的組成元素來描述該理論，不過這樣卻大量增加了方程式數學運算的複雜度（有時候我會想，黎曼當時有沒有想到，就在一個世紀後，他的度量張量會擴張成為超度量張量，數倍於十九世紀任何一位數學家的想像）。

超重力與超度量張量問世後，就在過去數十年裡，研究所學生必須精通的數學能力經歷了爆炸性的擴張。溫伯格觀察道：「你看看超重力所引發的現象，過去十年來，鑽研這個理論的人都相當的聰明，有些人甚至比我早年所認識的人都還聰明。」

彼得・馮紐恩惠森不只是位計算健將，還是創造風尚的人。由於光是計算單一超重力方程式，就經常需要用掉整整一張計算紙，於是他開始使用超大型的藝術家用素描板。我有一次到他家裡，目睹到他的工作情形。他從畫板的左上角開始以蠅頭草書寫下方程式，隨後縱橫上下填滿整張素描板計算紙，接著翻頁重新來過。他持續進行這個程序好幾個小時，直到完成計算。他唯一會停下來的時候是，將鉛筆插入手邊的電動削鉛筆機，幾秒鐘之後，又開始繼續他的精確計算工作。最後，他就會把藝術家的素描板如同他的科學期刊一樣，一冊冊地放在書架上。彼得的素描板名聞校園，並很快地激起流行風潮；所有的物理學研究生都開始購買這種大型藝術家用素描板。我們也可以看到他們笨手笨腳地將素描板夾在腋下，自豪地出沒在校園中。

有一回，彼得與友人保羅・湯森（Paul Townsend，目前任教於劍橋大學），和我一起研究一個超重力論的難題。那個問題的運算極為困難，用掉了好幾百張紙。我們沒有一個人對自己的運算結果有絕對的把握，於是我們決定在我家的餐廳聚首，共同驗算運算結果。我們面臨一項偉大的挑戰：好幾千個運算項目加起來必須等於零（通常我們理論物理學者可以在腦子裡「目睹」方程式的架構，並在腦子裡操弄它們，而不需要用到紙張；然而，由於這個問題的長度極為誇張，同時也相當重要，因此計算過程的每一個細節都必須加以檢查確認）。

隨後，我們將問題劃分為好幾個大項。我們圍繞餐桌而坐，各自忙於計算相同的問題。大約一個小時後，我們會相互比對答案。通常，我們三個裡面會有兩個計算正確，第三個就要找出他所犯的錯誤。接著我們才進行下一個部分，並重複相同的程序，直到我們三個人都獲得相同的解答；我們就這樣相互驗算解答直到深夜。我們知道，只要在這數百頁計算裡犯下一個錯誤，就會讓我們前功盡棄。午夜過後，我們檢查了最後一個項目，得到的解答正如吾等所願，等於零。我們為此舉杯慶賀（就連永不倦怠、耐心超絕的彼得，也被那一場艱鉅的計算工程給整得疲累不堪。他在離開我公寓的那一刻，竟然忘記他太太在曼哈頓新購公寓的地點。他在一棟公寓大樓裡敲了好幾扇門，裡面的人報以憤怒的反應；他根本就找錯了大樓建築。經過無益的搜尋之後，彼得與保羅只好返回石溪大學。偏偏彼得忘了更換汽車排檔纜線，纜線繃斷，他們只好下來推車，最後終於在清晨五點蹣跚地回到石溪！）

超重力論的沒落

論者開始逐漸看到超重力論的問題所在。經過密集的搜尋之後，並沒有在任何實驗裡找到超粒子，例如，1／2自旋電子並沒有零自旋伴子。事實上，到現在為止，還沒有絲毫證據足以顯示，在我們的低能階世界裡存在有任何超粒子。然而，鑽研這個領域的物理學者堅信，在創世之初的剎那間，龐大能量產生之際，所有的粒子都伴隨著超伴子。也只有在這個龐大能量尺度下，我們才會看到完美的超對稱世界。

然而，經過數年發自濃厚興趣的努力探索，與多次的國際研討會之後，我們逐漸明瞭這個理論無法正確加以量化，於是，我們試圖創造完全由大理石所建構的理論的夢想只好暫時擺在一邊。超重力論就和其他試圖創建完全由大理石建構的物質理論一樣，因為非常簡單的原因而失敗：每當我們要依據這些理論來計算數值，我們都會得到無意義的無窮解。雖然，這個理論得出的無窮數值比原來的克魯查—克萊因理論少，卻仍然具有不可重整化之特質。

這個理論還有其他的問題。超重力論所能達到的最高對稱群稱為O（8），實在是太小了，無法將標準模型的對稱包容在內，超重力論似乎只是邁向宇宙統一理論長遠旅途上的一個踏腳石而已。這個理論解決了一個問題（將木頭轉變為大理石），卻產生了其他不同的疑難症狀。然而，就在超重力論開始衰退之際，新的理論也同時產生。新的理論恐怕是最奇特，卻也是最強而有力的物理學理論計畫：十次元超弦理論（superstring theory）。

第七章

超弦

弦論是二十一世紀的物理學，卻意外落入二十世紀。

——維滕（Edward Witten）

紐澤西州普林斯頓高等研究院的維藤是全球物理學界的泰斗，他是目前物理學界的「寨主」，也是目前最聰明的高能物理學者。他在物理學界引領風騷的狀況足與藝術界的畢卡索相提並論，數百位物理學者狂熱地跟隨他的研究工作，希望能尾隨他的創新想法以一瞥其項背。普林斯頓的一位同儕崔曼（Samuel Treiman）曾經說道：「他鶴立雞群，引領眾生踏上新路。他創造出既優雅，又具突破性的證據讓眾人啞然，並為之讚嘆。」崔曼並結論道：「我們最好不要隨便將他人與愛因斯坦相提並論，不過談到維藤……」

維藤出身於物理家庭，他的父親路易斯・維藤（Louis Witten）是辛辛那堤大學的物理學教授，也是愛因斯坦廣義相對論的領導權威人士（他的父親有一次陳述道，他對物理界的最偉大貢獻是創造出他的兒子）。他的太太娜琵（Chiara Nappi）也是該學院的理論物理學者。

維滕不同於其他物理學者，其他物理學者多半在青少年時期就沉迷於物理學（例如，在國中甚至於小學階段就是如此），維藤則違反了大多數常規。他在布蘭代斯大學（Brandeis University）主修歷史，並對語言學產生濃厚興趣。一九七一年畢業之後，他為麥高文（George McGovern）助選總統職位，麥高文甚至還為他寫介紹信，幫他申請進入研究所。維藤曾經在《國家》（*The Nation*）以及《新共和》（*New Public*）等雜誌發表文章（《科學美國人》曾經訪問維藤，並如此寫道：「是的，這個鐵定是世界上最聰明的人，確實是一位自由派共和黨人。」）。

然而，一旦維藤決定要以物理學為終生職志，就開始狂熱地學習物理。他成為普林斯頓的研究生並在哈佛教書，之後很快就以二十八歲之齡成為普林斯頓大學的正式教授，他同時也獲得尊榮的麥克阿瑟獎學金（MacArthur Fellowship，媒體有時候暱稱之為「天才」獎學金），而他的研究工作也無心插柳地對數學界產生深遠影響。西元一九九〇年，他獲得費爾茲獎章（Fields Medal），這個榮耀在數學界裡相當於諾貝爾獎。

不過大半時候，維藤都在靜坐凝視窗外，並在腦海裡運算重組大量的方程式。他的太太如此寫道：「他只在腦海計算。我自己進行研究的時候，要用掉好多張計算紙才能夠了解我的研究主題，艾德華則只有在做負數或因數計算的時候才會坐下來運算。」維藤說：「恐怕多數不曾接受物理學訓練的人，都會認為物理學者要進行極為複雜的計算，不過這並非其真正本質。最重要的是物理學是研究概念的學問，我們希望了解概念，這個世界所遵循的原則。」

維藤的下一個計畫是其事業生涯裡企圖心最高，也最大膽的計畫。有一個稱為超弦理論的新理論，已經在物理界開創了一股熱潮。一般認為這個理論將能夠統一愛因斯坦的重力理論與量子理論；然而，維藤對超弦理論的現有結構並不滿意。他已經為自己設定目標要找到超弦理論的起源，這一個目標很可能會成就決定性發展，讓我們進一步解釋創世的秘密。這個理論之所以具有獨特的無窮威力，關鍵因素正是其獨特的幾何論：弦只能在十與二十六次元才能夠進行自洽振動。

粒子究竟為何物？

弦論之用正是因為它能夠解釋物質與時空之本質——也就是木頭與大理石的本質。弦論能夠回答一系列有關於粒子的難解問題，例如，為什麼自然界會有這麼多不同的粒子。我們愈深入探究次原子粒子的本質，就會找到更多的粒子。目前我們的次原子粒子「動物園」裡面已經有好幾百種粒子，這些粒子的屬性可以填滿所有卷冊，甚至以標準模型而言，我們也可以看到許許多多的不同「基本粒子」。弦論可以解答這個問題，因為弦的大小比一個質子的千萬兆分之一還小，弦能夠振動，每一種振動模式就代表了一種不同的粒子或共振。弦實在是太細微了，從遠處觀之，我們實在無法區分它究竟是弦的共振或粒子。只有當我們將粒子放大，才能夠看出那根本就不是一種點狀粒子，而是一種振動弦。

由此觀之，每一種次原子粒子都代表了某一種只能在特定頻率進行振動的共振形式。我們在日常生活裡經常可以看到共振的例子。淋浴時唱歌就是一例，儘管我們的天賦嗓音微弱或不穩，不甚動聽，但我們知道在獨自淋浴的時候，我們可以唱出如同歌劇巨星一般的動人優雅歌聲。這是由於我們的聲波在浴室牆壁之間迅速往返振動，能夠在浴室牆壁之間振動的頻率很快就被放大數倍成共振之音，這種振動就稱為共鳴，其他波長不對的聲音則被排除在外。

我們再舉小提琴為例，琴弦可以不同頻率振動而產生不同的音階，例如：La、Si與Do。每一條琴弦只能發出有限數目的音階，也就是正好能夠在琴弦終端截止（這是由於琴弦終端是以軸固定），並在兩個端點之間產生整數次數波動的音階。基本上，弦能夠以任何不同頻率產生振動，沒有窮盡。我們都知道音符本身並非基本元素，音符La與音符Si一樣，都不是基本音符。真正的基本元素是弦本身。我們沒有必要研究每一個不同的音符，我們只需要了解琴弦如何振動，就能立刻了解音符的本質。

同理，宇宙間的粒子並非基本元素。電子並不比微中子來得基本。這些粒子看起來雖然很基本，其實只是因為我們的顯微鏡威力不足以顯示其結構。根據弦論，如果我們能將點狀粒子放大，就可以看到超小型的振動弦。事實上，根據這個理論，物質只是這種振動弦所產生的和聲而已。由於我們可以為小提琴譜出無窮數目的合音，我們也可以經由振動弦來建構無窮盡的物質形式。這樣就可以解釋自然界為什麼會有這麼多不同的粒子。同理，我們可以將物理定律比擬為琴弦的合音定律。那麼由無數振動弦所組成的宇宙本身就相當於是一首交響樂。

弦論不只能解釋粒子的本質，更能解釋時空。一條弦在時空中移動時，會展開複雜的運動。這條弦會依序分解成更小的弦，或與其他弦碰撞而形成較長的弦。其中關鍵就在於，這些量子修正或環狀圖解都必須是有限且能夠計算。這是物理史上首度出現有限量子修正的重力量子理論（各位記得，在這之前的所有其他理論—包含愛因斯坦的原始理論、克魯查—克萊因理論與超重力論等，都不能符合這項關鍵要求）。

為了能進行這些複雜的運動，弦必須遵循自洽的複雜條件組合。這些自洽條件對時空設定了異常嚴謹的條件限制；換句話說，弦並不像點狀粒子一般，能夠以自洽形式在任意時空移動穿梭。

當物理學者第一次計算出弦加諸於時空的限制時，都相當驚訝地發現，從弦裡竟然會冒出愛因斯坦的方程式，這簡直是太驚人了；一開始物理學者並沒有採用愛因斯坦的方程式，卻在弦裡面變魔術一般地發現這些方程式。從此以後，愛因斯坦的方程式不再是一種基本形式。我們可以從弦論導出這些方程式。

如果這是正確的結論，那麼弦論已經可以解決長久以來有關於木頭與大理石的本質之謎。愛因斯坦曾經揣測，總有一天，大理石本身就可以解釋木頭的所有特質。愛因斯坦認為，木頭只是時空振動或糾結的結果，除此無他。量子物理學者的想法則反向而行，他們認為我們可以將大理石轉變成木頭，也就是說我們可以將愛因斯坦的度量張量轉變為重力子，也就是具有重力作用力的不連續能量包。這是完全相左的觀點，多年以來，我們也認為這兩者之間是不可能求得平衡點，弦卻證實了木頭與大理石之間的「遺失的環節」。

弦論可以導出物質的粒子乃是弦振動之共振結果，也可以導出愛因斯坦的方程式，只要我們設定弦以自洽形式移動穿越時空，如此，我們就可以得到包含質能及時空二者的廣博理論。

這些自洽的限制是異常地嚴謹。例如，弦不得在三次元或四次元空間裡移動。我們接著要討論的就是，這些自洽的條件會迫使弦在特定次元裡移動。事實上，允許弦能夠自由移動的「神奇數字」為十次元及二十六次元。所幸，在這兩個次元定義的弦論具備了足夠的「空間」來統一所有的基本作用力。

弦論相當博大精深，可以解釋所有的自然基本定律。弦論剛開始只是一個單純的振動弦理論，隨後卻能夠從中得到愛因斯坦理論、克魯查—克萊因理論、超重力理論、標準模型，甚至於大一統理論。這完全是一個奇蹟，我們從弦的純粹幾何學開始論述，竟然能夠導出過去兩千年來整個物理學的進程。到目前為止，本書曾經討論過的理論都可以自動納入弦論裡。

我們目前對弦論的興趣，是由加州理工學院的舒瓦茲及其研究同仁，倫敦瑪麗皇后學院（Queen Mary's College）的格林所引發的。我們先前認為弦可能具有某些缺陷，無法形成完全自洽的完整理論。到了一九八四年，這兩位物理學者證實弦可以符合所有的自洽條件，於是在年輕的物理學者群中引燃了試圖解答該理論的風潮，希望因此而獲得大眾的認可。西元一九八〇年代末期，物理學者的「淘金熱潮」正式展開（這是一場世界上數百位最聰明的物理學者之間競相解決該理論的劇烈競爭）。（事實上，近期《發現》（*Discover*）雜誌的封面人物，弦論的理論學者南諾波洛斯〔D. V. Nanopoulous〕就公開吹噓自己很有希望得到諾貝爾物理獎。像這麼抽象的理論能夠引起這種激情，實屬罕見。）

為什麼採用弦？

我有一次在紐約一家中國餐廳，與一位諾貝爾物理獎得主共進午餐。我們在分享糖醋排骨的時候，談到了超弦理論。他在不期然之間，就發表了長篇即席演說，討論為什麼超弦理論並不是年輕物理學者的事業正途。他說，這根本就是用散彈槍打鳥。由於在物理史上從未發生過類似的事件，對他而言，自然是太過奇異了。與先前的所有科學趨勢比較，這也是極度違背傳統。經過長時間討論之後，我們回歸到一個問題，為什麼採用弦？為什麼不用振動的固體或泡狀體？

他提醒我，物理界會一再地採用相同的概念探究宇宙萬象。大自然就如同巴哈或貝多芬的創作一樣，通常會有一個中心主題，並在交響樂的各個樂章表現無數的變奏樂句。根據這個標準，弦並非自然的基本概念。

就以軌道的概念為例，自然界就不斷出現不同的軌道變貌。自哥白尼的研究成果以來，軌道就成為一個中心主題，並在自然界一再重複產生不同的變奏，從最大的銀河系到原子，到最小的次原子粒子皆然。相同地，法拉第場也經證實為大自然最常見的主題之一。我們可以運用場來描述銀河系的磁力與重力，或運用場來描述馬克士威的電磁理論，還有黎曼與愛因斯坦的度量張量理論，以及標準模型裡的楊—米場。場論已經成為次原子物理學或整個宇宙的共同語言，這是理論物理學領域裡最強而有力的武器。所有已知的物質與能量形式都可以場論來表示，它們就像是交響樂裡的主旋律和變奏一樣，不斷地重複。

但是弦呢？弦似乎並不是大自然天工造物偏好的形式，我們在空間裡並不能看到弦。事實上，我的同仁向我說明，我們根本找不到弦的存在。

然而，經過再次短暫思索，就可以發現大自然確實以弦來扮演某些特定角色，以描述某種特定的現象，並以之為某種其他形式的基本結構。例如，地球上生物的基本特徵是類似弦的去氧核糖核酸（DNA）分子，並包含了生命本身的複雜資訊和編碼。在建構生命及形成次原子物質的過程裡，弦似乎正是完美的解答。在這兩個案例中，我們希望能將大量的資訊包容在相對單純，並可以複製的結構裡。弦有一項獨特的特徵，即它是能夠貯藏大量數據的最精簡方式之一，同時，這套資訊也能進行複製。

就生物而言，大自然運用了兩束DNA分子結構，將其解開就能夠形成完全相同的兩套備份。此外，我們的身體也包含了無數的蛋白質弦，並包含了無數由胺基酸基本建構單位所形成的蛋白質束。從某個角度而言，我們的身體可以視為是大量弦的組合——覆蓋我們骨骼的蛋白質分子。

弦樂四重奏

目前，最成功的弦論版本是由普林斯頓學者葛羅斯（David Gross）、馬丁內（Emil Martinec）、哈維（Jeffrey Harvey）以及勒姆（Ryan Rohm），共同創造出來的理論，我們也稱呼這四個人為普林斯頓弦樂四重奏。這四個人中最資深的是葛羅斯。在普林斯頓所舉辦的多數研討會裡，維藤會以他柔和的聲音詢問問題，葛羅斯的聲音則深具特色：震耳欲聾，聲勢迫人。任何人在普林斯頓發表論文都要面對恐懼，以承受葛羅斯尖銳、連珠炮似的質疑。最了不起的是，他的問題通常都能切中要旨。葛羅斯與他的同仁提出了一個現在稱為混合弦（heterotic string）的計畫。從古到今，曾經發表過的克魯查─克萊因類型理論中，以混合弦最有希望能夠統一所有的自然律在一個理論之下。

葛羅斯認為弦論能夠解決將木頭轉變為大理石的問題，「從幾何學來建構物質植身——就某方面而言，這正是弦論的功能。我們的確可以從那個角度來發想，尤其是承襲自重力論的這個混合弦論，在這個理論裡的所有物質粒子都和其他自然作用力一樣，它產生的方式與重力產生自幾何學雷同。」

弦論的最奇特特徵，也就是我們曾經強調過的，它能夠自動將愛因斯坦的重力論包含在內。事實上，重力子（重力的量子）正是產生自封閉弦的最小振動。大一統極力避免提起愛因斯坦的重力論，各種超弦理論卻盡力將愛因斯坦的理論包容在內。例如，如果我們不將愛因斯坦的重力論，各種超弦理論卻盡力將愛因斯坦的理論包容在內。例如，如果我們不將愛因斯坦的重力論視為弦的振動，那麼該理論就不具有一致性而毫無用途。這正是維藤之所以被弦論吸引的最重要原因。一九八二年，他讀到舒瓦茲的一篇評論，驚訝地了解到，僅只是為了讓超弦理論能夠自洽這個理由，我們就可以知道，超弦論正是重力的起源。他回憶道，這是「我一生中最偉大的智慧震撼。」並說道：「由於重力加諸於我們的強制力量，弦論必然具有異常的吸引力。所有達到自洽要求的已知弦論都包含重力。因此，雖然就我們所知，縱使重力不見容於量子場論，卻是弦論的必備要件。」[1]

葛羅斯認為，如果愛因斯坦還活著，他一定會喜歡超弦理論。葛羅斯為此相當自得，愛因斯坦會相當喜愛超弦理論承襲自幾何原理的美與單純。然而，這個理論的本質仍為未知數，葛羅斯宣稱：「愛因斯坦一定會對此感到高興，縱然尚未實現，至少對其目標是如此……他一定會喜歡它的基本幾何原理——不幸的是，我們對此尚未徹底了解。」

維藤甚至於引申說道：「所有物理學上的真正偉大思想，都是超弦理論的副產品。」他的意思是，所有理論物理學上的重大進展，都可以包容在超弦理論之內。他甚至於宣稱愛因斯坦在超弦理論之前所發明的廣義相對論，實際上是「地球上的意外發展。」他宣稱在外太空某處，「其他的宇宙文明」說不定會先發現超弦理論，之後才得以引申出廣義相對論這個副產品[2]。

簡潔與美

弦論能夠簡單地解釋發現於粒子物理學與廣義相對論的對稱性的起源，因此成為物理學最具潛力的明日之星。

我們在第六章曾經討論，超重力論一則不能重整化，二則也實在太小了，無法將標準模型的對稱性包容在內。因此，這個理論違背自洽，同時也無法真正用來描述已知的粒子；弦論卻符合這兩項要求。我們很快就要討論到，弦論能將量子理論得出的無窮值排除，並衍生出有限的量子重力論。單憑這個理由，弦論就必然會成為宇宙理論的明日之星。此外，該論還有一項優勢，如果我們壓縮弦的部分次元，我們就會發現它具有「充足的空間」，可以將標準模型，甚至於大一統論的對稱性包容在內。

混合弦包含了一個具有兩種振動型態的封閉弦，順時鐘與逆時鐘。這兩種振動型態必須分別處理。順時鐘振動存在於十次元空間。逆時鐘振動則存在於二十六次元空間，其中有十六個次元已經被壓縮（我們記得克魯查的原始五次元理論中的第五次元是蜷曲壓縮成為圓圈）。混合弦的名稱起源是由於順時鐘與逆時鐘振動分別存在於兩個不同次元，卻能夠產生單一的超弦理論。這就是為什麼我們以希臘字 *heterosis*，也就是「混合的活力」（hybrid vigor）為名。

---

❶維藤訪問記錄，出自《超弦》，戴維斯與布朗（Davis and Brown）合編。維藤強調，愛因斯坦是受到物理學上等效原理的啟發，才推論出廣義相對論（任一物體的重力質量與慣性質量等值，因此任何物體無論其尺寸大小，在地球上都會以相同速率墜落）。然而，我們到現在還沒有發現弦論之等效原理。維藤指出，「事實上，弦論的確呈現出合理的自洽架構，能夠同時包容重力與量子力學。然而，在這個前述合理概念架構下所應具備的某類原則，也就是愛因斯坦在他的重力論裡所發現的等效原理，則尚未出現。」因此，維藤目前正忙於建構所謂的拓樸場論（topological field theories）。我們希望這類拓樸場論有可能含括部分「弦論的完整相」，也就是超越蒲朗克長度的弦論。

❷我們現在就檢驗完整混和弦的簡潔特性，混和弦具備兩種振動：其一為完整26次元時空內的振動，另一類則發生於普通10次元時空。由於26－10＝16，我們就假設26次元裡的16次元已經蜷曲起來，也就是說它已經被壓縮成各種形式。於是，我們只剩下10次元理論。無論誰朝這16個方向行走，都會回到原點。佛洛恩德提出這個蜷曲的16次元時空的對稱群為E（8）×E（8）。檢驗結果顯示，該對稱性大於標準模型的對稱性SU（3）×SU（2）×U（1）。簡言之，關鍵在26—10＝16，這意味著如果我們壓縮原始26次元混合弦中的16次元，我們會得到該16次元的殘餘對稱性，E（8）×E（8）。根據克魯查—克萊因理論，一個被迫生活在一個被壓縮空間的粒子，會承襲該空間原有的對稱性。這表示，10次元弦必須根據對稱群E（8）×E（8）重組它們本身的振動形式。結果，我們可以得出一個結論：對稱群含括了標準模型的對稱群，故標準模型是10次元理論的子集。

其中最有趣的當然就是十六次元空間。我們記得在克魯查－克萊因理論被壓縮的N次元空間，可以具備一種類似沙灘球的對稱性。隨後在N次元空間所定義的振動（或場）也自動承襲這些對稱性。假設這個對稱性稱為SU（N），那麼所有在這個空間裡的振動也必須遵循SU（N）的對稱性（就如同黏土承襲了模子的對稱性（就如同黏土承襲了模子的對稱性）。如此，克魯查－克萊因理論就能夠包容標準模型的對稱性。然而，這以一來我們也斷定，超重力論太小了，不足以包容標準模型對稱性裡的所有粒子。這個理由就足以宣告超重力論壽終正寢，這個理論無法成為描述物質與時空的有效理論。

然而，當普林斯頓弦樂四重奏分析了十六次元空間的對稱性之後，他們發現這是一種超級龐大的對稱性，稱為E（8）×E（8），比任何大一統論曾經試圖採用的對稱性都大。這是一項意外的優勢，這表示所有的弦振動都可以承襲十六次元空間的對稱性，同時也可以將標準模型的對稱性包容在內。

這正是本書中心主題的數學式，自然定律在高等次元更形單純。就這個例子而言，混合弦的逆時鐘振動所在的二十六次元具備了充足的空間，可以解釋發現於愛因斯坦理論與量子理論的所有對稱性。因此，我們首度能夠以純幾何學簡明地解釋，為什麼次原子世界都必然具有起源於蜷曲高等次元空間所產生的某種對稱性：次原子世界的對稱性只是高等次元空間對稱性的殘餘。

這也就是說，發現於大自然的美與對稱性終究可以回溯到高等次元空間。例如，雪花具備了六邊型美麗圖案，同時也沒有任何兩片雪花是一模一樣的。雪花與結晶體的結構則是承襲自其分子的幾何排列方式。這種排列方式則主要是取決於分子的電子外殼的特性，後者則可以追溯到量子理論的旋轉對稱性，也就是O（3）。我們在化學元素中觀察到的低能階宇宙對稱性，都是來自於標準模型所記載的不同對稱，這些對稱性可以經由壓縮混合弦得之。

總之，我們周遭所觀察到的對稱形式，從彩虹到盛開的花朵到結晶體，最後都可以視之為原始十次元理論碎片的不同表象❸。黎曼以及愛因斯坦都冀望能夠找到幾何學上的學說，來解釋作用力為什麼能決定物質的運動和本質。然而，他們都沒有提到一項關鍵，如何說明木頭與大理石之間的關係，超弦理論應該正是這個遺失的環節。了解了十次元弦論，我們就可以看出，弦的幾何性質很可能正是作用力與物質結構的最終原理。

二十一世紀物理學一章

由於超弦理論的對稱威力強大，無怪乎，它是如此迥異於其他物理理論。然而，超弦理論的發現過程卻是完全出乎人意料之外的。許多物理學者都評論道，如果不是無心插柳，這個理論應該會到二十一世紀才會被人發現。這是因為它與本世紀的其他物理概念完全相左，這個理論不是流行於本世紀的理論與趨勢的延續衍生結果，它可以說是一個另類理論。

相對地，廣義相對論的發展則遵循了「正常的」邏輯演化過程。首先，愛因斯坦作出等效理

❸雖然超弦理論被定義在11次元，但這個理論太小了，無法涵蓋所有的粒子交互作用。超弦的最大對稱群為O（8），無法容納標準模型的對稱群。11次元看上去似乎較10次元具備更多的次元，理應有較多的對稱群。但這純粹是錯覺，因為混合弦從26次元被壓縮成10次元，產生一個被壓縮的蜷曲16次元，其對稱群為E（8）×E（8），足以容納標準模型。

的假設，隨後將它改寫成以法拉第場與黎曼度量張量為基礎的重力場論數學式。接踵而至的是「古典解答」，例如，黑洞與大霹靂。現在，也是最後的階段是，物理學家嘗試寫下重力量子理論的公式。廣義相對論就這樣遵循邏輯進程，從物理原則發展到量子理論：

幾何學→場論→古典理論→量子理論

我們再看看超弦理論。這個理論的演進從一九六八年被人意外發現後，就以反向演進。因此，對多數物理學家而言，超弦理論顯得相當奇特而陌生。我們到目前還在搜尋它的物理原則根基，也就是相當於愛因斯坦的等效原理。

這個理論是在一九六八年意外誕生，當時有兩位年輕的理論物理學者，威尼席阿諾（Gabriel Veneziano）與鈴木（Mahiko Suzuki），各自翻閱數學書籍以尋找能夠描述強交互作用粒子的數學函數。這兩位年輕學者當時都於瑞士日內瓦的歐洲核子研究中心（CERN）進行研究，也各自意外發現了十九世紀數學家尤拉（Leonhard Euler）完成的尤拉貝塔函數（Euler beta function）。他們訝然發現，尤拉貝塔函數竟符合幾乎所有描述基本粒子強交互作用所需的全部特質。

鈴木有一次在加州舊金山灣的勞倫斯柏克萊實驗室（Lawrence Berkeley Laboratory）與我共進午餐。當時，艷陽照耀著舊金山灣形成了壯麗景色，鈴木向我述說那次意外發現的震撼，那是極可能產生重大成果的發現，物理學很少以這種方式獲得進展。鈴木在一本數學書裡找到尤拉貝塔函數之後，相當興奮地將他的結果拿去給一位歐洲核子研究中心的資深物理學者看，該資深物理學者聽完之後並不覺得那有什麼了不起。他還告訴鈴木，另外一位年輕物理學者威尼席阿諾，在幾個星期前就已經發現了這個函數，他勸鈴木打消將此結果公開發表的念頭。今天，這個貝塔函是以威尼席阿諾模型為名，並激發了好幾千篇研究論文的發表，成為物理學的主流學派。現在則更進一步企圖統一所有的物理定律（事後回想起來，鈴木早就應該公開發表他的研究結果。從這裡，我想我們都學到了一個教訓：不要死心塌地的遵循前輩的建言）。一九七〇年，威尼席阿諾—鈴木模型的謎團部分得解，芝加哥大學的難波（Yoichiro Nambu）以及日本大學（Nihon University）的後藤（Tetsuo Goto）發現，這個理論的奇異特質是來自於振動弦。由於弦論的發現過程是無心插柳，逆向而行，物理學者至今還是不能了解弦論背後的物理原則。這個理論演進的最後一步（和當初廣義相對論演進之第一步）現仍付之闕如。

維藤補充道：

> 地球人從來不曾具備這樣的概念架構，足以導引他們有意識地發明弦論……沒有人刻意發明這個理論，這純粹是無心插柳之作。按理說，二十世紀的物理學者並沒有這個榮幸來研究這個理論，它應該是在我們對弦論的基本學說有了某種程度的了解之後，才會發明出來的。屆時，我們才會有正確概念來理解這個理論。

環

這個由威尼席阿諾與鈴木共同發現的公式，其原意是希望能以此來描述次原子粒子交互作用的特質，但發展至今仍不夠完備。這個公式違反了一項物理學的基本特質：一元性（unitarity;或譯為「正夭」，或機率守恆conservation of probability）。如果訝門只以威尼斯阿諾－鈴木公式來解釋解粒子交互作用，我們就會得到錯誤的答案。這個理論的下一步是要作少許的量子修正以期能符合一元性。一九六九年，在難波及後藤以弦展開詮釋之前，三位當時任教於威斯康辛大學的菊川（Keiji Kikkawa）、嘲田（Bunji Sakita）和維拉蘇羅（Miguel A. Virasoro）三位物理學家，早已提出一項正確解法：在威尼席阿諾－鈴木公式上增加逐漸遞減的數學式以重建一元性。

雖然，當時這幾位物理學家必須從頭摸索來建構這一系列的式子，而今，難波發展出的弦圖架構是其中最容易理解的。例如，當一隻大黃蜂在空間飛行的時候，牠的飛行軌跡是波浪形的。一段弦在空間飄浮移動，它的軌跡會形成一個類似虛擬的二次元平面。封閉弦在空間飄浮的時候，其軌跡則類似一根管子。

弦藉著分解成較小的弦，和彼此結合進行交互作用。這些交互作用弦移動的時候會形成如圖7.1 的軌跡。請注意，那兩個管子是從左邊開始，其中的一個管子會分裂成為兩半，半與中間的管子交互作用，隨後轉而朝向右邊。這就是不同管子之間的交互作用方式。這個圖解當然只是複雜數學式的簡要說明。當我們以數學式來計算這種圖解時，我們就要回到尤拉貝塔函數。

在這張弦圖中，菊川、嘲田與維拉蘇羅（Kikkawa-Sakita-Virasoro，KSV）等人提出這項技術的目的，就是要說明相互碰撞或分裂之弦的所有可能圖解。我們當然可以得到無窮數目的圖解。如果我們將無限的環狀圖解逐步添加，每增加一個圖解，就更逼近正確解答。這就是微擾理論，也就是所有量子物理學者的最有力武器之一（這些圖解都具有物理學界不曾見過的優美對稱性）。這些對稱性在二次元稱為保角對稱（conformal symmetry）。我們可以依據保角對稱原則將這些管子與切面當橡膠材質來處理：我們可以將這些圖形拉長、伸展、彎曲及壓縮。隨後也由於保角對稱之特性，我們還能證明所有這些型態的數學式都還能維持一致。

ＫＳＶ宣稱只要加總所有這些環狀圖解，就能夠產生可以解釋次原子粒子如何進行交互作用的精確數學式。然而，ＫＳＶ計畫也包含了一些未經證實的揣測。在我們能夠明確建再這些環狀圖之前，這些都只是些無用的臆測。

我受到ＫＳＶ創新計畫的啟迪，於是決定要試試看我能不能破解這些問題。當時我確實碰到一些困難，因為我要躲避機槍子彈。

戰鬥營

我記得很清楚，ＫＳＶ論文在一九六九年問世的時候，他們發表的只是一項未來的研究計畫，文中並沒有提出精確細節。我當時決定計算所有可能的環狀圖，並完成ＫＳＶ計畫。

那段時光真讓人難以忘懷，當時在海外發生了一場戰爭，從肯特州立大學（Kent State University）到巴黎大學（University of Paris）都陷入混亂狀態。就在前一年，我才剛從哈佛大學畢業，隨後詹森（Lyndon Johnson）總統取消了研究生的緩徵許可。全國的研究所都陷入驚慌，校園一片混亂。我的許多朋友都突然離開學校，到高中教書，或打包逃亡到加拿大，或糟蹋身體，希望不要通過徵兵體檢。

光明的前程霎時幻滅。當時我有一個很好的朋友，就讀於麻省理工學院物理系，他發誓寧願入獄坐牢也不願意參戰。他要我們將《物理學評論》（*Physical Review*）期刊寄到監獄，這樣他就可以跟上威尼斯阿諾模型的進展。其他不願意參戰而離開學校到高中教書的朋友，則終止了在科學界的光明事業前程（有許多人到現在還在那些高中教書）。

畢業後三天，我離開劍橋前往喬治亞州向駐紮於邊寧堡（Fort Benning，世界上最大的步兵訓練中心）的美軍單位報到。隨後並前往華盛頓州的路易斯堡（Fort Lewis）。成千上萬沒有受過任何軍事訓練的新兵，就在此地接受錘煉成為戰鬥武力，之後就被運往越南編入每週陣亡五百人的美軍單位。

有一天，當我在喬治亞州的烈日下進行手榴彈實彈投擲時，我望著銳利的彈殼爆裂，碎片向四方飛濺，思緒開始飛揚。有史以來，究竟有多少科學家要承受嚴酷的戰爭折騰？又有多少極具潛力的科學家在他們的黃金歲月被一顆子彈了結了大好前程？

我回憶起舒瓦茲柴（Karl Schwarzschild）在第一次世界大戰期間，在德國軍隊前進俄國前線的時候，不幸戰死。就在死前幾個月，他才發現了現在普遍用於黑洞運算的愛因斯坦方程式的基本解法（黑洞的舒瓦茲柴半徑便是為了紀念他而得名）。一九一六年，在他於前線英年早逝之後，愛因斯坦在普魯士軍事學院發表演說，緬懷舒瓦茲柴的研究成果。還有多少前程似錦的人，在他們根本還沒有機會開始發展事業之前，就被葬送了？

我發現新兵訓練非常嚴苛；訓練的目的正是要培養一群意志堅定但頭腦簡單的人，獨立思考完全被排除在外。畢竟，部隊不會希望在戰鬥中途有任何聰明之徒質疑士官長的命令。我了解到這一點之後，便決定攜帶一些物理學論文。我在伙房削馬鈴薯或進行機槍射擊的時候，會需要一

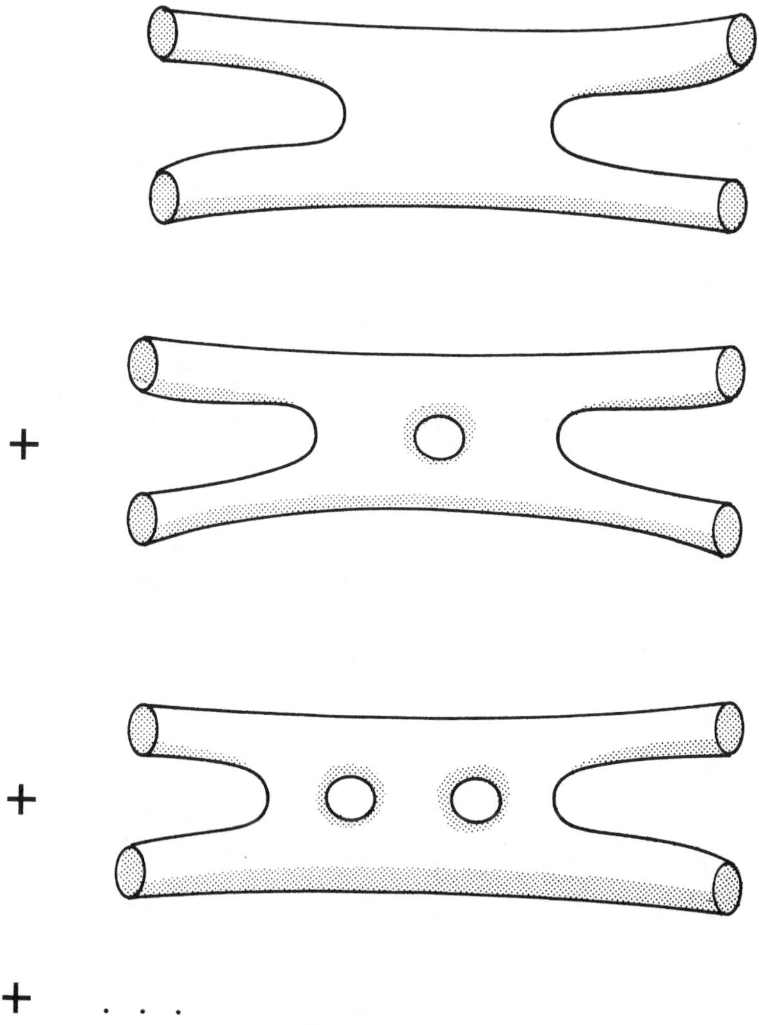

圖 7.1　弦論認為封閉弦會在時－空裡掃描形成管狀，而重力作用力則是經由這些封閉弦彼此互換而生。即使我們將（具有很多孔洞的）無窮系列圖解綜合起來，理論裡頭也不會出現無窮大數，於是我們就可以得到重力量子的有限理論。

些東西讓我的心靈保持活躍。於是，我攜帶了一份KSV的論文。

夜戰訓練包含了通過障礙課程，我必須躲避機槍實彈射擊，在鐵絲網底下匍匐前進，並爬行通過泥濘濕地。機槍裝填了曳光彈，我當時眼看就在頭上數呎高處，上千顆機槍子彈帶著漂亮的艷紅火花穿梭而去。然而，我的思緒卻不斷地飛到KSV論文，以及如何運算它們。

所幸，這種計算的基本特徵完全是一種拓樸學，我相當了解這些環狀圖為物理學帶來了新的語言，也就是拓樸學語言。回顧物理史，過去從來不曾有人以這種基本方法運用莫比烏斯帶或克萊因瓶（Klein bottles）。

由於在機槍下操練的時候很少有機會用上紙筆，我當時強迫自己在腦海裡將弦扭曲成環狀，並由內向外翻轉。參與機槍訓練實際上是塞翁失馬焉知非福，這個情境強迫我在腦海裡面進行大型方程式運算。等到我完成了高等機槍訓練課程，我已經有自信能夠完成所有環狀圖的運算計畫。

終於，我在軍旅期間能夠騰出時間到加州柏克萊大學攻讀博士學位。在這段期間，我全力釐清盤旋在腦海裡的所有想法的細節。我投入好幾百個小時，極力研究這個問題，隨後這個主題也成為我的博士論文題目。

到了一九七〇年，最後的密集計算結果已經佔滿了好幾百頁筆記。在我的指導教授孟德斯坦（Stanley Mandelstam）的嚴謹指導下，我的同仁余洛平（Loh-ping Yu，音譯）與我協力計算得到，當時所知的全部可能環狀圖的精確數學式，但我對這個研究成果並不滿意。當時，KSV計畫還包含了一些直覺推測，以及粗略估算的大雜燴，其中並沒有精確定義的基本原則可以用來推衍出環狀圖解。我們普遍認為，自從威尼斯阿諾與鈴木意外發現弦論之後，這個理論就是逆向演進。它的下一步就是遵循法拉第、黎曼、馬克士威及愛因斯坦等人的腳步前進，並建構出一個弦場論。

弦場論

自從法拉第的先驅工作以降，所有的物理學理論都以場的形式寫成。馬克士威光論的根基是場論，愛因斯坦的理論也是如此。只有一個理論不是基於場論，那就是弦論。KSV計畫只不過是一組實用的規則，而不是一種場論。

我的下一個目標就是要矯正這個狀況。弦場論的問題就在於，有許多的物理學領導人物反對這個想法，他們的理由相當單純。這些物理學界的泰斗，像是湯川（Hideki Yukawa）與海森堡等人，都已經投入多年的辛勞，以創造出不以點狀粒子為基礎的場論。他們認為基本粒子有可能就是脈動的泡狀體，而並非點狀粒子。然而，無論他們多麼努力嘗試，以泡狀體為基礎的理論總是違反因果論。

如果我們在一個定點觸動泡狀體，該交互作用會超越光束散播到整個泡狀體，這就違反了狹義相對論，並呈現各種時光矛盾現象。因此，基於泡狀體的「非區域場論」（nonlocal field theories），便成為極難解的問題。事實上，許多物理學者堅持只有基於點狀粒子的區域場論，才具備了一致性，非區域場論必然會悖離相對論。

他們的第二個論述更能讓人信服。威尼席阿諾模型具有許多不曾見於場論的奇異特質（包括一種稱為雙相性「duality」的特質）。就在幾年前，費曼已經訂出任何場論都必須遵循的「規則」。然而，費曼的這些規則卻完全違反雙相性。由於弦論必然會違反威尼席阿諾模型的特質，因此許多弦論學者相信弦場論不可能存在。他們說，弦論不同於其他的物理學說，它是獨一無二的，因為我們不能將這個理論改寫成場論。

我和菊川合作研究這個重要的難題。我們採用前人為其他作用力建構場論的雷同方式，一步一步建構我們自己的場論。我們追隨法拉第的作法，在時－空的每一點代入一個場。然而，在建構弦場論的過程裡，我們必須將拉法第的概念加以類化推衍，拼湊出一個場，所拼湊出的場必須能夠定義一條弦在時空中產生振動的所有可能組態。

第二個步驟則是要拼湊成弦所遵循的場方程式。單一弦在時空中移動的場方程式相當簡單。我們的場方程式也一如預期，得以成功複製出一串無窮盡的弦共振，每一個共振都代表了一個次原子粒子。隨後我們還發現，弦場論可以排除菊川和海森堡所遭遇的難題。如果我們輕撥那一條弦，沿著弦所傳遞的振動並不會超越光速。

然而，我們很快就碰到了障礙。當我們試圖引入交互作用弦，我們卻無法正確複製出威尼席阿諾振輻，並完全違反了費曼為所有場論定義的雙相性及圖解數目。評論家所言果然正確，費曼圖解並不正確。這真是一大挫敗。場論在過去一個世紀裡是物理學的基本原則，卻似乎在根本上就與弦論無法相容。

我還記得自己面對這樣一個挫敗，愁眉不展到夜深。我花了好幾個小時有系統地檢查解決這個問題的各可能作法，卻似乎無法避開違反雙相性的結論。最後我記起柯南・道爾（Arthur Conan Doyle）所著的《四簽名》（*The Sign of Four*）一書中，福爾摩斯對華生所說的話：「我一再地告訴你，當你把不可能的因素通通排除之後，無論剩餘的是多麼無法令人信服，它們一定就是事情的真相。」基於這個想法，我靈機一動，開始將不可能的事項逐一排除。可是連唯一留下來，無法令人信服的概念也違反了威尼席阿諾—鈴木公式的性質。凌晨三點鐘左右，我終於找到了答案。我了解物理學者一直忽略了一項明顯的事實，我們可以將威尼席阿諾—鈴木公式分解成兩個部分。每一個部分都代表了一個費曼圖，雖然每個單一部分都違背了雙相性，然而二者的總合則符合場論的所有正確性質。

我立刻拿出紙筆展開計算。我在接下來的五個小時裡，反覆從不同角度進行驗算。我得到了必然的結論：場論確實違反了雙相性，所有人都已經料到這一點，我們在這裡卻可以接受這個事實，因為最後的總合可以複製出威尼席阿諾—鈴木公式。

至此，我已經解決了大半的問題，不過我還欠缺代表四條弦對撞的另一個費曼圖。那一年我在紐約市立大學開課，教授大學部的基本電磁學，當時我們正在學習法拉第的作用力線。我要求學生畫出不同電荷型態的外射作用力線，也就是法拉第在十九世紀所發明的步驟。就在這時我突然豁然開朗，我要學生畫的波形線與碰撞弦具有相同的拓樸學結構。我從大一實驗室重新安排的電荷課程裡，發現了描述四條弦對撞的正確圖形。

真的有這麼簡單嗎？

我衝回家去查證我的預感，知道我是對的。只要採用大一新生都能夠做到的圖解技巧，就足以顯示四條弦的交互作用必然是隱藏在威尼席阿諾公式之中。到了一九七四年冬天，菊川與我使用法拉第時代的方法完成了弦場論，這是我們首度將弦論與場論的數字描述組合成功的第一例。

我們的場論雖然能夠完全包容弦論裡的所有資訊，卻仍有待改進。由於我們是以反向來建構場論，許多對稱性仍然是晦澀難解。例如，我們雖然可以找到狹義相對論的對稱性，卻仍然不能清楚呈現出來。我們還需要對所發現的場方程式作大幅度改進，不過正當我們要開始探索我們的場論的本質時，這個模型卻意外受到了嚴重的挫敗。

當年洛格斯大學（Rutgers University）的物理學者洛夫萊斯（Claude Lovelace）發現，（用來描述整數數目個旋的）玻色弦（bosonic string）只有在二十六次元中才能符合自洽的要求。其他物理學者證實了這個結果，並顯示（能同時描述整數與半整數自旋的）強弦只有在十次元才能符合自洽的要求。我們很快就了解，這個理論在十以及二十六次元之外的其他次元，完全喪失了美麗的數學性質。沒有人會相信定義於十或二十六次元的理論具有任何實用性，所有關於弦論的研究夏然終止。當時弦論就像先前的克魯查—克萊因理論一樣，完全被冰封冷藏。在漫長的十年光陰裡，這個模型完全黯然失色（當時，包括我在內的多數弦論物理學者都拋棄了那個模型跳船逃生。只有少數死硬派，例如，舒瓦茲以及已逝的薛克〔Joel Scherk〕等人還在逐步改進這個模型，試圖為其保有一線生機。例如，我們原來認為弦論只是一種強作用力理論，每一種振動型態只代表了一種夸克模型的共振，而舒瓦茲與薛克則正確顯示了弦模型實際上是一種描述作用力的統一理論，並不只是用來描述強作用力）。

量子重力的研究走向不同的方向。一九七四年到一九八四年是弦論的黯淡期，學者陸續研究了大量不同的量子重力理論。在這個時期，原始克魯查—克萊因理論以及隨後的超重力理論都廣受歡迎；然而，這些模型也一一潰敗。例如，克魯查—克萊因以及超重力理論都經證實，呈現了非重整化的特性。

就在那十年間，一件奇怪的事發生了。一方面，物理學者在這個時期裡逐一嘗試愈來愈多的模型，卻又一一放棄。所有的人、所有的模型都遭到挫敗。大家逐漸了解，克魯查—克萊因理論與超重力理論的方向固然正確，卻都不夠成熟，無法解決非重整化的問題。唯一夠複雜，能夠同時將克魯查—克萊因與超重力理論包容在內的正是超弦理論；另一方面，物理學者逐漸習慣研究超空間。由於克魯查—克萊因理論重新為人接受，超空間的想法不再顯得那麼遙不可及，也不再是個禁地。時光荏苒，這個定義於二十六次元的理論不再那麼無法令人接受。原先大家對二十六次元的抗拒心態也隨時間而消退。

終於，在一九八四年，格林與舒瓦茲證明了唯一達到自洽的量子重力理論正是超弦理論，於是蜂擁熱潮再起。一九八五年，維藤將弦論往前推進了一大步，許多人認為這是該論最漂亮的一次進展。他顯示了我們可以使用威力強大的數學和幾何學定理（那是從一種所謂的上同調理論〔cohomology theory〕推衍而來的定理），推論出我們習見的場論，並具備完整的相對性形式。

維藤的嶄新場論將隱藏於我們形式主義之下的弦場論之真正數學優雅特性，完全展現出來。很快地，將近百篇科學論文探索了維藤場論所具備的奇妙數學性質❹。

---

❹也有其他非振動形式的弦論被提出，但沒有一個超越弦場論。其中一個野心最大的理論稱為「普適模空間」（universal moduli space），它試圖分析弦表面上無數孔洞的性質（不幸的是，無人知道該如何計算它）。另一種為重整群組法（renormalization group method），目前它僅能計算表面無洞的弦。其他為矩陣模式法，但僅適用於二次元或二次元以下。

還沒有人夠聰明

假設弦場論為正確，原則上我們應該能夠從第一原理計算出質子的質量，並與已知的數據產生關聯，例如，不同粒子的質量。如果所得到的數字錯了，我們就必須拋棄那個理論；然而，如果這個理論是正確的，就會成為物理學二千年來的最重大進展之一。

經過了一九八〇年代末期的順利大幅進展（當時大家都認為那個理論可以在幾年裡完全被破解，同時會有十幾個人拿到諾貝爾獎），我們卻必須面對冷酷的現實。雖然我們已經能夠以數學明確定義那個理論，卻沒有人有能力破解它。沒有人。

問題在於沒有人夠聰明到能夠解開弦場論，或以任何非微擾方法來破解弦論。這個問題的定義相當明確，諷刺的是，還沒有任何物理學者具備了足以展開這個難題的技巧，這實在是一大挫敗。我們眼前就是一個定義完美的弦論。高等次元的所有爭議，都有可能透過這個理論獲得解答。要以第一原理計算出所有問題解答的夢想就近在咫尺，問題是要如何破解。到這裡我不禁想起莎士比亞劇中人物凱撒的著名台詞：「親愛的布魯托，我們不能怪命運，要怪只能怪我們自己。」對弦論學者而言，錯不在理論，要怪只能怪我們的原始數學技能。

我們之所以悲觀的原因是，我們最主要的計算工具，也就是微擾理論，完全失敗了。微擾理論先從威尼席阿諾型態的公式開始，隨後逐步計算量子修正。弦論學者都希望他們能夠寫出更先進的威尼席阿諾型態的公式，並在四次元裡加以定義，同時能夠完整描述已知的各種粒子。回想起來，這些公式實在是太過成功了；問題是，我們已經發現了無數的威尼席阿諾型態的公式。令人難堪的是，弦論學者卻埋首於這些微擾理論的解法中。

超弦理論在過去數年停止進展的最基本問題在於，沒有人知道要如何從已經發現的無數解法中，選出正確的解決之道。部分解法已經相當接近能夠描述真實世界。只要我們作出適切的假設，我們很容易就能將標準模型抽取出來，並形成弦的一種振動。有好幾個研究小組已經宣稱，他們能夠找出符合已知次原子粒子數據的解法。

問題在於還有無數的其他解法，可以用來描述與我們宇宙完全不同的其他宇宙。部分解法所描述的宇宙沒有夸克，或具有太多的夸克，而大多數解法則無法支持我們已知的生命型態。我們的宇宙恐怕就要迷失在這種經由弦論所發現的無數宇宙之間。為了找出正確的解答，我們必須使用非微擾技巧。然而眾所周知，這實在是太困難了。我們對高能物理的一切知識之中，有百分之九十九是基於微擾理論而來；換句話說，我們已經迷失了方向，難以找出正確的理論解答。

不過，還是有些樂觀的理由在。已知的非微擾型解法已經能夠解出較為單純的理論，我們已經知道其中有許多解法並不穩定。經過一段時間，這些不穩定的錯誤解法有可能會產生大幅進展，成為穩定的正確解法。如果這個例子發生在弦論上，那麼或許目前所發現的無數不穩定解法，終有一天會衰變成為正確的解法。

我們物理學者所承受的挫折感究竟有多大？你可以想像，如果我們給十九世紀的物理學者一部攜帶式電腦，並觀察他們的反應，你就可以了解了。他們可以輕易地學會如何操作，如何按鍵；他們也很快地就能學會操作電玩，或者在螢幕上觀看教育性程式。然而，由於他們在技術上落後了一個世紀，他們會驚訝於電腦所具有的神奇計算能力。電腦所具備的記憶體能夠輕易容納那個世紀的所有科學知識。他們也可以在極短的時間裡學會數學技巧運算，並讓他們的所有同仁訝異萬分。然而，一旦他們決定拆開顯示器來觀察它的內部構造，他們就會感到極端的恐怖。裡面的電晶體與微處理器完全超乎他們的理解。在他們的經驗裡，完全沒有任何東西能夠與電子計算機相提並論。電腦完全超乎他們的知識領域。他們只能望著複雜的電路，腦海裡一片茫然，完全無法理解電腦是如何產生作用，也無法明瞭它所代表的意義。

他們之所以覺得挫折，正是因為電腦的確存在，並呈現在他們眼前，而他們卻沒有任何可供參照的架構來解釋這部機器。我們可以拿弦論與電腦相提並論。弦論實際上應該是屬於二十一世紀的物理學，卻意外地出現於本世紀。弦場論似乎也包含了所有的物理學知識。我們只要輕鬆地動手操弄這個理論，就應該可以產生超重力理論、克魯查─克萊因理論和標準模型。可是，我們卻完全無法解釋其作用原理。弦場論的確存在；然而，我們卻由於不夠聰明而無法破解它，這真是情何以堪。

現在的問題是：二十一世紀物理學意外落入本世紀，我們卻還沒有發明二十一世紀的數學。我們要不等候二十一世紀的數學，才能夠獲致任何進展，要不這個世代的物理學者就必須自行發明二十一世紀的數學。

為何是十次元？

到目前為止，我們還無法完全了解弦論的一個最大秘密，為什麼我們只能在二十六與十次元中定義它。如果這個理論存在於三次元，我們就無法以合理的方式統整已知的物理定律。由此可知這是一種高等次元幾何學，這正是該理論的核心特質。

如果我們在N次元空間計算弦的分解與重整方式，我們就會一再地發現一堆無意義的式子，將那個理論的美妙性質一舉摧毀。所幸，多餘的式子都是（N-10）的倍數。因此，為了要消除這些反常的現象，我們只得將N固定為十。在已知的量子理論裡，只有弦論必須存在於特定的時空次元數目。

不幸的是，弦論學者到目前還無法解釋為什麼一定要在十次元。這個問題的解答就隱藏在一個名為模函數（modular functions）的數學領域。每當我們操弄交互作用弦所產生的KSV環狀圖，我們就會碰到這些奇特的模函數，在這些函數裡，十這個數字總是會出現在奇特的地點。這些模函數就和其發明人一樣神秘，他是來自東方的特異人物。如果我們能進一步了解這位印度天才的研究成果，我們就更能了解自己為什麼會活在這個宇宙中。

模函數之祕

羅摩奴僧（Srinivasa Ramanujan）是數學界裡最奇怪的人物，或許他也是整個科學史裡最奇特的人，我們將他與放射萬丈光芒的超新星相提並論。他的研究成果照耀了數學界的重要領域，隨後他就與之前的黎曼一樣，在三十三歲的英年不幸被肺結核所擊倒。他完全孤立於學數領域主流，卻獨自重新推演出西方數學百年史的進展。他研究生涯的最大悲劇是他浪費了大量光陰重新推演出已知的數學。在他的艱澀難解筆記本裡，到處散布著這些模函數，這些函數是數學界裡的最奇特發現。這些模函數在彼此完全無關的數學分支裡一再出現，其中有一個函數不斷地出現在模函數理論中，今天我們為了紀念他，而稱之為羅摩奴詹函數（Ramanujan function）。這個奇特的函數包含了高達二十四次乘冪的數學式。

在羅摩奴詹的研究成果裡，不斷出現二十四這個數字，這就是數學家所稱的神秘數字之一。這些數字一再出現於出乎我們意料之外的地方，出現的原因無人能解。最神奇的是，羅摩奴詹的函數也以弦論的型態出現，這個出現在羅摩奴詹函數裡的二十四這個數字，在弦論裡發生了奇蹟般的功能，使弦論的數學式能夠相消。就以弦論而言，羅摩奴詹函數的二十四個型態正代表了二十四種不同弦的物理性質振動。每當弦在時空裡面分裂、重聚，並進行複雜運動的時候，都必須符合大量的高度成熟數學恆等式的要求，這些恆等式正是由羅摩奴詹發現的（由於物理學者在計算出現於相對論的振動總數會增添兩個次元，也就是說，那個時空必須具備24加2等於26個時空次元）❺。

當我們歸納出羅摩奴詹函數的時候，數字八會取代數字二十四，於是超弦的關鍵數字就成為8＋2或10。這就是第十次元的起源。弦必須符合所歸納出的羅摩奴詹函數，才能保持自洽，因此弦只能在十次元振動。換句話說，物理學者根本完全不了解為什麼弦必須在十以及二十六次元才能存在。似乎是在這些無人能解的函數裡，存在了某種深奧的數字實體；也就是因為這些出現於潛藏不見的模函數中的魔術數字，才出現了十這個數字，來作為那個特定的時空次元。

最後，十次元理論的來源就和羅摩奴詹一樣神秘。物理學者面對聽眾的質疑，為什麼大自然要存在於十次元之內，他們只好回答：「我們不知道。」我們約略了解，為什麼必須選定時空的某些次元（否則弦就不能以自洽量子形式產生振動），我們卻不知道為什麼要選擇這些特定的數目，或許我們可以在羅摩奴詹的「遺失的筆記本」裡找到這些解答。

重新推演百年數學史

羅摩奴詹於一八八七年誕生於印度馬德拉斯（Madras）附近的埃羅（Erode）。他的家庭雖然位居印度種姓階級裡的最高階級婆羅米（Brahmin），卻是非常貧困，全家就靠羅摩奴詹的父親在服裝貿易商的微薄職員薪水勉強度日。羅摩奴詹十歲的時候，就迥異於其他孩童。他和早先的黎曼一樣，以卓絕的計算能力聞名於村落。他在孩提時代已經導出性質介於三角函數與指數之間的尤拉恆等式（Euler's identity）。

每一位年輕科學家的生命裡都有一個轉捩點，也就是改變他們命運的單一事件。就愛因斯坦而言，這是觀察羅盤指針的驚奇經驗；就黎曼而言，那是讀到雷詹德的《數論》一書；對羅摩奴詹而言，則是意外讀到卡爾（George Carr）所著，卻早已被人遺忘的艱澀數學書籍。這本書成為羅摩奴詹早期接觸現代西方數學的唯一媒介，並因此而成為不朽著作。

根據他的姊妹所言，「也就是這本書喚醒了他的天分，他發願要建立書中的公式。由於他沒

❺要了解這二個神秘次元，想想看一道具有二種物理振動形式的光束。偏振光會產生垂直或水平振動，但是，一個相對論性的馬克士威場A_u有四個元素，$u = 1,2,3,4$。我們可以使用馬克士威方程式的規範對稱性消滅其中二個元素，馬克士威場就由原先的四個變成二個，這也可以應用在26次元的振動弦上。但是，當然弦的對稱被破壞時，我們可以從它的振動形式中移走其中的二個，而只剩下24個振動形式，它們都寫在羅摩奴詹的模函數中。

有其他書本的協助，對他而言，每一個解答都是研究的一部分……羅摩奴詹曾經說道，Namakkal女神曾經在夢中顯現公式啟示他。」

憑著卓絕的才智，他贏得獎學金進入高中。然而他對沉悶的課堂作業感到無奈，並沉迷於不斷浮現在他腦海裡的方程式，導致他無法升上高三，獎學金也被取消。無法承受這樣的挫敗，他決定離家出走，雖然最後還是回家了，卻由於生病而沒有通過升高三的考試。後來經由朋友的幫忙，進入馬德拉斯德拉斯特港（Port Trust）擔任低階職員。那個卑微的工作年薪只有二十磅，這個職位總算讓羅摩奴詹得以在閒暇時間追尋他的夢想，就如同之前的愛因斯坦任職於瑞士專利局一般。於是，他把「夢中的」部分研究結果寄給三位著名的英國科學家，希望能夠與其他數學家來往。其中兩位數學家接到這封來自於沒有受過正式教育的印度職員的信，立刻把它丟掉；第三位則是著名的劍橋數學家哈代（Godfrey H. Hardy）。由於哈代在英國頗負聲望，經常會接到這類異想天開的郵件，因此他對這封信絲毫不以為忤。他注意到密密麻麻的字句裡，出現了許多已知的數學定理，顯然這是某位文抄公的傑作，於是將它棄之一旁，然而始終有某些地方不對勁。有某些事情一直困擾著哈代，他一直無法忘懷這封信。

哈代在當天晚上，也就是一九一三年的一月十六日，和同事利特伍德（John Littlewood）在晚餐上討論到這封信，並決定重新閱讀內容。這封信的開頭以卑微的語氣寫道：「請容許我向閣下介紹我自己，我任職於馬德拉斯德拉斯特港的業務部門，每年只賺二十磅薪水。」然而，這封窮困的馬德拉斯職員所寫的信，卻包含了西方數學家前所未見的數學定理，信中包含了一百二十個定理。哈代完全被震懾住了。他回想當時的情景，單要證實其中的部分定理，就「完全把我打敗了，我從來沒有看過類似的定理。只要一看到這些定理，就知道它們一定出自最高段的數學家之手。」

利特伍德與哈代獲致完全相同的驚人結論：這封信顯然是一位天才的研究成果，他重新導出了歐洲百年來的數學史。哈代回憶道：「身處於極度惡劣的環境中，這位貧窮孤立的印度教徒以他的個人才智對抗整個歐洲多年累積的智慧。」

哈代邀請羅摩奴詹來訪，並歷經艱辛安排他於一九一四年留在劍橋。羅摩奴詹生平第一遭能夠與同僚，也就是歐洲數學學者，進行經常性的溝通。並在歐洲展開了令人眩目的活躍活動：他在劍橋的三一學院（Trinity College in Cambridge）與哈代共事了緊湊的短暫三年時光。

哈代隨後試著去評估羅摩奴詹所具備的數學技能。他評估眾所讚許為西方十九世紀最偉大數學家的希伯特（David Hilbert），獲得八十分，而羅摩奴詹可以獲得一百分（哈代給自己二十五分）。

不幸的是，無論是哈代或羅摩奴詹，二人對於羅摩奴詹是如何發現這些奇妙定理的心理，或思維歷程都不感興趣，尤其他是如何能夠如此頻繁地從「夢境」裡，產生出如此大量的念頭。哈代曾經記載：「他幾乎每天都給我看六、七個不同的數學定理，因此，我們毫無理由去關心他為什麼能夠發現這麼多未知或已知的定理，否則只是徒增荒謬。」

哈代的回憶歷歷如昨，

> 我記得有一次他在帕特尼（Putney）病倒，我前去探病。我當時乘坐1729號計程車，我

告訴他那個數字似乎沒有什麼意義，還說我希望這個數字不至於帶來不好的徵兆。「不，」他回答道，「這個數字非常有意思。這個數字是兩組兩個不同立方體之和的最小數字。」（這個數字是 1^3 以及 12^3 之和，9^3 以及 10^3 之和）。他可以當場背誦需要現代計算機來驗算的複雜算術定理。

長年以來，羅摩奴詹的身體一直都非常地虛弱，加上英國經濟又飽受戰爭折磨，當時的簡約生活使羅摩奴詹無法厲行吃素，而經常進出結核病療養院休養。羅摩奴詹與哈代共事三年之後再度病倒，未再康復。第一次世界大戰阻礙了英國與印度的交通，他終於在一九一九年回到家鄉，並於一年後死於故鄉。

模函數

羅摩奴詹的工作成果就是一篇傳奇。他的研究成果包含了三冊總計達四百頁的筆記，其中包含了四千個公式。這些筆記簿裡密密麻麻地寫滿了威力驚人的數學定理，卻沒有任何注解或證明，這一點讓人倍覺挫折。然而在一九七六年，我們有了新的發現。在三一學院裡意外發現了一個盒子，裡面裝了他死前最後一年的研究成果，寫在一百三十頁的筆記紙上。這就是我們現在所稱的「羅摩奴詹遺失的筆記本」。數學家阿斯基（Richard Askey）如此評論遺失的筆記本：「在他死前一年的研究成果，相當於一位極偉大數學家一生的研究成果。他成就了令人無法置信的研究成果，如果那是一本小說，根本不會有人相信它。」數學家喬納珊·鮑恩（Jonathan Bowen）

和彼得・鮑恩（Peter Bowen）強調試圖破解這些「筆記本」的艱辛程度，他們評論道：「就我們所知，還沒有人嘗試過進行這麼困難又龐大的數學修訂工作。」

我們看著羅摩奴詹方程式的推演，就好像我們接受了貝多芬這類西方音樂的多年訓練之後，突然聽到了另外一種音樂。那種令人心弦振動的美妙東方音樂，融合了西方音樂裡所不曾聽過的合音與韻律。喬納冊・鮑恩說道：「他的行為模式不同於我們所知的任何人，他對於事物具有一種與生的感受，隨時能從他的腦海裡汩汩流出。或許他從來不認為，他能夠將它們翻譯出來，這就好像你是在旁觀一場你沒有受到邀請的盛宴。」

物理學者都知道，所謂的「意外事件」並不會莫名其妙地就這樣發生。當你進行又難又長的計算過程時，突然有數千個莫名其妙的式子加總成為零，物理學者知道其中必有深意。今天，物理學者知道這些「意外」指出了一種對稱性的影響結果。就弦而言，這種對稱性稱為保角對稱，也就是弦所存在之世界的地平面，產生延展變形的對稱性。

羅摩奴詹的工作成果就從此處開始發揮。為了保護原始的保角對稱不被量子理論摧毀，我們必須發揮技巧，使其符合好幾個數學恆等式的要求，這些恆等式正是羅摩奴詹模函數中的恆等式。

總括而言，我們已經說過我們的基本前提是：所有的基本自然律以高等次元表達時，都會更形單純。然而在面對量子理論時，我們卻必須將此基本論點加以修正，正確的說法應該是：所有自然律在高等次元以自洽形式表達時，都會更加單純；這裡所加上的「以自洽形式表達時」等字眼相當重要，這個條件限制迫使我們使用羅摩奴詹的模函數，並將時空次元固定於十次元。隨後，這個限制很可能會賦予我們解釋宇宙起源的關鍵線索。

愛因斯坦經常自問，上帝創造宇宙是否可以有不同的作法。根據超弦理論學者的說法，在量子理論與廣義相對論融合為一的情況下，上帝別無選擇。他們認為，上帝創造宇宙的時候，為了符合自洽這個單一條件，只得採用唯一的方式來創造出現有的宇宙。

雖然超弦理論所導出的高深數學已經達到讓人暈眩，也讓數學家瞠目結舌的高峰，評論家仍然緊咬這個理論的弱點加以批判。他們宣稱，任何理論都應該能夠進行驗證。任何理論被規範在高達 10^{20} 億電子伏特的蒲朗克能量尺度下，實在無法加以驗證，因此超弦理論實在稱不上是一個理論！

我們已經指出，該理論最主要的問題是理論上的疑點，而非實驗上的問題。只要我們夠聰明，我們就會有能力精確破解理論，並找出理論的非微擾方式解。然而，即使如此，我們仍然必須找到實驗方法來驗證理論。我們必須找到來自十次元的蛛絲馬跡，才能進行理論驗證。

第八章

來自十次元的蛛絲馬跡

如果這個終極理論能夠在我們有生之年為人發現，那就實在是太奇怪了！
發現終極自然定律代表人類知識歷史在此結束一個章節，也就是自從十七世紀現代科學發軔以來的最明顯分野。
我們現在能不能想像那個光景？

——溫伯格

「美」足夠成為一個物理原則？

雖然，超弦理論創造了一個精采的宇宙論，但也產生了一個基本問題：我們目前的科技根本無法以實驗驗證這個理論。事實上，這個理論預測所有的作用力可以在蒲朗克能量，或是10^{20}億電子伏特的尺度下被統一，這個能量大約是目前現有加速器所能產生的能量的一千兆倍。

物理學者葛羅斯評論道，要產生這麼龐大能量的成本，即使「將世界上所有國家的錢加起來都還不夠，那根本就是天文數字。」

實在太令人失望了，這意味著以我們這一代或可見未來世代的機器，都無法推動這個物理學理論的實驗驗證。換言之，由於十次元理論迥異於所有其他理論，以我們星球上目前的科技水準根本就無法進行測試，這個理論並不符合一般對理論的定義。於是我們面對一個問題，「美」本身是否就是一個物理原則，我們是否因而可以跳過實驗證實的步驟？

部分人士期期以為不可，他們譴稱這些理論為「作秀物理學」（theatrical physics），或「休閒數學」（recreational mathematics）。最尖銳的批判來自於任教哈佛大學的諾貝爾獎得主葛拉秀，他在這一場論戰裡扮演黑臉角色，帶頭對抗其他物理學者的學說，反對高等次元的存在。葛拉秀批判這群物理學者，並將目前的風潮比喻為愛滋病毒；換句話說，就是一種不治之症。他將目前這種熱熱鬧鬧錦上添花的效應，與前總統雷根的星戰計畫（Star Wars）相提並論：

來猜謎吧：什麼研發計畫需要耗費數十年時光，而且可能永遠不會創造出實用價值？猜兩個異常複雜的龐大計畫。答案是，星戰計畫與超弦理論……這兩個計畫以現有的科技都無法達成，二者的計畫目標也是。這兩件投機事業都要耗費鉅額的稀有人類資源。同時，俄國人正努力迎頭趕上。

葛拉秀還以底下這首詩來激化論戰，詩作的結尾是：

只要你夠大膽，萬有理論，
恐怕還不只是一個弦軌跡體。
你們的某些頭兒已變成死硬的老頭，
但切勿只因學說異類就採信它，
請留神我們的建言，是否你已喪失心神——
聖經尚未寫就，裁判亦非維藤。

葛拉秀發誓要把這些理論逐出他任教的哈佛大學（卻不怎麼成功），他也承認自己在這個問題上經常是站在少數的一邊。他相當懊惱地說道：「我發現自己就像是一隻恐龍，身處於突然開始繁衍興盛的哺乳類族群。」（其他的諾貝爾獎得主並不同意葛拉秀的觀點，例如，葛爾曼〔Murray Gell-Mann〕與溫伯格。物理學者溫伯格說道：「超弦理論是我們目前最有可能成為終極理論的唯一候選者——你怎麼能夠期望許多最聰明的年輕理論學者不去研究它？」）

為了了解這場論戰對所有作用力的統一，以及在實驗驗證上所代表的意義，讓我們來探討底下的這個比喻：「寶石寓言」。

首先，讓我們假設在三次元空間中，有一塊對稱非常完美的美麗寶石，但相當不穩定。有一天，這顆寶石崩裂了，碎片射往四面八方，並散佈在二次元的平面世界。平面世界的人在好奇心驅使下，決定將碎片重組。他們將原始的那一場爆炸稱為大霹靂，卻不解這些碎片為什麼會散佈在他們的世界裡。最後，他們終於辨識出兩大類碎片。有些碎片的一面打磨光滑，平面人將它們比擬為「大理石」；其他碎片則破碎醜陋，沒有任何規則可言，而稱之為「木頭」。

多年之後，平面人分裂為兩個學派。第一個學派開始試著將光滑的碎片拼湊起來，於是部分光滑碎片開始逐漸拼湊成形。這些平面人對此感到相當驚訝，因此這群平面人相信，必然有一個威力強大的新幾何學促成這個現象。這群平面人將部分組成的碎片稱為「相對論」。

第二群平面人努力拼湊破碎的不規則碎片。他們也在這些碎片上找到一些固定的圖案，但成就有限。碎片雖然愈拼愈大卻只形成更不規則的一團，他們稱之為「標準模型」。這一團所謂的「標準模型」醜陋物質卻不能激起任何人的靈感。

他們辛勤地工作多年，試圖將不同碎片拼湊在一起，卻沒有任何辦法將光滑與破碎的碎片拼湊在一起。

有一天，一位平面人天才想到了一個絕佳的主意。他宣稱如果他們能夠向「上」移動，就有可能將兩組碎片拼湊成一塊，也就是要向上移動到他所說的第三次元。多數平面人對這個新的論調感到不知所措，也沒有人了解什麼叫做「向上」。然而他卻能以電腦顯示，他們大可以將「大理石」視為某種物體的外圍碎片，因此這些碎片經過打磨光滑，而「木頭」碎片則是內部的碎片。當他將兩組碎片在第三次元組合完成，平面人面對電腦顯示的圖象都驚訝得說不出話：那是一顆具有完美對稱的三次元寶石美玉，純粹幾何學將兩組碎片表面上的差異一舉融合。

但是，這個解決方式卻引發了好幾個無法解答的問題。部分平面人還是希望獲得實驗的證實，光是理論計算還不夠。他們希望以實驗證明，他們能夠將碎片重組成為這顆寶石。從這個理論，他們可以精確計算出，要建造威力足夠的機器來將這些碎片提升「向上」脫離平面世界，並在三次元空間將碎片重組所需的能量，而這個能量尺度是平面人目前最大能量來源的一千兆倍。

部分人認為理論計算已經足夠。他們覺得即使欠缺實驗的驗證，「美」本身便足以解決統一的問題。他們指出，歷史一再顯示，在解決大自然的最困難問題的解決中，最美麗的答案往往就是正確的解答。他們也正確指出，並沒有其他理論足以與三次元理論抗衡。

其他的平面人則群起抗議，他們激昂地指出，不能進行測試的理論根本就不能成為理論。要對這個理論進行測試，必須投入所有最頂尖的人才，並浪費珍貴的能源展開行一場瞎子摸象的計畫。

平面世界的這場論戰，以及真實世界的爭議都持續一段時間，這倒是一件好事。十八世紀的哲學家朱伯特（Joseph Joubert）曾經說過：「面對問題時，辯而不決勝過不辯而決。」

超導超級對撞機：創世之窗

十八世紀的英國哲學家休姆（David Hume），其學說以推廣所有理論都必須以實驗為基礎而著稱於世，但他在面對創世理論時，卻無法解釋如何進行實驗驗證而徹底迷失。他宣稱實驗的本質就是可以重複，除非我們能夠在不同地點、不同時間，以相同的方法一再得到相同的結果，否則理論就不可行。那麼我們要怎樣對創世本身進行實驗？創世的定義本身就是不可重複的事件。休姆只得結論道，我們無法驗證創世理論。他宣稱科學幾乎可以解答宇宙間的所有問題，只有創世例外，這是唯一無法重複的實驗。

從某個角度而言，我們現在也碰到了十八世紀休姆遭遇到的問題，這個問題並沒有改變：要重複創世過程所需的能量尺度，遠超過地球所能提供的能量總合。然而，儘管我們不可能在實驗室裡，直接以實驗驗證十次元理論，我們卻能迂迴解答這個問題。最合理的方式是期望超導超級對撞機（superconducting supercollider，ＳＳＣ）能夠發現具有超弦獨特跡象的次原子粒子，例如，找到超對稱性。縱然超導超級對撞機無法探索蒲朗克能量，還是可以提供我們驗證超弦理論正確性的間接有力證據。

超導超級對撞機（已經被強大的政治反對力量所封殺）如果能夠完成，會是一具獨一無二的龐然大物。假使這部機器能夠按照原定計畫，於公元二〇〇〇年完成於德州達拉斯城外，這套設備會包含直徑高達五十英里的龐大管道，並環繞以巨大的磁鐵（如果我們以曼哈頓為中心，它會延伸進入康乃狄克州與紐澤西州）。屆時，就會有超過三千位的全職、客座科學家與幕僚人員展開實驗工作，並分析得到的數據。

超導超級對撞機的建造目標是，要在這個管道裡放射出兩道質子光束，並加速到接近光速。由於這兩道光束分別以順時鐘與逆時鐘方向前進，當兩道光束接近最高能量時，很容易就可以讓它們產生對撞。質子就會以高達四百億電子伏特的能量相互對撞，並爆裂產生密集的次原子殘骸，這時，我們就可以經由偵測器進行分析研究。自大霹靂以降，從未產生過這種碰撞（因此，超導超級對撞機又暱稱為「創世之窗」），物理學者希望能在殘骸裡頭找到奇特的次原子粒子，並暴露出物質的終極基本形式。

超導超級對撞機是一部具有空前系統設計的物理學計畫，突破了現有的已知科技。要讓質子與反質子在管道裡面彎曲行進所需的磁場強度異常龐大（高達地球磁場的十萬倍），要產生並維持此磁場便需要空前的操作程序。例如，我們要將磁鐵冷卻至將近絕對零度，以減緩溫度升高並降低電阻；由於磁場太強了，我們也必須將磁鐵予以強固，否則磁鐵就會彎曲變形。

這個計畫的經費高達十一億美金，超導超級對撞機遂成為政治人物激烈競逐的肥羊。在過去，粒子對撞機的設立地點都是由無恥的政治利益交換所決定，例如，伊利諾州之所以能夠將費米實驗室加速器設立在芝加哥城外的巴他維亞（Batavia），正是由於（根據《今日物理學期刊》〔*Physics Today*〕的報導）詹森總統當時需要伊利諾州參議員德克森（Everett Dirkson）支持參加越戰的重要一票。超導超級對撞機恐怕也無法倖免，雖然當時有許多州都激烈競逐這個計畫，在一九八八年，德州果然爭取到將超導超級對撞機設立在該州境內，尤其當時有兩位美國總統候選人及民主黨的副總統候選人都來自德州。

雖然，我們已經在超導超級對撞機上投入了數十億美金，這個計畫卻永遠無法完成。物理界駭然得知，眾議院在一九九三年投票表決將整個計畫取消，強大的遊說努力都無法重新獲得計畫經費。國會議員對這個昂貴的原子對撞機計畫有兩派不同的看法：一是，這個計畫可以為爭得計畫並接受聯邦資助的州，帶來數千個工作機會與數十億美金的補助；另外，這個計畫也可能會被視為是毫無價值的錢坑，浪費金錢卻對消費者沒有任何實質的幫助。他們辯稱，在國家拮据時期，建造這個高能物理學者的昂貴玩具實在是太奢侈了（我們就事論事，讓我們把超導超級對撞機計畫與其他計畫做個比較，星戰計畫的一年預算就要四十億美金，重新整備一艘航空母艦要花費約十億美金，單獨一次太空梭計畫要花費十億美金，一架B－2隱形轟炸機就要花費十億美金）。

超導超級對撞機已經被封殺，假使計畫能夠完成，我們會有什麼新發現？科學家希望至少能找到一些奇特的粒子，例如，標準模型所預測的神秘希格斯粒子（規範玻色子）。希格斯粒子能夠產生對稱破壞，同時也是夸克質量的來源。因此，我們原先希望超導超級對撞機可以找到「質量的來源」。事實上，我們身邊周遭所有具有重量的物體的質量，都來自於希格斯粒子。

物理界原來還期望，能夠有機會找到標準模型預測之外的奇異粒子（可能會包括標準模型邊界之外的Technicolo粒子，或者能夠幫助解釋黑暗物質問題axions）。然而，最令人心動的是，我們有可能找到超粒子，也就是普通粒子的超對稱伴子。例如，重力子的超對稱伴子，微重力子（gravitino）。夸克與輕子的超對稱伴子，也就是超夸克（squark）以及超輕子（slepton）。

假使我們終於能發現超對稱粒子，那麼我們就非常有可能見到超弦的殘餘跡象（超對稱是場論的對稱性，在我們發現超重力之前，就已經於一九七一年首度經由超弦理論而為人所發現。事實上，超弦理論恐怕是唯一能夠將超對稱與重力加以組合的完整自治理論。）其實，即使我們發現了超粒子，也無法確切證實超弦理論。不過，當有人質疑超弦理論根本沒有絲毫物理學證據時，我們倒是可以藉此堵住他們的嘴。

外太空傳來的訊號

現在，我們永遠無法將超導超級對撞機建造完成，也永遠無法偵測到超弦的低能量共振粒子。那麼，另一個可能的作法就是測量宇宙線（cosmic ray）的能量。宇宙線是來源不明的高能量次原子粒子，不過我們知道其源頭是本銀河系之外的深空某處。例如，雖然目前還沒有人知道宇宙線來自何處，但它所具備的能量遠高於我們在實驗室裡所能產生的能量。

我們無法預測宇宙線究竟蘊藏了多少能量，因為它無法像粒子對撞機一樣，依照我們的需要產生精確的能量射線。從某個角度而言，這就好像以水管灑水，或者等候暴風雨來滅火。用水管灑水比起後者方便得多，我們可以隨時打開水管並調節水量，所有的水都能以相同速度流動。粒子對撞機所產生的光束，就類似消防栓的水一樣可以加以控制。暴風雨攜帶的水量卻可能更為有力，也比消防栓的水還有效果。當然了，問題就在於暴風雨就像是宇宙線一樣無可預測，我們無從調節暴風雨，也無從預測其速度。暴風雨的水量高低無從預期。

八十年前，基督教教士烏爾夫（Theodor Wulf）在巴黎艾菲爾鐵塔上進行實驗，首度發現到宇宙線。從一九〇〇年代到一九三〇年代，勇敢的物理學者以高空氣球航行，或攀登高山險阻到達測量宇宙線的最佳位置。到了一九三〇年代，宇宙線研究開始逐漸減少，這是由於勞倫斯（Ernest Lawrence）當時發明了迴旋磁力加速器（cyclotron），而得以在實驗室裡產生比大多數宇宙線更高能量的可控制粒子束。例如，能量高達一億電子伏特的宇宙線就多如雨點，宇宙線以每秒每平方英寸好幾個粒子的密度撞擊大氣層。然而，勞倫斯的發明也在後代演進出能夠產生十倍到百倍於那個能量尺度的龐大機器。

所幸，自從烏爾夫神父首先將荷電罐擺在艾菲爾鐵塔上之後，宇宙線實驗已經有了十足的改變。我們現在已經可以使用火箭，甚或衛星，將計數器送到地球表面高空，將大氣層的影響減到最低。高能量的宇宙線進入大氣層之後，一路上與原子相互碰撞並將其擊碎。破碎的原子或離子如雨點四處灑落，可以被安裝在地表的許多偵測器探測到。芝加哥大學與密西根大學已經開始合作進行規模最宏大的宇宙線計畫，在一平方英里的沙漠地表總共散布了八十九具偵測器，只要有宇宙線灑下就會觸動偵測器。這些偵測器就座落於猶他州鹽湖城（Salt Lake City）西南邊八十英里偏遠地區的一個理想地點，道格威試驗場（Dugway Proving Ground）。猶他州的偵測器敏感度足以偵測出部分最強的宇宙線的源頭，到現在為止，我們已經辨識出天鵝星座X－3（Cygnus X-3），以及武仙星座X－1（Hercules X-1）都是相當強大的宇宙線放射源。這兩個放射源都有可能是旋轉的中子星，或甚至於就是黑洞。黑洞可以將伴星逐漸吞噬消耗掉，產生出龐大的渦動能量，並放射出巨量的放射線（例如，質子）進入外太空。

截至目前為止，我們曾經探測到的最大宇宙線放射源，擁有高達10^{30}電子伏特的巨大能量。這個數字竟一千萬倍於未完成的超導超級對撞機所能產生的能量。在往後的一個世紀裡，我們恐怕還是無法以我們的機器產生出這麼巨大的能量。這個龐大的能量與探測第十次元所需的能量相比，還不到其一億分之一，我們希望在本銀河系裡的黑洞深處所產生的能量，可以接近蒲朗克能量尺度。如果我們能夠以大型太空船繞行軌道，我們就應該可以偵測到這些能量來源的深處結構，甚至能探測到高於這個尺度的能量。

根據一個廣被接受的理論，本銀河系裡的最大能量來源——遠超過天鵝座 X-3 或武仙座 X-1 所能產生的能量——就位於本銀河系的中心，這裡有可能聚集了數百萬個黑洞。因此，在超導超級對撞機已經被國會封殺的情況下，我們說不定會發現探測第十次元的最佳探針，很可能就位於外太空。

測試無法測試的現象

有史以來，物理學者曾經多次鄭重宣布，有某些現象是「無法測試」或「無法證明」的。不過，科學家也可以採取另外一種態度，來看待高不可攀的蒲朗克能量——不可預期的突破會以間接的實驗方式逼近蒲朗克能量。

西元十九世紀，部分科學家宣稱，我們永遠不可能以實驗來探測恆星的組成成分。西元一八二五年，法國哲學家暨社會評論家孔德（Auguste Comte）《在哲學講座》（*Cours de philosophie*）一書中寫道，由於恆星與我們的距離太過遙遠，我們除了知道恆星可以在天空中放射出點狀光芒之外，其餘永遠不得而知。他辯稱無論是十九世紀，或任何世紀的機器都一樣，其力量都不足以脫離地球抵達恆星。

縱然，當時的任何一門科學領域似乎都無法得知恆星的組成成分，但諷刺的是，幾乎就在同一個年代，德國的物理學者夫朗霍斐（Joseph von Fraunhofer）卻在進行這項研究。他使用三稜鏡（prism）和分光儀（spectroscope）將遙遠恆星發射出的白光分解，並探測出這些恆星的化學成分。恆星的不同化學成分會散發出獨特的「指紋」或光譜，夫朗霍斐很容易就完成了「不可能」的工作，並得知恆星裡最豐沛的元素正是氫（hydrogen）。

於是，詩人布希（Ian D. Bush）受到啟發而寫下了下面這首詩：

小星小星眨呀眨
我才不管你是啥，
只要請出分光儀
我知你就是氫氣。

因此，雖然搭乘火箭抵達恆星所需的能量，遠非孔德所能提供（或目前科學所能供給），最關鍵的一步卻不需要求助於能量。關鍵就在於，我們是否能夠觀察到恆星釋放出的訊息，而非直接測量，這樣就足以解決那個問題。同理，我們也希望蒲朗克能量的蛛絲馬跡有可能透過宇宙線，或其他目前尚未明瞭的來源散發出來。我們就不需要透過大型粒子對撞機直接測量，便足以探測第十次元。

原子是否存在是另一個「無法測試」的想法的例子，西元十九世紀的原子假說的確是了解化學定律與熱力學定律的關鍵步驟；然而，當時有許多物理學者拒絕相信原子的確存在。或許原子只是一種數學上的伎倆，卻意外地能夠正確描述我們這個世界，例如，哲學家馬赫就不相信原子的存在，他認為那只是計算上的工具（即使到今天，基於海森堡測不準定理，我們還是無法直接拍攝到原子的照片，不過我們已經有間接的測量方法）。不過，愛因斯坦在一九〇五年已經提出了最有利的間接證據，支持了原子的存在。他提出，我們可以將布朗運動（Brownian motion；液體中懸浮粒子的隨意運動）解釋為，液體中的粒子和原子彼此間的隨機碰撞。

以此類推，我們也希望將來能夠應用尚未被發現的間接方法，以實驗證實第十次元物理學。我們可以不需要直接拍攝到物體的照片，而只需它的「影子」的照片或許就足夠了。所謂的間接方法就是要仔細研究原子對撞機所產生的低能量數據，並試著去了解十次元物理學是不是會影響所獲得的數據。

物理學裡的第三個「不可測試」學試，就是飄忽的微中子是否真的存在。

西元一九〇三年，物理學者鮑立假設有一種新的粒子存在，稱為微中子，來解釋部分輻射作用實驗所觀測到的反常現象。在這些實驗裡，有部分能量組合遺失並違反了質能守恆定律。鮑立了解，縱使微中子果真存在，也會由於它們與物質的交互作用而變得相當稀微，因此幾乎不可能以實驗來進行觀測。例如，假使我們以實心的鉛塊沿著微中子光束的路徑，從本太陽系搭建一座好幾光年長的橋樑直抵人馬座的阿爾發（α）星系，部分微中子還是可以抵達另外一端。微中子可以無視於地球的存在，而任意加以穿透。事實上，從太陽發射出來的好幾兆顆微中子，正無時無刻地不斷穿透你的身體，縱然是夜晚時分也是如此。鮑立承認：「我真是造了極大的罪孽，我預測這種粒子存在，我們卻很可能永遠無法進行觀測。」

微中子相當難以探測，卻啟發了厄普代克（John Updike）的一首詩，題曰《宇宙頑童》（*Cosmic Gall*）：

微中子，小又小。
沒有電荷沒有質量
也從不進行交互作用。
地球只是一個糊塗球
它們可以任意穿越，
就像傭人穿過通風走道
或像光子穿透一片玻璃。
它們無視於最輕靈的氣體
對最堅固的牆壁視若無睹，
不管冷冰冰的鐵或鬧哄哄的銅，
激怒了馬廄裡的公馬
蔑視階級障礙，
穿透你和我！就像高聳
無痛的斷頭鍘落下，
頭斷落地滾進草叢中
在夜晚，它們從尼泊爾進入
穿越戀愛中的男女
再從床下出現——你說

它是驚奇；我說它是鹵莽。

微中子幾乎不與任何其他物質產生交互作用，因此，我們一度認為這是最難以測試的臆測。今天，我們要在粒子對撞機裡產生微中子束，或從核子反應爐裡放射出微中子來進行實驗，或在地表深處礦坑裡測量到微中子的存在，都已經是稀鬆平常（事實上，在一九八七年，一顆耀眼的超新星照亮南半球夜空，物理學者便以地底深處礦坑裡的偵測器探測到微中子束。這是我們首度以微中子探測器進行重要的天文學測量）。就在短短的三十年裡，微中子從「無法測試」的空想演變成為現代物理學的重要工具之一。

問題在理論，而非實驗

從悠久的科學史觀之，我們的確有可以樂觀之處，維藤認為，有一天科學家總會有辦法探測到蒲朗克能量。他說道：「要分辨出何者為簡易的問題，何者為困難的問題並不容易。在十九世紀，要解釋水為什麼會在攝氏一百度沸騰，根本就是不可能的任務。如果你告訴一位十九世紀的物理學者，我們到了二十世紀就可以進行這項計算，他會認為這根本就是天方夜譚……量子場論實在太難了，有二十五個年頭，根本就沒有人完全相信它。」

他認為，「好主意總是有辦法進行測試。」

天文學家愛丁頓（Arthur Eddington）甚至於還質疑，科學家是不是對於任何事情都要加以測試，這是不是太誇張了。他寫道：「科學家通常都會宣稱他的信仰來自於觀察而非理論……我從未看過有任何人把這個誓言貫徹到底……光是觀測還不充分……理論在決定信仰上也扮演了重要的角色。」諾貝爾獎得主狄拉克則講得更為直截了當：「方程式之美，遠比符合實驗結果更重要。」任職於日內瓦歐洲核子研究中心的物理學家艾理斯（John Ellis）也曾經說過：「幾年前，我在糖果包裝紙上讀到一段話：『這個世界上只有樂觀的人才會有所成就。』」無論如何，雖然有某些樂觀的言論，但實驗現況卻似乎是毫無指望。我和抱持質疑態度的人一樣，都認為我們充其量只能期望，在二十一世紀能夠有十次元理論的間接測試方法。這是由於在最終的分析裡，這個理論的確是一個創世理論，因此我們必須先能夠在實驗室裡重建出大霹靂的片段，才能展開它的驗證工作。

就我個人而言，我並不認為我們還要等一個世紀才能擁有可產生足夠能量的加速器、太空探測器，以及宇宙線計數器來間接探測十次元。就在這幾年，當然是在這個世代物理學者的有生之年，總會有人夠聰明到能破解弦場論，或建構出非微擾型的公式架構，來證實或推翻十次元理論。真正的問題在理論而非實驗。

假設一些聰明的物理學者破解了弦場論，並推演出本宇宙的已知性質，我們還要解答一個應用上的問題，也就是我們何時才能掌控超空間理論的威力。這裡有兩個可能性：

一、我們的文明獲得掌控龐大能量的能力，到時候我們就能控制數兆倍於現今所能產生的能量。

二、接觸到已經掌控操縱超空間技術的外星文明。

我們回溯從法拉第到馬克士威的研究成果，再到愛迪生等人的工作成果之間，大約有七十年的時間才開發出電磁力，並產生實際的用途。現代文明則極度依賴對這個作用力的掌控能力。核力則是發現於世紀交替之際，八十年後的今天，我們仍無法成功地以核融合反應器來善用核力。下一個大躍進則是要能夠掌控統一場論的力量，我們的科技必須有更大幅度的跳躍成長，這次的進展或許才會產生遠較過去更為重要的意義。

現在的基本問題是，我們硬要超弦理論來解答現實世界上的能量問題。實際上，這個理論的「自然棲息地」是在蒲朗克能量尺度，而只有創世本身才能夠將這麼龐大的能量釋放出來。換句話說，超弦理論根本就應該是一個創世理論。就像是被關起來的獵豹一樣，我們硬要這隻卓絕的動物唱歌跳舞來取悅我們，但是獵豹的真正家園是在非洲大平原，而超弦理論的真正「家園」則是在創世之初。無論如何，由於我們的人造衛星技術已經相當成熟，或許我們還有最後一個「實驗室」可以應用來實驗探索超弦理論的自然家園，這就是創世的回音！

第九章

創世之前

在最開始的時候有一個巨大的宇宙蛋，裡頭一片渾沌，在渾沌中漂浮著神聖的盤古胚胎。

——盤古神話（中國，第三世紀）

如果是上帝創造了世界，那麼祂在創世之前究竟在哪裡？……要知道，世界並不是創造出來的，時間本身亦復如是，無始亦無終。

——馬哈普拉納

（Mahapurana，印度，第九世紀）

「上帝有沒有媽媽？」

如果我們告訴孩子，上帝創造了天堂與地球，他們會天真地問到底上帝有沒有母親。這個問題看似很簡單，卻讓教堂耆老不知所措，連最出色的神學家也為此而感到尷尬。這個問題也在過去數百年來，引發了最尖銳的神學論戰。所有的偉大宗教都詳細描述了創世神聖作為的神祕奇蹟，卻沒有人能夠對這個連小孩子都會問的問題提出合理解釋。

就算上帝在七天內創造了天堂與地球，但是在第一天之前呢？如果我們承認上帝有一位母親，我們很自然地就會問，這位母親是不是也有一位母親？於是就這樣繼續問下去，沒完沒了。但是，如果上帝沒有母親，這個回答必然會引起更多問題：上帝是從何而來？祂是不是永恆存在直到今日，或者上帝根本就超脫了時間的羈絆？

多少個世紀以來，甚至於教堂所聘請的偉大畫家也都藉由他們的藝術創作，表達他們對這個難解的神學論爭的態度。當他們在描述上帝或亞當與夏娃的時候，是不是應該畫出肚臍？由於肚臍是臍帶連接身體的一點，那麼描述上帝或亞當與夏娃的時候，都不應該畫出肚臍。例如，米開朗基羅的著名畫作描述創世，以及上帝將亞當與夏娃逐出伊甸園的故事。當他將這幅畫作畫在西斯庭禮拜堂（Sistine Chapel）天頂的時候，也要面對這個問題。所有大型博物館裡面陳列的畫作，也都對這個問題提出解答，上帝或亞當與夏娃都沒有肚臍，因為他們是宇宙創生以來的第一人。

上帝存在的證明

聖湯瑪斯・亞奎那（St. Thomas Aquinas）就因為這個矛盾的教會意識形態，而深感困擾。他在十三世紀著述寫作的時候，決定將這個混淆的神學論爭提升到條理分明的邏輯論證層次。他針對這個陳年老問題提出解決之道，並在著名的《上帝存在的證明》（*proofs of the existence of God*）一文裡加以論述。

亞奎那以下面這首詩簡要說明他的證明：

事物有動者，因而必有推動發軔者
事出必有因，因而必有初始原因
事物存在，因而必有創世者
世間存有無瑕慈愛，因而必有起源
事物都經由設計，因而必有其存在的目的。

（前面三行是所謂的宇宙論證明〔cosmological proof〕，第四行則從道德基礎來討論，第五行則是目的論證明〔teleological proof〕。道德論絕對是最弱的一環，這是由於道德可以從不斷演化的社會習俗角度觀之）。

過去幾百年裡，教會一直運用亞奎那證明上帝存在的「宇宙論」及「目的論」觀點，來解答這些神學上的問題，過去七個世紀以來，雖則由於科學上的發現，導致這些論證出現了一些瑕疵，但這些論證過去的確是相當聰明的說法，同時也顯示了希臘人的深遠影響。希臘人是引用嚴謹的論證法則來推測自然現象的第一人。

亞奎那首先推測上帝是最初的推動者與創造者，並形成宇宙論證明。有關於「誰創造了上帝」這個問題，他只是堅持這個問題並沒有任何意義，且相當有技巧地避開了這個難題。上帝是第一人，因此沒有人創造祂，除此之外其他免談。所有運動中事物的背後必然有某種力量在推動它，而且也必然有其他力量在推動後者，如此環環相扣，那麼第一位推動者究竟是誰？

首先，讓我們想像自己悠閒地在公園稍坐片刻，眼前突然有一輛小推車在移動。你會想，一定有個小孩在推動那輛車。你等了一會兒，看到的卻是另外一輛推車在推動第一輛車。你很好奇，於是又多等了一會兒，想等到那個小孩出現，卻看到另外一輛車在推動那輛車。時間逐漸過去，你看到了好幾百輛推車，一輛推著一輛，卻一直沒有看到小孩出現。你覺得奇怪，於是望向遠方，卻驚訝地看到無數輛小車排成一排，一直延伸到地平線，每輛車推著前一輛，但始終不見小孩。如果說小推車一定要有小孩子推動才會移動，那麼這無數輛沒有第一個推動者的小推車能不能移動？無數輛小推車能不能自推自動？當然不能！因此，上帝必然存在。

目的論證明則更具信服力，它主張宇宙必然有第一個設計師存在，例如，想像你在火星上漫步，砂暴狂襲將山脈與巨大坑洞風化銷蝕盡淨。經過數千萬年，沒有任何東西能夠逃脫砂暴侵襲風化腐蝕的命運。隨後，你訝然發現有一架照相機躺在沙丘上，鏡頭打磨光滑，快門結構製作精巧。你當然會想，火星上的砂礫絕對不可能創造出這麼精巧的工藝傑作，並得到一個結論，這台照相機是某種智慧生物的產物。隨後你在火星表面漫遊一段時間之後，又碰到一隻兔子。兔子的眼睛當然比照相機的鏡頭複雜得多，兔子眼睛的肌肉也比照相機的快門更精巧無數倍。這隻兔子的創造者勢必也比照相機的創造者更先進，因此，兔子的創造者必然就是上帝。

現在，再想像地球上的機器。創造出這些機器的實體絕對比機器本身更偉大，例如，人類。人類絕對比一部機器更複雜無數倍，這是毋庸置疑的。因此，我們的創造者也必然比我們更複雜無數倍。因此，上帝必然存在。

西元一〇七八年，英國坎特布里（Canterbury，英國國教大教堂所在地）的總主教，聖安塞姆（St. Anselm），炮製出或許是最為巧妙的上帝存在證明，也就是本體論證明（ontological proof），這個證明完全不需要依賴第一個推動者或第一個設計者。聖安塞姆宣稱，他單憑邏輯論證就可以證明上帝的存在。他定義上帝是我們所能想像到的最完美、最強大存在實體。那麼我們就有可能構思出兩類上帝：第一位是不存在的上帝，於是第二位一定存在，並且是可以創造奇蹟的上帝，例如，祂可以斷水分流或者令死者復生。因此，第二位上帝（存在的上帝）自然比第一位上帝（不存在的上帝）更強大，也更完美。

根據上述定義，上帝是我們想像中最完美，也最強大的存在實體。因此，第二位上帝（存在的上帝）自是威力較強大也較完美的，所以這位上帝符合定義；反之，第一位上帝（不存在的上帝）威力較弱也較不完美，故而必然不符合上帝的定義。結果，上帝必然存在。換言之，如果我們定義上帝為，在我們的想像裡沒有其他足以匹敵的更強大實體，那麼上帝必然存在。因為如果祂不存在，我們就可以構思出有更偉大的上帝存在。這個聰明的證明方式和亞奎那的作法完全不同，且與祂是否曾經作出創世偉業也毫不相干，這個論證完全從完美存在實體的定義著手。

有關於這些上帝存在的證明竟然能夠持續長達七百多年，並擊敗許多科學家與邏輯學者的不斷挑戰。造成這個結果的原因是，我們對於物理學與生物學的基本定律所知有限。事實上，我們一直到上一個世紀才發現了，能夠指出這些證明方法潛在瑕疵的自然定律。

例如，質能守恆定律便足以解釋運動現象，而不需借助於第一位推動者，這就是宇宙論證明的一個瑕疵。例如，容器中的氣體分子可以持續碰撞容器壁，而不需要任何人或事物推動它們。基本上，這些分子可以永恆運動，無始亦無終。因此，只要質能守恆存在，我們並不需要有第一個或最後一個推動者。

接著我們談到目的論證明。演化論顯示，經由天擇和機率原則，原始生物逐漸演變成更複雜的高等生物。於是我們可以回溯到生命的起源，並往回推演到蛋白質分子在地球原始海洋裡形成的那一刹那，生命起源並不需要借助於智慧生物的巧手。西元一九五五年，米勒（Stanley L. Miller）所進行的研究已經顯示，將甲烷、阿摩尼亞，以及存在於太古地球的氣體裝在燒瓶裡，並以電極處理，就能夠產生出複雜的碳化氫分子，隨後並產生胺基酸（蛋白質分子的前導物質），及其他複雜的有機分子。這樣一來，我們就不需要有第一位設計者來創造出生命的基本元素。只要有充足的時間，我們都可以從無機物產生出這些基本元素。

最後，經過了好幾個世紀的混淆之後，康德（Immanuel Kant）是第一位指出本體論錯誤所在的人。康德指出，我們只是論述物體存在並不會使他們更形完美，例如，我們也能用這個證明方式來證明獨角獸存在。我們可以定義獨角獸為我們所能想像出的最完美馬類，如果獨角獸並不存在，我們就可以想像出一隻存在的獨角獸；然而，光是述說獨角獸存在，並不代表該獨角獸就會比不存在的獨角獸更為完美。因此，獨角獸不必然存在；因而，上帝也不必然存在。

從亞奎那與聖安塞姆以降，我們究竟有沒有任何進展？

這個問題的解答是「有」，也可以說「沒有」。現今的創世理論是建構在兩個基礎上：量子論和愛因斯坦的重力論。我們可以這樣說，經過了一千年，我們終於可以將上帝存在的宗教「證明」廢棄掉，並代之以我們對熱力學與粒子物理學的知識。我們雖然以大霹靂取代了上帝的創世偉業，卻也創造出另外一個問題。亞奎那認為，他定義上帝為第一個推動者就解決了上帝之前究竟又有何物的問題。今天，我們也對大霹靂之前到底發生了什麼事，而陷於掙扎難解的困境中。

不幸的是，愛因斯坦的方程式在面對太古宇宙的極端微小距離，與龐大能量之際完全崩潰了。量子效應在 10^{-33} 公分的尺度下，取代了愛因斯坦的理論。因此，我們必須採用十次元理論才能解決時間之始的哲學問題。

我們在本書一再強調一個事實，增添高等次元就可以統一所有物理定律。在我們研究大霹靂的時候，正好可以看到這個論述的反向情況。底下我們就要談到，或許正是由於原始十次元宇宙崩毀成為一個四次元，以及一個六次元宇宙的過程形成了大霹靂。因此，我們也可以將大霹靂的過程視為十次元空間崩潰的歷史，也就是先前統一對稱性崩毀的歷史，這正是本書主題的反戲。

難怪我們要將大霹靂的動態情況拼湊起來是如此的困難。當我們沿著時光回溯至太古之初，正是將十次元宇宙的碎片重新拼湊成為整體的歷程。

大霹靂的實驗證據

我們在每一年都會發現一些實驗證據，支持大霹靂的確是發生於約一百五十億年到二百億年前。現在就讓我們回顧部分的研究成果。

第一，我們經由測量恆星光芒扭曲的現象（稱為紅位移〔red shift〕）一再地證實，恆星正以高速遠離我們而去（它們發出的光芒會產生向較長光波位移的現象——也就是朝向光譜紅色的一端移動——就如同遙遠火車向我們接近時，笛聲的音調較高，遠離時音調較低一樣，這就是所謂的都卜勒效應〔Doppler effect〕。還有，哈伯定律〔Hubble's Law〕也說明，離我們愈遠的恆星或銀河系，會以愈高的速度遠離我們而去。西元一九二九年，天文學家哈伯〔Edwin Hubble〕首度發表這個事實，並在過去五十年裡獲得實驗證實），我們並沒有看到足以顯示宇宙縮小崩墜的藍位移（blue shift）現象。

第二，我們知道，本銀河系內的化學元素分布與我們所預測的大霹靂，及眾恆星產生的重元素幾乎完全吻合。在大霹靂之初，由於熱度極高，基本元素氫的原子核以極高速度彼此碰撞融合，而產生了一種新的氦（helium）元素。大霹靂理論預測，宇宙中的氦與氫之比例應該接近二五％與七五％。我們觀測到的宇宙的確存在著大量氫氣，這個結果與我們的預測吻合。

第三，宇宙間的最古老物體可以追溯到一百五十億年前，這一點也與我們對大霹靂的粗略估計吻合。我們並沒有看到任何證據足以顯示，有任何物體早於大霹靂。此外，輻射性物質會以某種方式（例如，經由弱交互作用）產生衰變。我們已經知道衰變的精確速率，只要計算某種放射性物質的含量比例，我們就能夠判斷某物體的年齡。以碳—14為例，每隔五千七百三十年就會有半數這種物質衰變消失。於是，我們就可以此為根據，為含碳的考古發現物定年。其他的放射性元素（例如，鈾—238的半生期則超過四十億年）則可以為（阿波羅登月任務所獲得的）月球岩石定年。地球上所找到的最古老岩石與隕石可以追溯到四十到五十億年前，也就是太陽系的大概年齡。由於我們知道某些恆星的演化過程，我們只要計算其質量，就可以知道本銀河系最古老星球的年齡，大約是一百億年。

第四，也是最重要的，大霹靂產生了宇宙的「回音」，並充溢在整個宇宙空間，於是我們便可以使用儀器進行探測。事實上，貝爾電話實驗室（Bell Telephone Laboratories）的潘佳斯（Arno Penzias）與威爾森（Robert Wilson）在一九七八年，就因為探測到大霹靂的回音而獲得諾貝爾獎。大霹靂的回音是一種穿透我們已知宇宙的微波輻射。加莫夫（George Gamow）和他的學生艾佛（Ralph Alpher）與赫爾曼（Robert Herman）首先提出一個說法，他們認為在大霹靂發生數十億年之後，當時所產生的回音至今還在宇宙間迴響。雖然這是事實，但是當他們在二次大戰後不久提出這個想法時，所有人都認為要測量創世回音的想法，根本就是異想天開。

不過，他們的邏輯相當吸引人，任何物體經過加熱都會散發出輻射能，這就是為什麼我們將鐵放在火爐裡會變紅。鐵的溫度愈高，散發出輻射能的頻率也愈高。有一個精確定義的數學公式，史蒂夫—波茲曼定律（Stefan-Boltzmann law），描述了光波頻率（就此例而言是顏色）與溫度的關聯（事實上，科學家就是經由觀測遙遠恆星的顏色來決定恆星表面的溫度）。這種輻射就稱為黑體輻射（blackbody radiation）。

當鐵的溫度下降，它散發輻射能的頻率也會降低，直到鐵散發的輻射能脫離可見光範圍，於是，鐵就會恢復為原來的顏色，但是鐵還是會繼續散發出不可見的紅外線輻射。軍隊的夜視鏡也是基於這個原理，才能夠在夜晚運作。溫度較高的物體，例如，敵軍與他們的戰車引擎，雖然我們在夜晚無法目視，卻散發出肉眼不可見的紅外線黑體輻射，可以被特製的紅外線夜視鏡接收到。同理，密閉的汽車在夏天會變得很熱，陽光穿透車窗並將車內加溫，汽車變熱之後，便開始散發紅外線黑體輻射。然而，紅外線輻射不太能夠穿透玻璃，於是在車內累積，並大幅提高車內溫度（根據相同道理，黑體輻射可以造成溫室效應。由於我們燃燒化石燃料，在大氣層累積愈來愈多的二氧化碳，於是產生類似玻璃的作用，並將地球的紅外線黑體輻射保存在大氣層裡，地球的溫度也就逐漸升高）。

加莫夫知道大霹靂之初的溫度相當高，因此是絕佳的黑體輻射源。雖然一九四〇年代的科技過於原始，不足以探測到這個微弱的創世訊號，他仍然能夠計算出該輻射的溫度，並相當自信地預測，有一天我們的儀器會精密到足以偵測到這種化石輻射。他的邏輯思維如下：大約在大霹靂之後的三十萬年，宇宙的溫度下降，原子得以凝聚成形；電子開始環繞質子運行，並形成穩定的原子，這些原子不會再被橫行宇宙的強大輻射線所擊破。在此之前，宇宙實在是太熱了，原子一成形就會立刻遭輻射線擊破。換句話說，當時的宇宙是一團濃稠的不透明狀態，並形成凝聚熱量的霧狀不透光物體。經過三十萬年之後，輻射線的威力已經不足以將原子擊破，於是，光就能進行長途穿越，不會碰到物體就產生散射現象。也就是說，三十萬年之後的宇宙突然變黑並可以透光（我們一再聽別人說「黑漆漆的外太空」，卻忘了宇宙早期原來根本就是渾沌一片，而且充滿了不透光的狂暴輻射線）。

經過了三十萬年，電磁輻射與物質的交互作用不再那麼強烈，於是形成黑體輻射。宇宙逐漸冷卻，輻射頻率遞減。加莫夫與他的學生計算出這個輻射會遠低於紅外線的範圍，並劃歸為微波尺度。加莫夫了解，如果我們能夠掃描蒼穹尋找均向性（isotropic）的均勻微波輻射，我們就可以偵測到這種微波輻射，並能夠聆聽大霹靂的回音。

加莫夫的預言為人遺忘達數十年之久，直到一九六五年，科學家在相當意外的情況下發現了微波背景輻射（microwave background radiation）。潘佳斯與威爾森在紐澤西州的瓦爾德（Waldel）啟動他們的新型角狀反射式天線，並發現了一種穿透宇宙空間的神秘背景輻射。剛開始，他們以為這種意料之外的輻射線是由於污染所致，例如，落在天線上的鳥糞所產生的靜電引起的現象。然而，當他們將大部分天線拆解清潔之後，卻發現這種「靜電」仍然存在。就在同時，普林斯頓大學的物理學者狄基（Robert Dicke）與匹伯斯（James Peebles）也找出加莫夫的計算紀錄，重新加以研究。潘佳斯與威爾森終於得知普林斯頓物理學者的研究成果，他們了解這兩個結果之間必然有直接的關聯。據說，當他們理解到這個微波背景輻射很可能就是大霹靂的回音時，曾經嘆道：「我們不是看到一堆鳥糞，就是看到宇宙創世！」他們發現到這種均勻的背景輻射，幾乎完全符合加莫夫早期的預測；加莫夫等人曾經預測大霹靂會留下冷卻到絕對溫度（或稱凱氏溫度）三度的殘餘輻射。

COBE與大霹靂

最令人嘆為觀止的大霹靂理論科學驗證是由宇宙背景探測者（Cosmic Background Explorer，COBE）衛星於一九九二年完成。當年的四月二十三日，由斯穆特（George Smoot）領導的加大柏克萊分校科學家小組，發表了有關於大霹靂最精采、最具說服力的相關論證。這個消息以報紙頭條新聞迅速散播全國。許多沒有受過物理學或神學教育背景的記者，或專欄作家陡然開始在新聞快報篇幅裡，大放厥詞地談論「上帝的容貌」。

COBE衛星大幅推進了早期潘佳斯、威爾森、匹伯斯和狄基的研究成果，並足以排除所有的懷疑論調。我們確實發現了大霹靂所發射出的化石輻射。普林斯頓的天文學者歐斯垂克（Jeremiah P. Ostriker）宣稱：「在石頭裡發現化石可以將物種起源完全釐清。那麼，COBE已經找到化石了。」COBE衛星發射於一九八九年，這顆衛星的設計正是用來分析微波背景輻射的細部結構，而這正是由加莫夫與其同事率先提出的假設性結構。COBE還有一項新的任務項目：解答背景輻射所衍生出的一個更早期謎團。

潘佳斯與威爾森的原始研究結果相當粗糙，他們只能夠顯示背景輻射一〇%的均勻度。經過科學家的更精細分析之後，發現這種背景輻射異常的均勻，沒有明顯的起伏、糾結或團塊。事實上，這種輻射實在是太均勻了，背景輻射就像是不可見的均勻霧氣，充塞整個宇宙。正由於它是如此均勻，科學家很難將其套入已知的天文數據。

西元一九七〇年代，天文學家使用龐大的望遠鏡，有系統地進行大規模太空探測計畫，並為龐大數量的星系進行測繪工作。他們訝然發現，大霹靂之後的十億年，宇宙已經有許多星系凝聚成形，甚至已經形成大型星系團及遼闊的空盪空間：虛空（voids）。這些星系集團十分龐大，包含了數十億個星系，而虛空則橫越了數百萬光年的距離。

這裡卻產生了一個天文謎團：如果大霹靂均勻分布在宇宙中，那麼十億年時光並不足以發展出這些凝聚的團塊。我們所看到的星系團塊與原始均勻的大霹靂，和十億年之後糾結成團的宇宙並不搭調，這個疑點成為所有天文學者的惱人疑問。我們不曾懷疑大霹靂理論本身；我們疑惑的是，我們對於大霹靂創世十億年後的演化結果的認識似乎發生了問題。然而，由於欠缺足夠精密的衛星來測量宇宙背景輻射，這個問題在過去多年裡毫無進展。事實上，到了一九九〇年，欠缺嚴謹科學訓練背景的記者，開始以聳動的筆調撰寫錯誤的文章。他們宣稱，科學家已經發現了大霹靂理論有嚴重的缺失等等；許多記者也寫道，大霹靂理論很快就要被人棄置。大霹靂理論之外，早先被摒棄的理論開始在媒體上出現，甚至連《紐約時報》（*New York Times*）也發表了一篇重要的文章，敘述大霹靂理論陷入嚴重的困境。從科學角度而言，這是完全不正確的。

由於眾人誤以為大霹靂理論有瑕疵，ＣＯＢＥ數據發表的時候就顯得更具吸引力。ＣＯＢＥ衛星具有空前的精確度，能夠偵測出十萬分之一的起伏波動。ＣＯＢＥ衛星能夠掃描天際，並將有史以來建構出的最精確宇宙背景輻射圖，以無線電傳回地球。ＣＯＢＥ的成果除了再度證實大霹靂理論之外，還有其他收穫。

因為ＣＯＢＥ得到的數據並不容易分析，斯穆特小組必須面對龐雜的問題，他們必須將地球的運動效應從背景輻射裡仔細排除。相對於背景輻射，太陽系以每秒三百七十公里的速度在太空

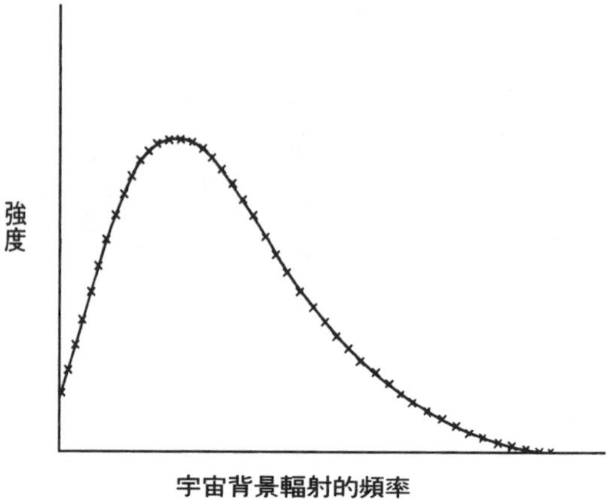

圖 9.1. 實線代表大霹靂的預測值，該理論預測背景宇宙輻射在微波範圍內應該類似黑體輻射。圖中的x符號則代表COBE衛星蒐集到的實際數據，並對大霹靂提出了最有力的佐證。

中飄浮。此外，還有太陽系對銀河系的相對運動，和銀河系對星系團的複雜相對運動等。無論如何，經過辛勤的分析與計算改進，科學家終於得到好幾個驚人的結論。首先，經過精確實驗數字的校正之後，COBE得到的數據能夠符合加莫夫早期對微波背景輻射的預測值，誤差不超過〇・一％（圖9.1）。圖中的實線代表預測值，X標記則代表COBE衛星的測量值。當這張圖首次在一千位天文學家的會議上發表，並呈現在銀幕上的時候，全場人士都起身鼓掌叫好。這恐怕是科學史上的第一次，這麼一張簡單的圖就能夠獲得這麼多出色科學家的如雷掌聲。

第二，斯穆特的小組也顯示了，在微波背景中出現了非常細微的團塊。這些纖細的團塊正是我們用來解釋大霹靂發生之後十億年，所發現到的宇宙團塊與虛空現象的關鍵（假使COBE沒有發現這些團塊，那麼我們就必須對後大霹靂時期的分析進行重大的修正）。

第三，COBE所獲得的結果符合暴脹理論（inflation theory），不過還不足以證實這個理論（這個理論是由麻省理工學院的古斯〔Alan Guth〕提出，該理論指出太古宇宙創世之時所產生的爆炸擴張現象，遠甚於普通的大霹靂；這個理論認為，我們用望遠鏡觀測到的可見宇宙，不過是一個更大宇宙的滄海一粟而已，那個宇宙的邊界遠超乎我們的可見視界〔horizon〕）。

創世之前：軌跡體

COBE得到的結果讓物理學者有十足地把握認為，我們對於大霹靂之後的太古宇宙的了解，已經可以精確到爆炸發生不到一秒的剎那時間；然而，我們還是要面對令人尷尬的問題。那就是，大霹靂之前究竟發生了什麼事，以及發生的原因。如果我們將廣義相對論推演到極限，終究會得到不合理的答案。愛因斯坦了解在這種極端微小的距離尺度下，廣義相對論就會崩潰。於是，他試著要將廣義相對論擴充成為更廣博的理論，以解釋這些現象。

我們認為在大霹靂發生的剎那，量子效應會超越重力成為優勢作用力；因而，要解釋大霹靂起源的關鍵就是重力的量子理論。到目前為止，唯一有希望能夠解答大霹靂之前所發生的事情的理論，正是十次元的超弦理論。科學家目前正在揣摩十次元宇宙是如何分裂成為一個四次元，及一個六次元宇宙。那麼我們的孿生伴宇宙又是什麼模樣呢？

哈佛大學教授瓦伐（Cumrum Vafa）正在試圖了解這些天文學問題，這位物理學者投入了好幾年光陰，研究我們的十次元宇宙是如何崩解成為兩個較小的宇宙。諷刺的是，這位物理學者本身也是在兩個世界之間掙扎。瓦伐目前居住在麻州的劍橋，他是伊朗裔移民，在過去十年裡飽受政治動亂的折磨。一方面，他希望能夠在社會動盪平息之後，回到他的故國伊朗；另一方面，他的研究則帶領他遠離世界的那個動盪區域，並在早期宇宙的振盪尚未平息之前，遠遠的六次元空間。

「請想像一種簡單的電玩遊戲，」他說道。火箭在螢幕上航行，直到右端盡頭。所有的電玩玩家都知道，這時，火箭會突然在左端螢幕的相同高度上出現。同樣地，如果火箭漫遊太遠，超越螢幕的底端，火箭就會在螢幕的上端出現。瓦伐解釋道，這個電玩螢幕本身就是一個完整的宇宙，你永遠無法離開螢幕所定義的宇宙。然而，多數青少年卻從來不曾自問，那個宇宙到底長什麼樣子。瓦伐指出一個令人驚訝的結論，電玩螢幕的拓樸學圖案正是內胎的形狀！我們將電玩的螢幕想像成一張紙，螢幕頂端的各點都與底端的各點相對應，於是我們就可以將頂端與底端以強力膠黏貼，捲成管狀。管子左端的各點與管子右端的各點也應該是互相對應的，如果我們將管子彎曲，並以強力膠將管子黏成一個圓環，那麼兩端開口就密封起來了（圖 9.2）。

這樣一來，我們就將一張紙做成一個甜甜圈的形狀，就可以將螢幕上漫遊的火箭描述為在內胎表面移動。每當火箭在螢幕上移動超過邊界，並在螢幕的另一端出現的時候，就相當於火箭移動穿越內胎的黏貼線。

瓦伐揣測，本宇宙的姊妹宇宙的形狀類似扭曲的六次元圓環面。瓦伐等人首度提出一個概念，認為我們可以將我們的姊妹宇宙描述為數學家所習稱的軌跡體幾何圖形。事實上，他認為我們的姊妹宇宙具備了軌跡體的拓樸學幾何圖形，這個詮釋還頗能符合我們觀察到的數據❶。

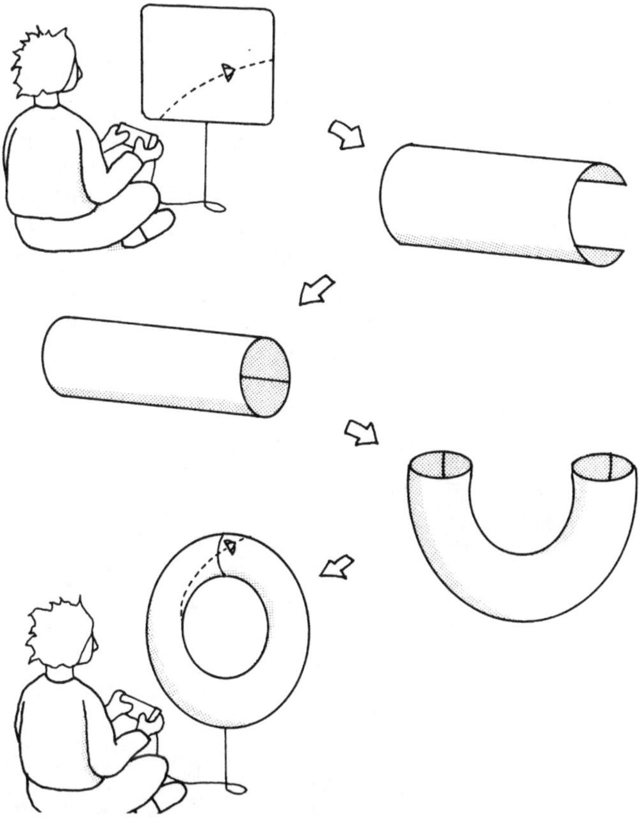

圖 9.2　倘若火箭在電玩螢幕的右端消失，則會重新在左端出現；如果火箭在頂端消失，就會在底端重新出現。現在就讓我們將螢幕捲起來，並讓相對應的點吻合。我們首先將螢幕的頂端與底端捲起來並加以黏貼。之後，再將這個管狀的螢幕彎折捲曲，讓左端與右端貼合。如此一來，我們就可以顯示電玩螢幕的幾何學外觀正像是一個甜甜圈。

我們可以依據底下這個方式將軌跡體具象化，如果我們運動繞行圓圈三百六十度，所有人都知道，我們會回到原點。換句話說，如果我環繞花彩繽紛的五月柱三百六十度跳舞，就會回到原點。不過，如果我們是在軌跡體內，即使環繞五月柱不到三百六十度，還是會回到原點。聽起來似乎相當不合理，不過我們可以輕易地製造出一個軌跡體。想像居住在圓錐體表面的平面人。他們在圓錐尖端移動不超過三百六十度，還是可以回到原點。因此軌跡體就類似於形成圓錐面的高等次元（圖9.3）。

讓我們來體驗軌跡體。想像有部分平面人居住在一種所謂的Z—軌跡體的表面，這種軌跡體的外型類似方形紙袋的扁平表面。一開始的時候，這些人覺得和居住在平面世界並沒有兩樣。當他們繼續探索表面之後，卻開始發現某些奇怪的現象，例如，如果平面人朝著一個方向漫步到遙遠的距離，他們就會回到原來的位置，就好像他們是繞著圓圈而行。然而，平面人還注意到，在他們宇宙的某一點（紙袋的四個角落）會發生某些奇特的現象。當他們走到這四個角落的任何一點，走動繞行一百八十度（而非三百六十度）他們就會回到原先的出發點。

瓦伐的軌跡體有一個相當奇異的特性，我們只要設定一些假設，就可以得到夸克和其他次原子粒子的許多特性（我們先前已經談到，克魯查—克萊因理論的空間幾何可以強迫夸克承襲該空間的對稱性）。於是，我們對於目前的研究方向有十足地把握。如果這些軌跡體產生出完全無意

❶軌跡體理論（orbifold theory）實際上是許多人的共同創作，包含了狄克森（L. Dixon）、哈維（J. Harvey）與普林斯頓的維藤。

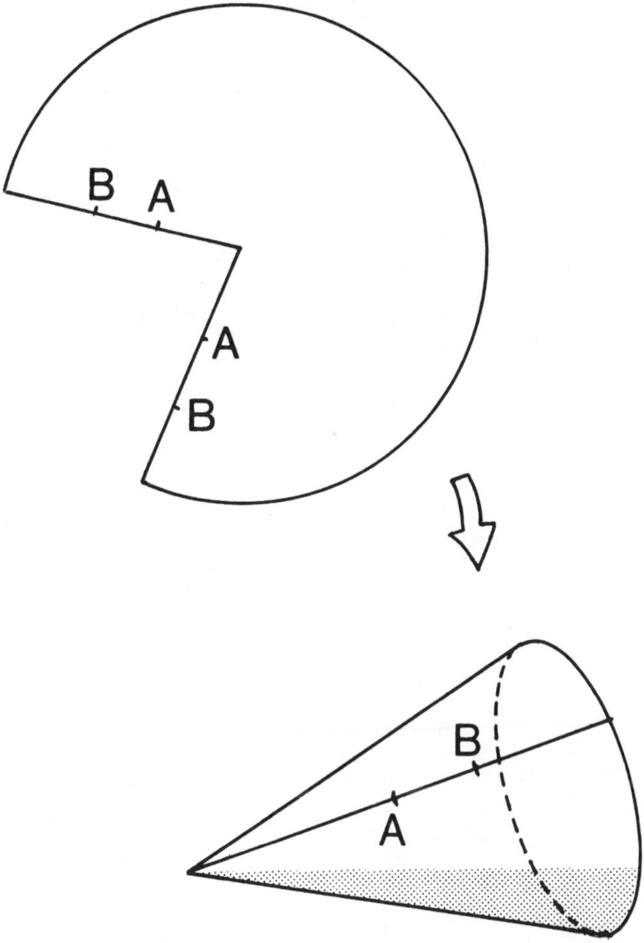

圖 9.3. 如果我們將A與B彼此對應黏合，就可以形成一個圓錐狀，這就是最簡單的一種軌跡體。超弦理論顯示，我們的四次元宇宙可能還有一個六次元孿生宇宙，並具備了軌跡體的拓樸學型態。然而，那個六次元宇宙實在太小了，我們無法觀測。

義的結果，那麼我們的直覺就會告訴我們，這種架構基本上就有問題。

如果弦論的所有解答都沒有包含標準模型，那麼超弦理論不過是另一個有潛力，但終究是錯的理論，而只得將其拋棄。然而，物理學家已經看到我們有可能獲得符合標準模型的解決之道，所以大家都相當興奮。

自從法國數學家龐加萊首度於二十世紀初開始研究拓樸學以來，過去八十年裡，數學家一直在研究這些存在於高等次元奇特表面的基本特質。因此，十次元理論可以將先前似乎沒有用處的大量現代數學研究成果容納在內。

為什麼有三個世代？

尤其是，過去一個世紀以來，數學家所建構出的豐富數學定理，目前已經可以用來解釋，為什麼粒子有三個家族。我們前面已經看到，大一統論的災難性特點之一就是，我們竟然發現了夸克與輕子的三個雷同家族。軌跡體或許可以解釋這種大一統理論裡令人不解的特徵❷。

瓦伐等人發現了許多能夠描述物理世界的弦方程式的可行解法。我們只需設定少數假設，就能夠重新導出標準模型，這是該理論的重大發展。這一點是超弦理論的優勢，也是它的弱點。從某方面來看，瓦伐等人算是非常成功，他們已經找到了弦方程式的其他數百萬種解法。

超弦理論所面對的基本問題如下：我們可以基於超弦理論以數學導出數百萬個可能存在的宇宙，但是究竟哪一個才是正確的？葛羅斯曾經如此說道：

現在，我們得出了無數種三次元解。我們也有無窮的可能典型解法……剛開始，我們還為自己得到如此豐盛的成果欣喜萬分，因為這個現象說明了我們有證據顯示，混合弦論等理論很可能足以呈現出類似真實世界的情況。部分四次元解，還具備了類似我們世界的其他許多特質──相同類型的夸克、輕子等粒子，以及相同類型的交互作用……就在兩年前，我們還為此而興奮不已。

❷數學家於多年前曾經以一個簡單的問題自問：假設一N次元曲面，該曲面上能有幾種不同振動形式？例如，我們將砂子倒在一個鼓面上，假設鼓以某特定頻率振動，砂粒便會在鼓面跳躍並排列出美麗的對稱型態。砂粒會因為鼓面的不同振動方式而排列出不同的型態。同理，數學家也曾經計算出N次元曲面能夠產生的不同共振型態與數目，他們甚至也計算出該種假設性空間裡的電子，所能夠產生的不同振動型態與數目。數學家認為這是相當有趣的腦力練習題，沒有人認真考慮這是否有物理學上的實質意義。畢竟，他們過去認為電子並不會在不同的N次元表面產生振動，目前我們已經可以使用所累積的大量數學定理來破解各式各樣的大一統論問題。如果弦論為正確，那麼每一個大一統論都必然反映了某個軌跡體的某種振動狀態。由於數學家已經記錄了不同的振動型態，物理學者只需要翻閱數學書籍就可以找出雷同的大一統論粒子家族數。因此，大統一論粒子群的起源便正是拓樸學的一個問題。如果弦論為真，我們就必須將我們的意識拓展到10次元，才能了解為什麼會產生這三套雷同的大一統論粒子等諸如此類的問題。一旦我們將多餘的次元蜷曲成為一個微細的球體，我們就可以將理論與實驗數據相互比對。例如，弦的最低激發狀態相當於一個具有非常微小半徑的封閉弦。我們在超重力裡發現到的粒子，正是這些經由小型封閉弦振動所產生的粒子。於是，我們得以從超重力獲致良好的成果，並避開其缺陷。這個新的超重力對稱群為E(8)×E(8)，遠大於標準模型，甚或大一統論的對稱性。因此，超弦可以包含大一統論與超重力論（並且可以避開這兩者的許多缺陷）。超弦理論並不將競爭對手裡論掃地出門，它將其他理論吞噬。這些軌跡體的問題在於我們可以建構無數這種軌跡體，其數量多到將我們淹沒！原則上，每一個都是描述一個自給自足的宇宙，我們要如何辨別哪一個才是正確的宇宙？我們在這數千個解法之中可以找到許多個解法足以預測出三代，或三個家族的夸克或輕子。我們也必然可以在這數千個解法中找到預測有超過三代夸克或輕子的許多解法。因此，雖然大一統論認為三代太多了，弦論的許多解法卻認為三代實在是太少了！

葛羅斯提醒我們，雖然部分解法相當接近標準模型，其他的解法卻產生了不正確的物理特質。他說：「無論如何我們感到有些難為情，因為我們徒有太多解法，卻想不出好法子可以讓我們從中作出選擇。更令人難堪的是，這些解法雖然具備了許多我們所期望的特質，卻也可能具備了釀成災難的屬性。」外行人第一次聽到這些話可能會感到困惑，並問道：為什麼你們不乾脆就計算出最適合於弦論的解法？既然弦論是經過精確定義的理論，為什麼物理學家不能計算出答案？

問題在於，物理學的主要工具之一，微擾理論在此沒有用處。微擾理論（將小量量子修正逐步累加的作法）無法將十次原理論分解成為四次元與六次元。於是我們被迫使用非微擾方式，但這種方法卻是出名的難解，這就是為何我們無法解出弦論。我們先前談過，由菊川與我共同發展出來，並由維藤改良過的弦場論，至今仍無法以非微擾法解出。沒有人夠聰明。

我以前有一位室友就讀於歷史研究所。有一天，他警告我有關於電腦革命的危機。他認為終有一天，電腦會讓物理學者失業，他說：「畢竟，任何事物都可以用電腦來計算，對吧。」就他而言，終有一天，數學家會將所有的物理學問題輸入電腦，於是物理學家只好去職業介紹所排隊。

我當時對他的評論相當不以為然，因為物理學者認為，電腦只不過是一具巧妙的計算機器，是一種沒有瑕疵的笨蛋，電腦只有速度卻沒有智慧。你要先輸入理論，電腦才會計算，電腦無法發想出新的理論。

此外，即使是一個已知的理論，電腦也可能需要無窮的時間來解決一項問題。事實上，如果我們要計算解出全部有趣的物理學問題，這會需要無限大的電腦時間，這就是弦論面臨到的問題。瓦伐等人雖然已經找到了好幾百萬種可能的解法，但要從中找出正確的解答，恐怕要耗時無日；更遑論還要去計算解出量子問題裡奇特的穿隧過程，這正是量子現象裡最難解的問題。

穿隧跨越時空

在最後的分析階段，我們要問一個克魯查於一九一九年所提出的相同問題——第五次元到哪裡去了？——不過，這次我們要問的是更高層次的問題。克萊因在一九二六年指出，這個問題的解答必然與量子理論有關，或許量子理論最讓人驚訝（也最為複雜）的現象正是穿隧效應。

舉例而言，我現在正坐在一張椅子上。不過，底下這件事肯定會讓人忐忑不安：假使我的身體突然狂飆，穿透旁邊的牆壁分子，同時在沒有受到邀請的情況下，在別的客廳重新組合出現。而且，這種事也不可能會發生。然而量子力學卻假設，這種最不可能發生，也最奇特的事件卻有可能會發生，並可以算出發生的機率（相當微小）——一天早上醒來，我們發現自己的床出現在亞馬遜叢林裡——這個事件的確有可能會發生。所有這些古怪事件，無論是多麼稀奇，都可以經過量子理論簡化為機率問題。

這種穿隧過程似乎是一種科幻小說情節，而非真正的科學；然而，我們的確可以在實驗室裡測量到穿隧效應。事實上，這個現象也解答了輻射衰變的謎團。原子核在正常狀況下都相當穩定，原子核裡的質子與中子都經由核力束縛在一起。然而，證據顯示原子核有極小的機率可能會產生分裂，質子和中子也可能經由穿隧脫離強大的能量障壁——也就是將原子核束縛在一起的核作用力。一般而言，原子核都相當穩定，但是我們卻無法否認一項事實，那就是鈾原子核竟然可以違反常態而產生衰變。事實上，原子核裡的中子在穿隧道通過障壁的短暫時刻裡，已違反了能量守恆定律。

重點就在於，對大型物體而言，例如人類，這些機率發生的可能性是微乎其微；我們要在這個已知宇宙的壽命裡穿隧一面牆的機率實在太小了。於是我可以相當肯定地假設，我不會狼狽地被人穿牆傳送出去，至少在我一生當中，這是不可能發生的事情。同理，本宇宙一開始很可能是以十次元宇宙的型態存在，卻並不穩定，之後宇宙發生穿隧作用，爆炸成一個四次元與一個六次元宇宙。

讓我們想像卓別林的電影，嘗試著了解這種穿隧現象。影片裡的卓別林試圖替一張超大尺寸的床墊鋪上床單。床單的四個角落都有鬆緊帶，但是長度不夠，因此他必須一一拉緊鬆緊帶，以固定在床墊的四個角落。當他把床單包覆在床墊的四個角落之後，得意地咧嘴而笑。由於拉力太強，其中一個角落的鬆緊帶彈開，床單捲了起來。他覺得相當挫折，於是重新將這個角落的鬆緊帶拉開，並將床單包覆妥當。這時，另一端的鬆緊帶又彈開了；每次他將一個鬆緊帶包覆固定好，另一個角落的鬆緊帶就彈開。

這個過程就稱為對稱破壞（symmetry breaking）。床單扯平之後有相當程度的對稱性。你可以將床沿著軸心旋轉一百八十度，床單還是會保持原樣；這種高度對稱的狀態就稱為假真空（false vacuum）。雖然假真空呈現高度的對稱性，卻也相當不穩定。床單並不會保持這種緊繃的狀態，拉力太強了，能量也太高了，一旦其中一個鬆緊帶彈開，床單就會跟著捲曲。對稱被破壞，床單也轉為較低能量的弱對稱狀態。如果我們沿著一個軸心將床單旋轉一百八十度，我們並不能恢復原始的被單面貌。

現在，我們以十次元時空來取代床單，十次元時空就是完美對稱的時空狀態。在時間的開端，宇宙具有完美的對稱性，如果當時有人存在，他就可以任意穿越十次元中的任意次元。當時，重力與弱作用力、強作用力及電磁力都統一在超弦理論下。所有的物質與作用力都屬於同一個弦多重態（string multiplet）的一部分。然而，這種對稱性卻無法永續存在。十次元宇宙雖然具有完美的對稱性，卻如同那幅存在於假真空狀態的床單一樣，並不穩定，便無可避免地穿隧成較低能量狀態。一旦發生了穿隧效應，便會產生相變（phase transition），並喪失了對稱性。

由於宇宙分裂成為一個四次元及一個六次元宇宙，因此宇宙不再具有對稱性。六次元宇宙已經蜷曲起來，就像床單的一個鬆緊帶從床墊的一個角落彈開，並形成蜷曲的狀態。請注意，床單有四種不同的捲曲狀態，端看是哪個角落的鬆緊帶首先彈開。然而就十次元宇宙而言，顯然有數百萬種不同的蜷曲方式。我們首先需要使用相變理論來解決弦場論的問題，才能計算十次元宇宙最可能的蜷曲方式，這就是量子理論的最困難問題。

對稱破壞

相變並非新鮮的想法，我們可以想想生命本身。煦希（Gail Sheehy）在她的著作《道路》（*Passages*）一書中強調，生命並不像它表面所見那般，是一個連續的經驗流程。它會產生變遷，歷經幾個不同的階段，而每個階段都必須解決特定的衝突，和達到特定的目標。

心理學家艾瑞克森（Erik Erikson）還提出了心理發展階段論，每個階段都有特定的心理衝突。每次我們正確解決了衝突，就進入下一個階段；如果衝突未能解決，就會形成膠著，甚至於造成退化並回到早期階段。心理學家皮亞傑（Jean Piaget）也以類似的概念顯示，幼童心理發展也不是平緩的學習過程。事實上，孩子產生概念的能力具有一種突發進展的階段性特徵。嬰孩在某月看到一個滾球離開其視野時，便會停止尋找。他們並不了解，雖然你看不到一個物體，這個物體仍然存在。到了下一個月，同一個孩子卻會認為這是天經地義的事實。這就是辯證法的基礎，根據這個哲學觀，所有的實體（人、氣體、宇宙本身）都會經歷一系列的不同階段。每個階段都有兩種相互衝突的相對作用力特徵，那個特定階段的特徵正是取決於這種衝突的本質。一旦衝突解決了，該實體就可以進入更高階層，這就稱為整合（synthesis）。於是便開始了另一個新的對立狀態，同時也會在更高階層展開類似的過程。

哲學家稱這種過程為從「量變」到「質變」的變遷。少數量變逐漸累積，終於形成了與過去截然不同的質變。我們也可以將這個理論應用在社會現象上。一個社會的緊張狀態有可能會急遽升高，例如，十八世紀末的法國。農夫面對飢荒，產生了爭奪食物的暴動，逼使貴族階層退回城堡。當緊張的張力達到了爆發點，相變就從量變演變成為質變：農夫拿起武器佔領巴黎，並衝進巴斯底獄。

相變也可能變成具高度爆炸威力的事件。以水壩阻截河流為例。水壩攔水迅速蓄水成水庫，水庫逐漸漲滿並產生極高的水壓。現在，水庫正處於極端不穩定的假真空狀態，但是水庫的水偏好真真空（true vacuum），這意味著水庫的水亟欲將水壩破壞並宣洩到下游，形成較低能量狀態，於是這個相變就包含了破壞水壩，並可能造成災難性的結果。

另外還有一個更具爆炸威力的原子彈實例。穩定的鈾核就是一種假真空，雖然鈾核表面上相當穩定，鈾核裡卻積蓄了龐大爆發性的能量，威力比相等重量的化學爆炸物要強大一百萬倍。原子核偶爾會穿隧進入較低能量狀態，也就是說，原子核可以自行發生分裂，這就是輻射衰變。如果我們發射中子擊中鈾原子核，我們就有可能將積蓄的能量同時釋放出來，這就是一場原子爆炸。

科學家研究相變發現了一個新的特徵，也就是相變通常都伴隨著對稱破壞。諾貝爾獎得主薩拉姆相當喜歡底下這個例子：讓我們以圓形的宴會桌為例，所有在座客人的左右兩邊都放置了一個香檳酒杯，這就是一種對稱。如果我們透過鏡子來觀察這個宴會桌，我們會看到相同的情景：所有客人繞桌而坐，兩邊都有香檳酒杯。我們也可以旋轉圓形宴會桌，人與酒杯的排列還是維持不變。現在讓我們破壞對稱。假設頭一位客人拿起他右邊的香檳酒杯，按照慣例，所有客人都會拿起他們右手邊的香檳酒杯。請注意，透過鏡子看到的圓形宴會桌影像會產生相反的狀況；所有的客人都拿起他左邊的酒杯，於是左右對稱便受到破壞。

另外一個對稱破壞的例子來自於一項古老的傳說。這個神話提到，有一位公主被幽禁在光滑的水晶球頂端。雖然沒有鐵窗將她禁錮在球體上，她仍然是一位受到監禁的囚犯；她只要稍微移動一下，就會從球體墜落致死。許多王子試圖營救她，但都由於球體太過滑溜，沒有人能夠攀登成功；這是一種對稱破壞的例子。只要公主留在球體上，她就處於完美對稱狀態。球體並沒有特定的偏向，我們以任何角度旋轉球體，它都會呈現相同的型態；然而，任何錯誤的動作導致偏離球心，公主就會墜落而破壞了對稱。假設她向西邊墜落，旋轉對稱便會遭到破壞，水晶球因而偏西。

因此，最佳對稱狀態通常是一種不穩定態，也就是一種假真空狀態。真的真空狀態代表公主從球體上墜落，因此，所謂的相變（從球體墜落）便代表了一種對稱破壞（產生西向的偏態）。

再回到超弦理論，科學家假定（目前還無法證實）原始十次元宇宙並不穩定，並穿隧形成一個四次元及一個六次元宇宙。太古宇宙是處於一種假真空狀態，也就是最高對稱狀態。時至今日，我們則是處於真真空的破壞狀態。

這又形成了一個令人困擾的問題：如果本宇宙事實上並不是處於真真空狀態，那又如何？如果超弦只是暫時選擇了本宇宙，而真真空則是位於其他數百萬種不同宇宙的軌跡體中，那會如何？這會造成災難性的後果。我們發現許多軌跡體裡並不包含標準模型，如果真真空狀態並不包含標準模型，那麼我們所熟知的化學與物理定律都會崩潰。

如果發生了這個情況，在本宇宙裡就會突然出現一個微小的泡沫，標準模型在這個泡沫裡面不再有效，於是，另外一套化學與物理定律便取而代之。隨後，泡沫中的物質解體，並以其他方式重組。這個泡沫也會以光速向外擴張，並逐漸將所有的恆星系、銀河系與星系團完全吞噬，直到整個宇宙都被吞併為止。

我們永遠無從知道事件發生的始末，這個現象會以光速進行，我們不可能事先觀測到，也無從知道自己是毀在誰的手裡。

從冰塊到超弦

假設我們在廚房裡將冰塊放入壓力鍋中。我們都知道點燃火爐之後會發生什麼事情。但是，如果我們將溫度升高到上百億度的無窮高溫，冰塊會變成什麼模樣？

如果我們以火爐將冰塊加溫，冰塊就會融化為水；換句話說，冰塊經歷相變過程。現在讓我們繼續將水加溫到沸騰溫度，水會經歷另外一個相變歷程，轉變成為蒸氣。現在持續加溫到極高溫度，水分子終於分裂，分子的動量超越了將分子束縛在一起的能量，於是分解成為氫氣與氧氣兩種基本粒子。

現在我們持續加溫到超過絕對溫度三千度，直到氫與氧原子分裂，電子也脫離原子核，於是我們便製造出電漿（plasma）；這是一種離子化氣體，我們通常稱之為物質的第四態（也就是氣態、液態及固態之外的第四態）。雖然，在我們的日常生活經驗裡並不常見到電漿，但我們只要一抬頭看太陽就會看到電漿。事實上，宇宙間最常見的物質態正是電漿。

現在繼續以火爐將電漿加熱到絕對溫度十億度，直到氫與氧原子核也分裂。於是我們就製造出自由態的中子與質子「氣體」，相當類似中子星內部的狀態。

如果我們繼續將這些核子氣體加熱到絕對溫度十兆度，這些次原子粒子就會變成分離的自由夸克。於是我們就製造出了夸克與輕子的氣體（也就是電子與微中子）。

如果我們將這種氣體加熱到絕對溫度一千兆度，則電磁力與弱作用力就會統一。在這種溫度下會產生SU（2）×U（1）之對稱性。到了絕對溫度10^{28}度，電弱作用力與強作用力也會統一，於是產生了大一統論對稱性（SU（5），O（10），或E（6））。

最後，在絕對溫度 10^{32} 度的超高溫狀態下，重力會與大一統論的作用力統一，而產生了十次元超弦的所有對稱地。同時，我們也製造出了超弦氣體。在這樣的狀況下，龐大的能量凝聚在壓力鍋裡，時空幾何也可能會產生扭曲，時空次元也可能會發生變化。我們廚房周圍的空間就會開始形成不穩定狀態，空間結構也可能開始分裂，廚房裡就有可能產生一個蟲洞。到這個時候，我們最好離開廚房。

將大霹靂冷卻

我們只要將普通冰塊加熱到令人瞠目的高溫，就可以形成超弦。於是我們學到一點，如果我們將物質加溫，物質就會經歷到不同的特定發展階段。同時，當我們逐漸增加能量，我們就可以逐一重建各種對稱性。

如果我們將這個過程反推回去，我們就可以了解大霹靂發生時，曾經歷了哪些不同階段。於是，我們在此並不打算將冰塊加熱，而是要將宇宙的超高溫物質加以冷卻，並經歷不同的階段。從創世剎那開始，我們的宇宙經歷了以下的演化階段。

10^{-43} 秒　十次元宇宙分裂成一個四次元及一個六次元宇宙。六次元宇宙崩潰成 10^{-32} 公分的尺寸。四次元宇宙則迅速爆炸，溫度達到絕對溫度 10^{32} 度。

10^{-35} 秒　大一統理論作用力崩解，強作用力不再與電弱作用力統一，SU（3）從大一統論分裂出來，較大宇宙裡的一個小點膨脹達到10^{50}，終於形成我們的可見宇宙。

10^{-9}秒 現在的溫度是絕對溫度10^{15}度，電弱對稱崩解成為SU（2）以及U（1）。

10^{-3}秒 夸克開始凝聚成為中子與質子，溫度約為絕對溫度10^{14}度。

3分鐘 質子與中子開始凝聚成為穩定的原子核，隨機碰撞的能量無法再將原子核擊碎。由於離子的透光性不佳，空間仍然呈不透明狀。

30萬年 電子開始凝聚在原子核周圍，原子開始成形。由於不再有那麼多光線被離子散射或吸收，宇宙逐漸容許光線自由穿梭，太空也變得黝黑一片。

30億年 第一個似星體（quasar）出現。

50億年 第一個星系形成。

100-150億年 太陽系誕生。又經過數十億年，地球上出現了第一個生命形式。

我們實在很難想像，在這個微不足道的星系裡，有一個微不足道的恆星，而圍繞著這個恆星從內數來的第三顆行星上的「智猿」，竟然能夠重建本宇宙的歷史，並幾乎能夠回溯到宇宙誕生的那一剎那。當時的溫度與壓力都超越了本太陽系至今探測到的任何自然現象，然而，我們卻能夠透過量子理論的弱交互作用力、電磁力，以及強交互作用力展現這輻創世景象。

這種創世景觀固然令人顫慄，但或許還有其他更詭異的現象存在。蟲洞有可能就是通抵另一個宇宙的通道，甚至於有可能回到過去與未來的時光機器。物理學者借助於重力量子理論，或許真的能夠回答底下這兩個有趣的問題：平行宇宙是否真的存在？我們是否能夠改變歷史？

第三部

蟲洞：進入另一個宇宙的通道

第十章 黑洞與平行宇宙

聽著，另一邊還有一個浩瀚宇宙：咱們去吧！

——肯明斯（e. e. cummings）

黑洞：穿越時空的隧道

最近，黑洞誘發了大眾的幻想。許多書籍與研究論文都針對愛因斯坦方程式的這個奇特預測展開探索，也就是崩墜星球的最後死亡階段。黑洞也可能是通往另一個宇宙的通道，這恐怕是黑洞最奇異的特質；諷刺的是，多數人對此完全無知。此外，科學界也投入了相當程度的努力進行理論假設，認為黑洞有可能為我們開啟時光隧道。

首先，我們必須了解星球為什麼會發光、如何成長，以及如何死亡，我們才能了解為什麼黑洞如此難尋。體積超過本太陽系數倍的龐大氫氣體雲，受到重力作用的影響逐漸坍縮，並產生恆星。重力壓縮氣體的同時，也加溫氣體，於是重力的能量轉變成為氫原子的動能。通常，氫氣裡的質子的互斥電荷可以將彼此排開；然而到了某一點，溫度上升到絕對溫度一千萬度至一億度時，質子（也就是氫原子核）的動能超越了靜電的互斥力量，彼此開始互撞。核力取代了電磁作用力，兩個氫原子核「融合」成為氦，並釋放出龐大的能量。

換句話說，恆星實際上就是一種以氫氣為燃料的核熔爐，並能製造出核「灰燼」，也就是氦廢氣。恆星也是兩種作用力微妙平衡的產物，這兩種作用力就是壓縮恆星使其崩墜的重力，和威力相當於數兆顆氫彈足以將恆星爆裂的核作用力。恆星在消耗核燃料的時候，也會成熟老化。

我們首先要分析圖 10.1 才能了解如何在融合過程裡抽取出能量，也才能了解恆星的生命階段如何形成黑洞為終點。圖 10.1 顯示現代科學最重要的曲線之一，我們有時候也稱之為結合能量曲線（binding energy curve）。水平軸代表從氫到鈾不同元素的原子量（atomic weight）。垂直

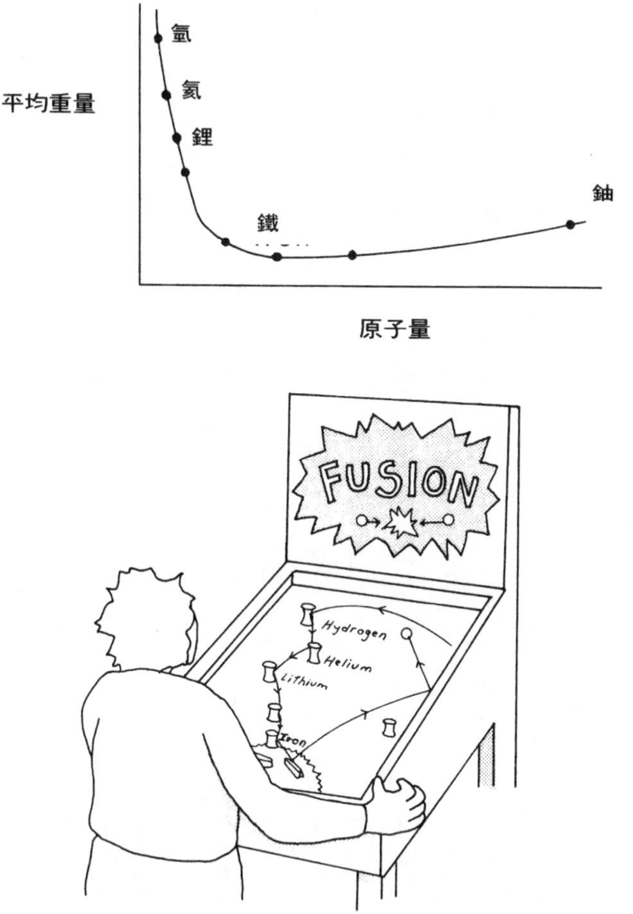

圖 10.1. 氫與氦等較輕元素的平均單一質子「重量」相對於其他元素較大，因此，如果我們在星體內部將氫融合形成氦，便會形成殘餘質量，這些質量便會遵循愛因斯坦的 $E = mc^2$ 公式轉換成為能量；這就是促成恆星發光的能量。然而，恆星一再融合為更重元素之後便會到達鐵，而無法再製造出額外的能量。這時，恆星崩潰並釋放出大量熱量，超新星於焉誕生。這種劇烈的爆炸將星體炸碎並將殘骸遍灑星際空間，成為孕育新恆星的種子。這個過程就像彈珠台遊戲一樣，會重頭再來一遍。

軸則是原子核裡每一個質子的平均「重量」。請注意，氫和鈾的質子平均重量超過圖中央其他元素的質子重量。

我們的太陽是一顆普通的黃色恆星，主要組成元素為氫氣，太陽和原始大霹靂一樣將氫融合並形成氦。由於氫質子的重量超過氦質子的重量，因此就會有多餘的質量，這些質量就依據愛因斯坦的 $E = mc^2$ 公式轉變成為能量。事實上，就是這個能量將原子核束縛在一起，並將部分能量釋放出來，使太陽能夠發光。

然而，經過數十億年光陰，氫氣逐漸耗盡，黃色恆星終於累積太多的氦廢料，核熔爐終於熄滅。到這一刻，重力終於成為優勢作用力，使恆星縮陷。這時，溫度會急遽升高，恆星溫度很快就上揚到能夠燃燒氦廢氣的程度，並將之轉變成其他元素，例如，鋰（lithium）與碳（carbon）。請注意，如果我們沿著曲線下降到原子序較高的元素（較重元素），我們還是可以釋放出能量；換句話說，氦廢氣也可能燃燒（這與普通灰燼在某些狀況下還能燃燒是相同道理）。雖然恆星的體積已經急遽減小，溫度還是相當高，大氣層則會極度擴張。事實上，當我們的太陽耗盡氫燃料，並開始燃燒氦的時候，它的大氣層可能會擴張到火星軌道，於是形成了所謂的紅巨星（red giant）；也就是說，地球當然會在這個過程裡被蒸發氣化，因此，這個曲線也預測了地球的命運。我們的太陽是一顆目前年齡約五十億歲的中年恆星，在它將地球燒成灰燼之前，還有五十億年光陰（諷刺的是，地球和太陽原先都是誕生自同一團渦旋氣體，物理學現在卻預測，與太陽同時創生的地球終會回歸太陽）。

最後，氫氣燃燒完畢之後，核熔爐會再次熄滅，重力又再次成為優勢作用力，使恆星塌縮，於是紅巨星收縮成為一個白矮星（white dwarf）。這是一顆具有整個恆星質量的小型星體，被壓縮成為地球一般大小❶。白矮星的亮度並不高，這是由於當我們沿著曲線降到底部的時候，我們依據 $E = mc^2$ 得知，這個階段只能抽出少量額外能量；白矮星只能燃燒釋放出位於曲線底部的少量殘餘能量。

我們的太陽在生命終結之前會先形成白矮星，再經過數十億年之後則會逐漸耗盡核燃料而死亡，太陽終會成為光芒散盡的黑暗侏儒星球。不過我們認為，如果恆星具備充足質量（數倍於我們的太陽質量），那麼白矮星裡的多數元素仍然可以繼續燃燒形成更重的元素，並終於形成鐵。一旦我們到達鐵的位置，我們就接近曲線的最底端，就無法再從殘餘的質量裡製造出更多的能量，核熔爐終於熄滅。重力再一次成為優勢作用力，將恆星壓縮直到溫度爆炸性上揚一千倍，達到一兆度。到了這個階段，鐵核終於崩潰，白矮星的外殼也爆炸，並釋放出銀河系裡所知的最龐大能量爆炸，我們稱這種爆炸恆星為超新星（supernova）。一顆超新星散發出來的光芒，超越了擁有一千億顆恆星的整個星系。

超新星爆炸之後便形成死寂的星體，也就是大小如同曼哈頓的中子星（neutral star）。中子

❶更精確言之，鮑立不相容原理顯示，任何兩個電子都不得以相同量子數目佔有相同的量子態；也就是說，白矮星就等同於一個費米海洋（Fermi sea），或者說就是一團遵循鮑立原理的電子氣體。由於電子不得處於相同的量子態，因此淨互斥力便足以避免這些電子被壓縮崩塌成為一個點。白矮星的狀況就是如此，互斥力足以對抗重力，中子星裡的中子也是遵循相同的邏輯。中子都遵循鮑立不相容原理，不過由於原子核與廣義相對論效應的影響，計算上就更為複雜了。

星的密度極高，裡頭的所有中子大概都是彼此「摩肩擦踵」。雖然我們幾乎無法看到中子星，還是可以運用儀器進行偵測。中子星在旋轉的時候會散發出輻射線，它們就像是外太空的天文燈塔，我們所觀察到的這種閃爍星體稱為脈動（電波）星（pulsar，亦稱波霎。自一九六七年發現第一顆脈動星以來，我們已經發現了四百多顆，聽起來就像是科幻小說一樣）。

電腦計算顯示，比鐵還重的元素必然是在超新星的高溫、高壓狀態下聚合形成。星球爆炸時，會釋放出大量的星體殘骸，包含原子序較高元素，並爆射進入真空中。這些殘骸終於會與其他氣體混和，一旦累積充足的氫氣之後，又開始重力壓縮過程。於是，從這種包含豐沛重元素的星際氣體與灰塵之中，誕生了第二代的恆星群。部分恆星，就如同我們的太陽，擁有行星繞行，這些行星也包含了重元素。

這個過程也解答了宇宙學長久以來的一個謎團。我們的身體也包含了原子序高於鐵的重元素；然而，我們的太陽卻沒有足夠的高熱來煉製這些元素。如果地球以及我們身體裡的原子都是起源於相同的氣體雲，那麼我們體內的重元素是從何而來？於是，我們得到一個必然的答案：我們體內的重元素是由我們太陽誕生前的一顆超新星聚合形成的；換句話說，數十億年前一顆不知名的超新星爆炸，所產生的原始氣體雲創造出我們的太陽系。

星球的演化可大致比擬為一台具有結合能量曲線造型的彈珠台遊戲機，參閱圖 10.1。彈珠從頂端的氫氣彈射出來，運行到氦，然後一路從較輕元素行進至重元素。彈珠沿著曲線彈射，並一步步形成不同種類的星球，最後彈射到曲線底部鐵的位置，並爆炸成為超新星。接著，這種星際物質重新累積形成含有豐沛氫氣的新星球，彈珠再一次重新開始這個過程。

請注意，彈珠可以沿著兩種途徑彈射到曲線底部，也可以由曲線的另外一端開始，也就是鈾，沿著曲線彈射產生鈾核分裂（fissioning），並裂成碎片。由於分裂所產生的質子平均重量，例如，銫（cesium）與氪（krypton）都小於鈾質子的平均重量，這個額外的質量則依循 $E = mc^2$ 轉變成為能量；這就是原子彈的能量來源。因此，結合能量曲線不只能夠解釋恆星的生與死和元素的發生過程，我們也依此而製造出氫彈與原子彈！（許多人經常詢問科學家，我們有沒有可能發展出原子彈與氫彈之外的核子彈。我們可以從結合能量曲線得知，答案是不行。請注意，這個曲線告訴我們，我們不可能以氧或鐵來製造炸彈；這些元素接近曲線底部，沒有充足的額外質量製造炸彈。媒體所稱的不同類型炸彈，例如中子彈，只不過是另類的鈾與氫彈）。

當我們第一次聽到恆星的生命史，可能會質疑這個說法，畢竟從來沒有人活到一百億歲來目睹星球的演化。然而，由於天空有無數恆星，我們很容易可以找到處於演化不同階段的恆星（例如，一九八七年出現於南半球肉眼可見的超新星，就提供了天文學上的珍貴教材，我們所觀測到的數據符合有關於鐵核白矮星崩潰的理論預測。此外，西元一〇五四年七月四日，古代中國天文學家觀測到的奇妙超新星的殘骸，已經鑑定為中子星）。

此外，我們的電腦程式已經相當精確，我們根本就可以運用數學來預測天體演化的進程。我在唸研究所時的一個室友主修天文學，每天一大早他就會消失不見，直到深夜才回來。他離開前都會說，他要把星星放到爐子裡，並觀察它的成長。剛開始，我還以為他只是在開玩笑。有一天，我問到這一點，他嚴肅地說，他是將星球放在電腦裡，並觀察這顆星球的演化。由於，我們對熱動力學方程式與核融合方程式都已經相當老練，只需告訴電腦從某個氫氣質量開始，並讓電腦展開數字運算，便可以呈現出這團氣體的演化。於是，我們就可以藉檢驗天體演化的理論，重建我們以望遠鏡所觀測到的已知恆星生命各階段。

黑洞

一顆五十倍於我們太陽質量的星球形成中子星之後，會由於重力而繼續崩墜，此時已經沒有核融合作用力與重力相抗衡，這個星球已經無法逃脫崩墜的命運。到這個時候，星體就會形成著名的黑洞。

從某個角度而言，黑洞必然存在。我們記得，恆星是兩種宇宙作用力的副產品：將星球壓垮的重力，和可以將星球像氫彈一樣爆炸的核融合力。一個星球生命史裡的所有不同階段，都是這種重力與融合力的微妙平衡結果。等到一顆龐大星體的所有核燃料都消耗盡淨，這顆星體便成為一團中子星。此時，重力的強大威力獨霸一方，沒有任何已知的作用力能與之抗衡；重力終於成為優勢作用力，將中子星壓縮崩墜於虛無。這顆星球已經走完一個完整輪迴：這顆星球在重力壓縮氫氣，並在天空形成星體時誕生，核燃料耗盡，重力將它壓垮之後，星體的生命也就此終結。

黑洞的密度極高，光就像地球上發射的火箭一樣，被迫在軌道運行環繞黑洞。由於光無法逃脫強大的重力場，崩墜星體看上去完全是漆黑一片。這就是黑洞的一般定義，沒有任何光線能從中逃脫的崩墜星體。

在我們理解這一點之前，我們要先說明所有的天體都具有所謂的脫離速度（escape velocity），以永遠逃脫該天體的重力拉力。例如，太空探測器要脫離地球的重力拉力進入外太空，便必須達到時速二五〇〇〇英里的脫離速度；而要脫離本太陽系，就必須先達到太陽的脫離速度。航海家號（Voyager）便已經達到這個速度，並漂泊進入深空（航海家號攜帶了我們向其他可能發現這艘太空船的外星人的問好訊息）。（也由於地球上的氧原子沒有足夠速度脫離地球的重力場，因此我們才能夠呼吸氧氣。木星與其他的氣體巨星主要是由氫氣所組成，這是由於巨星的脫離速度相當大，足以捕捉早期太陽系的太古氫氣。因此，脫離速度也有助於解釋過去五十億年來，我們太陽系裡行星的演化歷程）。

牛頓的重力論事實上說明了脫離速度和星球質量之間的精確關係。行星或恆星的質量愈大且半徑愈小，要脫離其重力作用力所需的脫離速度就愈大。早在一七八三年，英國天文學者密契爾（John Michell）就已經使用這種計算方法提出他的假設，他認為超級龐大恆星的脫離速度有可能會等於光速。這種龐大恆星發射出的光線永遠無法脫逃，並會繞著這個恆星運行。對於外界的旁觀者而言，這個恆星看起來是全黑的。他使用了十八世紀的最高深知識，真的計算出這種黑洞的質量❷；不幸的是，大家認為他的理論太過浮誇，而很快就被人遺忘。不過，我們今天也是由於使用了望遠鏡及其他儀器觀測太空，和找到白矮星與中子星之故，才相信了黑洞的存在。

有兩種方法可以解釋黑洞為什麼是黑的。從旁觀者的角度來看，由於恆星與光束之間的「作

---

❷他在《皇家學會的哲學會報》（*Philosophical Transactions of the Royal Society*）中寫道：「密度相當於太陽的球體，如果其半徑與太陽的半徑比為500比1，那麼從無窮高度落下的物體會在落到地表的時候加速到超越光速。同時，假設光線會被其相對慣性作用力牽引，則從該物體發射出來的光線會被其本身的重力拉回。」

用力」實在太強了，光束的軌跡因此彎曲成圓圈。我們也可以採取愛因斯坦的看法，「兩點之間的最短距離是曲線。」因此將光束彎折成圓圈代表空間本身已經彎曲成為圓形。而這種現象也只有在黑洞能夠完全擠壓其周圍局部時空的情況下，才會發生，於是光束只得環繞超球體運行。這個部分的時空則與周圍的時空分離，於是，我們說空間被「撕裂」了。

愛因斯坦—羅森橋

由於舒瓦茲柴的研究成果，我們才能夠對黑洞進行相對性描述。愛因斯坦寫下他著名的方程式之後不過短短幾個月內，舒瓦茲柴就在一九一六年精確解出愛因斯坦的方程式，並計算出龐大靜止恆星的重力場。

舒瓦茲柴的解法有幾項有趣的特質。第一，黑洞周圍有一個「不歸點」（point of no return），任何物體只要進入這個半徑，必然會被吸進黑洞，完全沒有脫逃的機會。如果有一個人不幸進入了舒瓦茲柴半徑，就會被黑洞無情捕攫，墜地而亡。今天這一個從黑洞向外延伸的距離就稱為舒瓦茲柴半徑（Schwarzschild radius）或稱為視界（horizon，也就是最遠的可見定點）。

第二，任何進入舒瓦茲柴半徑的人會察覺到，在時空的「另一邊」有一個「鏡射宇宙」（mirror universe，圖 10.2）。愛因斯坦並不重視這個奇異的鏡射宇宙，因為我們根本不可能與之交通往來。任何航行進入黑洞中心的太空探測器都會經歷無窮彎曲，也就是無窮的重力場，任何物質都會被這種強大重力壓毀，原子裡的電子也會被扯離，甚至連原子裡的質子與中子也會被扯

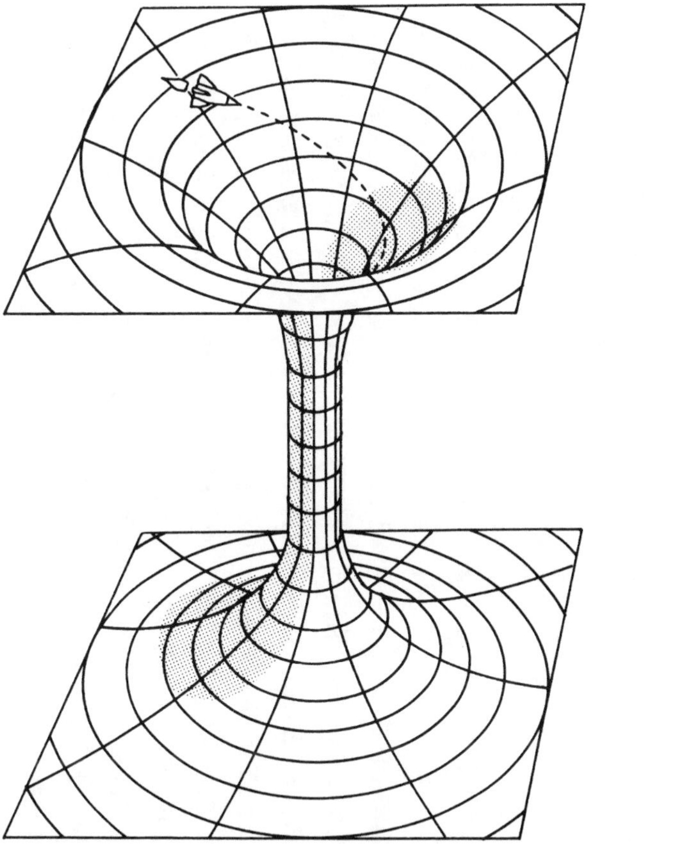

圖 10.2. 愛因斯坦—羅森橋連接兩個宇宙。愛因斯坦認為進入這個橋的太空船都會撞毀，因此這兩個宇宙不可能彼此交通往來；然而，最近的計算結果發現，要旅行穿越這座橋的確是相當困難，卻有可能辦到。

裂。此外，太空探測器要穿透到達另一個宇宙也必須超越光速行進，這是完全不可能的事情。因而，雖然舒瓦茲柴的數學解法必然會得到鏡射宇宙，我們卻永遠無法進行實際觀測。

於是，我們認為連接這兩個宇宙的著名愛因斯坦—羅森橋（Einstein-Rosen bridge，名字的來源是愛因斯坦與他的同僚羅森〔Nathan Rosen〕）只是一個數學伎倆。黑洞理論要前後一貫，就必然會產生這種數學結論，可是，我們卻無法旅行穿越愛因斯坦—羅森橋抵達鏡射宇宙。很快地，其他的重力方程式解也發現了愛因斯坦—羅森橋。描述荷電黑洞（electrically charged black hole）的雷斯納—諾茲特勒姆（Reissner-Nordstrom）解就是一例。不過，在相對論的知識領域裡，愛因斯坦—羅森橋固然吸引人，卻早就為人所遺忘，只成為一段簡短插曲。

隨後，由於紐西蘭數學家克爾（Roy Kerr）的研究成果，事情出現了轉機，他在一九六三年發現了愛因斯坦方程式的另外一個解法。克爾假設任何崩潰的恆星都會旋轉，就像溜冰選手將雙手縮回時，轉速會加快；同理，旋轉的恆星開始崩潰時，也必然會加快旋轉速度。因此，舒瓦茲柴的靜態黑洞解並不是愛因斯坦方程式的最佳物理解法。

克爾的解法在相對論領域裡引起一股風潮，天文物理學家山卓錫卡（Subrahmanyan Chandrasekhar）曾經說道：

> 在我超過四十五年的科學生涯裡，最讓我震撼的體驗，正是當我了解紐西蘭數學家克爾所發現的愛因斯坦廣義相對論方程式解，竟然能夠針對散佈宇宙的無數龐大黑洞，作出完全精確的模型。這是一種「面對美而生的顫慄，」我們在追尋數學之美的過程裡，竟然會產生

這種令人無法置信的事實，我們竟然能夠在大自然中找到對應的實體。我這才領悟到，人類心靈最深刻、最高尚的層次，正是這種對於美的反應。

然而克爾發現，一顆龐大的旋轉恆星並不會坍縮成一點；反之，它會變成扁平的結構，並終於壓縮成為一個圓環，同時具備了相當有趣的特質。如果我們從圓環側面發射探測器進入黑洞，探測器就會撞擊圓環而毀。從側面進入所要經過的時空彎曲還是無窮大，這正是一個環繞著中心的「死亡之環」。然而，如果我們將太空探測器從環的頂端或底端射入，探測器就會經歷相當龐大，卻是有限的時空彎曲；換句話說，重力場並非無窮大。

我們從克爾的解法得出了一個驚人的結論，如果我們將太空探測器沿著旋轉黑洞的旋轉軸心發射進入，原則上，探測器是有可能熬過其中心龐大卻有限的重力場，並穿透進入鏡射宇宙，同時也不會被無窮大的時空彎曲所摧毀。愛因斯坦—羅森橋就像是聯絡時空兩個區域的通道，也就是蟲洞。因此，克爾黑洞正是進入另一個宇宙的通道。

現在假設，你的火箭已經進入愛因斯坦—羅森橋，當你的火箭接近旋轉的黑洞時，你會看到一個環狀的旋轉星體。剛開始，火箭從北極航向黑洞的時候好像就要發生慘劇墜毀，然而，當我們愈來愈接近圓環的時候，我們的探測器會偵測到鏡射宇宙發出的光芒。由於所有的電磁輻射，包括雷達都會環繞黑洞的軌道運行，我們的雷達螢幕會探測到環繞黑洞的多重訊號。這個效應就好像是一間鑲滿鏡子的大廳，我們會被周圍的多重影像所迷惑，光線在多重鏡面之間往返映射，讓我們產生幻覺，並看到大廳裡出現了好幾個自己的影像。當我們通過克爾黑洞的時候，也會產生類似的效應。由於同一道光線會繞行黑洞多次，火箭上面的雷達就會偵測到環繞黑洞的多重影像，並顯示出實際上並不存在的物體幻覺。

彎曲效應

那麼，我們是不是可以運用黑洞進行銀河系內的長程旅行，也就是類似《銀河飛龍》或其他電影裡的情節？

我們前面已經談過，某空間裡所包含的質能量決定該空間的彎曲程度（馬赫原理）。愛因斯坦的著名方程式則讓我們能夠計算出由質—能所形成的時空彎曲程度。

企業號星艦（Starship Enterprise）的能量來源「帝力晶體」（dilithium crystals），能夠發揮奇妙功能將時空彎曲，於是柯克艦長就可以帶領我們穿梭超空間；換句話說，帝力晶體具有能夠將時空連續彎曲的神妙威力，也就是說，這種結晶體是能夠貯藏龐大質量與能量的燃料庫。

當企業號從地球穿梭旅行到最靠近的恆星，它並不是真的移動前往人馬座的阿爾發星，事實上，是人馬座的阿爾發星移動靠近企業號。我們可以假設自己坐在椅子上，並以套索拋擲套住幾英尺外的桌子。如果我們的力量夠大，地板也夠滑溜，我們就可以拉動繩索，讓地毯彎摺捲起。如果我們的拉力夠大，桌子就會被我們拉扯過來，於是，桌子與我們之間的「距離」便會減少，地毯也會捲成一團，於是我們就可以跳過這一團「彎曲的地毯」；換句話說，我們本身並沒有移動多少距離，實際上是我們與桌子之間的距離收縮了，我們只需跨過這一段收縮的距離。企業號也是這樣，它並不需要穿梭跨越整個空間以抵達人馬座的阿爾發星，這艘星艦只需要航行通過起皺的時空——也就是穿越蟲洞。我們現在就來討論蟲洞的拓樸學型態，這樣我們就可以更加明瞭，當一個人落入愛因斯坦—羅森橋時的情景。底下這個例子有助於我們將這種多重連結的空間具象化。假設我們在一個清朗的下午，漫步在紐約的第五大道上，正當我們邊走邊想心事的時候，眼前突然出現了一扇懸浮的窗戶，就像愛麗絲故事裡的魔鏡一樣（我們先不要去考慮，開啟這種窗戶所需的能量有可能會震垮地球，這裡只是提出一個假設性的例子）。

我們往前一步，仔細瞧瞧這一個懸浮的窗戶，卻駭然發現眼前出現了一隻面目猙獰的暴龍（Tyrannosaurus rex）臉孔。這下子，我們最好趕緊逃命。但就在此時，我們注意到這隻暴龍並沒有身體，牠的身體全部在窗子的另外一端，因此牠不能傷害我們。於是我們往窗戶底部觀察，試圖找到暴龍的身體，卻只能看到街道；似乎那隻恐龍和那扇窗戶根本就不存在。我們深感疑惑，於是慢慢環繞窗戶而行，發現根本看不到那隻暴龍，因此，我們鬆了一口氣。然而，當我們從窗戶的背面看進去，卻看到一隻雷龍的頭，牠的眼睛正緊盯著我們瞧（圖 10.3）！

我們大為震驚，於是再次繞窗而行，並從窗子側面看過去。我們訝然發現，根本就沒有窗戶的影子，暴龍與雷龍也都不見了。於是，我們再次繞行飄浮的窗戶。我們從某個方向可以看到暴龍的頭，從另外一個方向，則可以看到雷龍的頭。但是，當我們從側面觀察，會發現鏡子還有兩隻恐龍都不見了。這到底是怎麼回事？

在遙遠的宇宙裡，一隻暴龍和一隻雷龍意外遭遇，並展開一場生死殊決戰。正當牠們面對面怒視對方時，突然在二者之間出現了一扇懸浮的窗戶。暴龍往飄浮的鏡面裡頭觀看，卻驚訝地看到了一個瘦小纖弱的哺乳類動物，他的小臉蛋上長滿了亂髮：那是一個人類。暴龍可以清楚看到

圖 10.3.　在這個純屬虛構的例子裡，本宇宙開啟了一道「窗口」，或稱為蟲洞。如果我們從一個方向朝窗口裡看，會看到一隻恐龍。如果我們從窗口的另一邊朝裡望，會看到另外一隻恐龍。從另外一個宇宙的角度來看，兩隻恐龍中間開啟了一道窗口，恐龍則會看到窗內出現了一隻奇怪的小動物（我們）。

他的頭，卻看不到身體；然而，當雷龍從同一扇窗戶的另外一端往內凝視，看到的卻是第五大道上的商店與車水馬龍。隨後，暴龍發現窗戶裡的人類不見了，並出現在面對雷龍的窗戶裡頭。

假設現在突然刮起一陣風，將我們的帽子吹入窗戶，我們會看到帽子被風刮入至另外一個宇宙空間，讓我們無法在第五大道上找到帽子。我們深吸一口氣，在心慌意亂之下伸手進入窗戶試圖取回那頂帽子。從暴龍的角度，牠看到一頂帽子突然出現，被風吹進窗戶。隨後，牠還看到沒有身體的手伸進窗戶，並竭力希望抓到那頂帽子。

現在風向轉變了，將帽子吹到另一個方向。於是我們伸出另一隻手，從另外一個方向伸入窗戶。現在，我們處於相當詭異的處境：兩隻手從兩個不同方向伸入窗戶，我們卻看不到自己的手指。從我們的角度看來，我們的雙手都不見了；從兩隻恐龍的角度而言，牠們又看到了什麼呢？牠們會看到兩隻晃動的纖細小手從窗戶兩邊分別伸進來，卻看不到身體（圖 10.4）。

這個例子顯示，在多重連結空間的狀況下，我們能夠想像出的有趣時空彎曲情景。

關閉蟲洞

從一個簡單的想法——高等次元能夠統一時空，還有，我們能夠以時空彎曲來解釋「作用力」——竟然能夠導出這麼精采的物理現象，這實在是相當的奇妙。然而，如果我們將愛因斯坦的廣義相對論推演到極限，就會進入黑洞與多重連結空間的領域。事實上，要創造蟲洞或不同空間之通道所需的質—能尺度太過龐大，只能藉助於量子效應。因此，量子修正很可能會將蟲洞開口封閉。如此一來，我們就不可能旅行穿越這個通道。

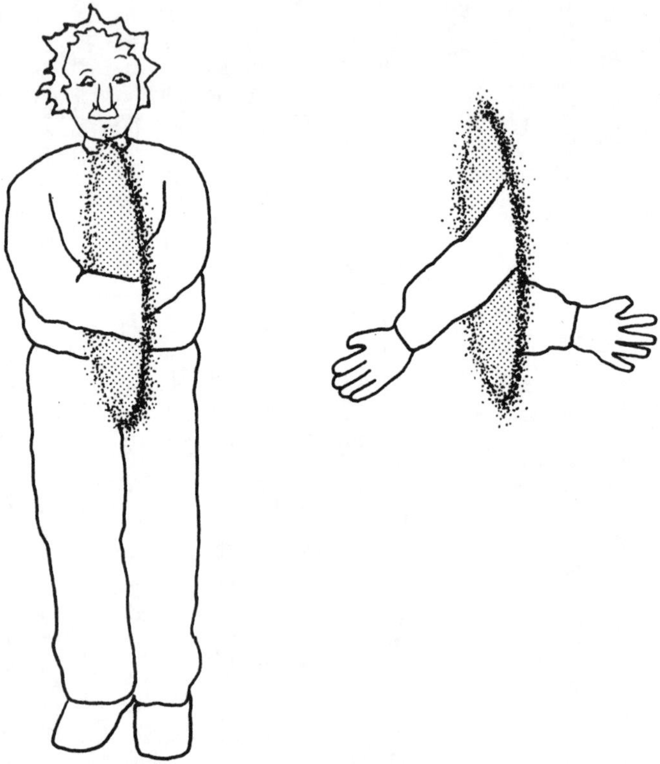

圖 10.4. 如果我們將雙手從兩個不同方向伸入窗口，我們的雙手就會消失不見。我們的身體還在，卻沒有手了；這時，在另一個宇宙的窗口兩邊各出現了一隻手，這兩隻手卻沒有連接在身體上面。

無論是量子理論或相對論都不足以解決這個問題。所以，我們只好等待十次元空間理論完成之後，我們才能斷定蟲洞是不是真的存在，或只是另一個天馬行空不切實際的想法。不過，在我們討論量子修正和十次元空間理論的問題之前，讓我們先暫停一會兒，並思索蟲洞所可能產生的最詭異現象。物理學者認為，蟲洞有可能產生多重連結空間，我們也可以顯示蟲洞能促成時光旅行。

現在，我們就來思索一種恐怕是多重連結宇宙所能產生的最奇妙，也最令人嘆為觀止的現象：建造時光機器。

第十一章

建造時間機器

對我們這些物理信徒而言，
過去、現在和未來只是偏執的錯。
——愛因斯坦

時間之旅

我們能回到過去嗎？

我們能和威爾斯《時光機器》的主角一樣，轉動一下機器上的指針，就能穿越漫長歲月，來到西元八〇二七〇一年嗎？或和米高·福克斯一樣，駕駛鈽燃料車回到未來？

時間之旅可能嗎？這個問題引發出很多有趣的問題。如在凱薩琳·特納（Kathleen Turner）主演的電影《佩姬蘇要出嫁》（*Peggy Sue Got Married*）中，每個人心中都深藏著回到過去的願望，想改變一些關鍵性的小過失。佛洛斯特（Robert Frost）的詩作〈未選擇的道路〉（The Road not Taken），則讓人不禁想到在人生的關鍵時刻，如做出不同的決定，又會有什麼結果。如果能回到過去，我們就能回到年少時代，消除難堪的往事，選擇另一位配偶，或找個不同的工作；或改變重大歷史事件的結果，改變人類的命運。

以電影《超人》（*Superman*）為例，大地震幾乎將加州夷為平地，超人的女友被壓在數百噸的碎石下，讓超人傷心欲絕。看到女友的慘死，悲傷的超人衝入太空，將不左右人類歷史的諾言拋在腦後。他一直加速，直到超越光速，攪亂時空的結構；他以光速飛行，迫使時間慢慢停下，最後讓時間倒流到露薏絲被壓死之前。

這顯然是不可能的。雖然時間會隨著你的速度增快而減緩，你卻無法超越光速讓時間倒流，因為根據狹義相對論，你以光速運動時，質量會變成無限大。因此大多數科幻小說家描述的超光速旅行，已違反了狹義相對論。

愛因斯坦很清楚時間之旅是不可能的。就像布勒（A. H. R. Buller）《潘趣酒》（*Punch*）中的打油詩一樣荒謬：

有個名叫明亮女孩，
她跑得比光速還快。
她跑了一天，相對的一天，
結果回到昨晚。

大多數對愛因斯坦方程式一知半解的科學家，將時間之旅斥為無稽之談，和被外星人綁架的故事一樣離譜。但事情並非這麼簡單。

為解決這個問題，我們必須拋開不允許時間旅行的狹義相對論，採取允許時間旅行的廣義相對論。廣義相對論的涵蓋範圍，遠大於狹義相對論；狹義相對論只能解釋以等速遠離恆星的物體，廣義相對論卻能解釋以加速度接近特大質量恆星和黑洞的火箭。因此廣義相對論能補足狹義相對論部分不完整的結論。但任何利用愛因斯坦的廣義相對論，分析時間旅行的數學理論基礎的物理學家，仍找不出明確的答案。

時間之旅的支持者指出，根據愛因斯坦的廣義相對論方程式，某些形式的時間之旅是可行的。但他們也承認，將時間扭曲成圓形需要極大的能量，大到足以瓦解愛因斯坦的方程式。就探討時間之旅的可能性而言，在物理學的範疇中，量子理論要比愛因斯坦的廣義相對論更適任。

愛因斯坦的相對論說，時空的扭曲是取決於宇宙的質能量，時間旅行必須靠極巨大的質能量扭曲時空。找出足以產生如此巨大能量的質能結構，其實是可能的。但足以扭轉時間回到過去的質能結構的密度和能量極大，大到足以粉碎廣義相對論，量子修正便能彌補相對論的不足之處。愛因斯坦的相對論無法應用於極大的重力場，因此也無法判斷時間之旅是否可行，這時就只能將希望寄託於量子理論了。

超空間理論正好能在這裡派上用場，因為在十次元空間中，量子理論和愛因斯坦的重力理論可以被統一。我們希望能藉著超空間理論，一舉解決時間之旅的問題。正如之前在論述蟲洞和多次元之窗時提到的，我們在進入最後一章前，必須先闡釋超空間理論的妙用。現在先介紹時間之旅的爭論，和它所衍生出的有趣問題。

因果的瓦解

科幻小說家常納悶：如果一個人能回到過去，會發生什麼事？乍看之下，很多時間之旅的故事似乎都很合理。但如果時間機器變得和汽車一樣普遍，市面上充斥著數以千萬計的時間機器時，一切會變得多麼混亂？混亂將席捲天下，讓宇宙分崩離析；無數人將回到過去，改變自己和他人的過去，並改寫歷史；有些人甚至會帶槍回到過去，在敵人出生前殺死他的父母；要調查某個時代的人口，也成了不可能的事。

如果時間之旅能夠實現，因果律也將因而崩潰，我們所認識的歷史也將瓦解。如果有成千上萬人回到過去，改寫歷史上關鍵的大事，這會造成多大的混亂？福特戲院（Ford’s Theater）突然冒出大批來自未來的觀眾，爭吵著該由該出面阻止林肯暗殺事件；在諾曼第登陸的現場，也會擠滿大批拿著照相機捕捉精采畫面的人們。

歷史上的主要戰場將變得面目全非，就以西元前三三一年，亞歷山大大帝（Alexander the Great）大敗大流士三世（Darius III）所領導的波斯人的高戈梅拉之役（Battle of Gaugamela）為例。這場戰役徹底瓦解波斯人的勢力，結束了他們和西方抗衡的局面，讓西方文明得以在之後的一千年中蓬勃發展。如果有一小群帶著火箭和現代武器的傭兵來到戰場，情勢又將演變成什麼局面？現代武器只需牛刀小試，就能讓亞歷山大的兵士潰不成軍。如此地干預過去，將影響到西方勢力在全球的擴張。

如果時間之旅能實現，所有歷史事件都沒有塵埃落定的一天，歷史書籍永遠無法定稿。一些頑固份子將永不放棄刺殺葛蘭特將軍（General Ulysses S. Grant）的計劃，或將原子彈的祕密運往一九三〇年代的德國。

如果改寫歷史變得和擦黑板一樣容易，又會如何？我們的過去將和岸邊的砂子一樣，不停地隨著微風飄零。每當有人駕駛時間機器回到過去，歷史也將隨著改變。我們所認識的歷史將成為歷史，歷史將不再存在。

大多數科學家都不喜歡這種可能性，如此一來，不但會讓歷史學家無法了解「歷史」的意義，人們穿梭古今時，也會產生嚴重的矛盾。宇宙學家霍金（Stephen Hawking）曾將以下的狀況作為「經驗性」證據，以證明時間之旅並不可行。他相信時間之旅是不可能的，因為「並沒有大批來自未來的觀光客，造訪我們的世界」。

時間的矛盾

要了解時間之旅的問題，必須先將各種矛盾分類。這些矛盾可分為兩大類：

一、在你出生前遇到自己的父母。

二、沒有過去的人。

第一類的時間旅行，對時間結構的破壞最嚴重，因為它能改變既定的事實。還記得《回到未來》的主角，在過去遇到他正值豆蔻年華的媽媽，當時她還未和他爸爸墜入情網。他驚訝地發現，他不小心破壞了父母關鍵性的相遇。更糟的是，少女時代的媽媽居然愛上了他！如果他的無心之過讓父母無法相戀，他又無法讓媽媽回心轉意愛上爸爸，他將會消失，因為他根本不會誕生。

第二類矛盾是沒有由來的事件。舉個例子，假設有一個窮困潦倒的科學家，正嘗試在零亂的地下室建造世上第一部時間機器。一位有錢的老紳士突然憑空出現，送給他一大筆錢，和建造時間機器所需的複雜方程式和電路圖。發明家後來學到時間之旅的知識，並能預見股市的起落，在股市、賽馬和其他投資上大撈一筆。數十年後，他變成一位富有的老人，並回到過去實現他的命運。他遇到年輕時代，在地下室工作的自己，告訴年輕的自己時間旅行的祕密，並提供他研發的經費。問題是：時間旅行的概念究竟源自何處？

海廉的著名短篇故事《行屍走肉》（*All You Zombies—*），也許最能說明第二類時間旅行的矛盾。

一九四五年，一位來路不明的女嬰被棄置在克里夫蘭的一所孤兒院。「珍」在孤獨和落寞中長大，不知道她的親生父母是誰，直到一九六三年的某日，她莫名其妙地愛上一位流浪漢。正當珍的際遇開始好轉時，災禍卻接踵而至。她懷了流浪漢的孩子，流浪漢卻不見蹤影。在複雜的生產手術中，醫生赫然發現珍有兩套性器官。為了拯救珍的生命，他們只好為珍進行變性手術，讓「她」變成「他」。最後，一位神秘的陌生人，從產房中綁走了她的孩子。

經歷了這些打擊，被社會排斥，被命運嘲笑的「他」，變成了一位酒鬼和流浪漢。珍不但失去了雙親和愛人，連自己的孩子也失去了。到了一九七〇年，他走進冷清的「老爹酒吧」，向一位老酒保說出他悲哀的一生。酒保答應幫他報復對「她」始亂終棄的陌生人，條件是他必須參加「時間旅行團」。他們兩人進入時間機器，酒保將流浪漢留在一九六三年。流浪漢莫名其妙地愛上一位年輕的孤兒，後來讓她懷孕了。

酒保繼續前進九個月，從醫院綁走女嬰，將女嬰棄置於一九四五年的一所孤兒院。後來酒保將流浪漢帶到一九八五年，成為「時間旅行團」的一員。流浪漢終於開始過著穩定的生活，成為「時間旅行團」中一位受人尊敬的老會員。後來他化身為一位酒保，接下最棘手的任務：和命運的約會，在一九七〇年的「老爹酒館」和一位流浪漢碰面。

問題是：誰是珍的父、母、祖父、祖母、兒子、女兒、孫子和孫女？當然了，小女孩、流浪漢和酒保都是同一個人。這些矛盾足以讓你暈頭轉向，讓你搞不清楚珍的出身。從珍的族譜看來，所有分枝最後都回到原點。她居然是自己的父母！她就是整個家族。

世界線

根據相對論，我們能以一套簡單的方法釐清千頭萬緒的矛盾，我們將使用愛因斯坦首創的「世界線」（World line）法。

舉例而言，假設我的鬧鐘在早上八點響起，但我想要繼續睡大覺，不去上班。雖然我看似在床上虛度光陰，其實我正沿著一條「世界線」前進。拿張紙，以水平座標代表「距離」，以垂直座標表示「時間」。如果我在八點至十二點之間躺在床上，我的世界線便是一條垂直線；我朝未來前進四小時，但在距離上卻保持不動；就連發呆時，我也會畫出一條世界線（有人罵我游手好閒時，我可以理直氣壯地反駁：根據愛因斯坦的相對論，我正在四次元空間中，畫出一條世界線）。

假設我在十二點起床，在下午一點到達辦公室。我的世界線會開始傾斜，因為我正在空間和時間中移動。圖 11.1 的左下角代表我家，右上角代表辦公室。如果我開車上班，趕在十二點半到達辦公室，由例圖可看出我移動得愈快，我的世界線和垂直軸偏離愈大（請注意，圖中有一塊世界線無法進入的「禁區」，因為我們無法以超光速移動）。

由此可見，我們的世界線既沒有起點，也沒有終點，就連我們死亡後，身體分子的世界線仍會繼續延續，這些分子也許會融入空氣或土壤中，但它們仍會延著各自的世界線不斷前進。同樣地，我們出生時，來自母體的分子的世界線合併成嬰兒。世界線永遠不會中斷或消失。

就以我個人的世界線為例，來說明這一切的來龍去脈。假設我的父母在一九六〇年相遇、戀

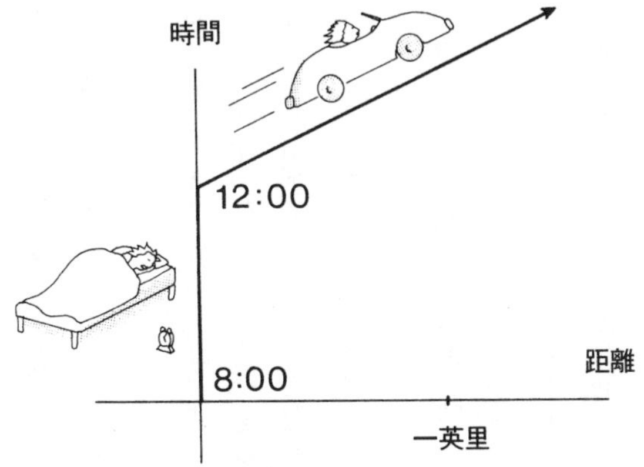

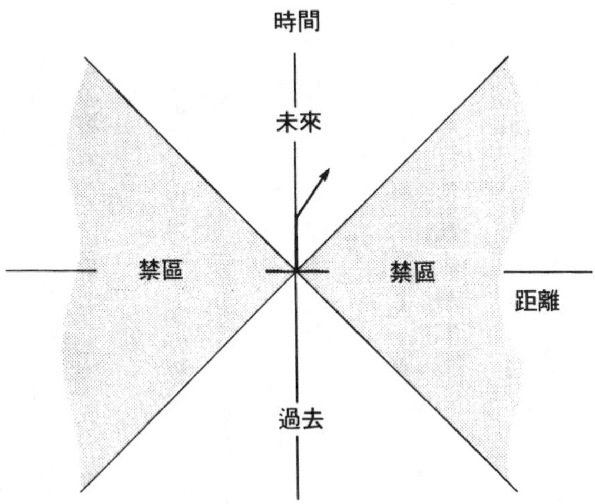

圖 11.1　我們的世界線，也就是我們一生的縮影。舉例而言，假設我在早上八點到十二點躺在床上，我的世界線就是一條垂直線。如果我開車上班，我的世界線就成了一條斜線。我移動得愈快，我的世界線傾斜得愈厲害；但我的速度再快，也無法超越光速。因此在時空圖表中有幾塊「禁區」，我必須超越光速，才能進入禁區。

愛、生下我。父母的世界線碰撞，產生第三條世界線，也就是我。某人死去時，他的世界線會分散成無數分子的世界線。從這個角度看來，人可說是一群分子世界線的暫時集合。我們出生後，這些互不相關的世界線聚集成我們的身體；我們死後，這些世界線又四散紛飛。就像《聖經》上說的：「塵歸塵，土歸土。」從相對論的觀點看來，這也可說是：「始於世界線，終於世界線。」

因此，我們的世界線涵蓋了我們一生的點點滴滴。我們所經歷的一切——第一次騎自行車，第一次約會，和第一份工作——都記錄在世界線中。前蘇聯的宇宙學大師加莫夫，很擅長以巧妙的手法探討愛因斯坦的理論，他的自傳就叫做《我的世界線》（*My World Line*）。

藉著世界線，我們便能描繪出回到過去的情況。假設我回到過去，遇見尚未生我的母親；遺憾的是，她居然愛上我，拋棄了我父親。我會像《回到未來》描述的一樣消失嗎？透過世界線，我們便知道這是不可能的。我消失時，我的世界線會一起消失，但根據愛因斯坦的理論，世界線不可能中斷。因此從相對論的觀點看來，改變過去是不可能的。

改造過去的第二種矛盾也衍生出一些有趣的問題。舉例而言，我們回到過去並不是要破壞過去，而是完成過去。因此，進行時間之旅的發明家的世界線是個封閉的迴圈；他的世界線並未改變過去，而是完成過去。

「珍」的世界線則更加複雜，她是自己的父母和兒女（圖 11.2）。

再次提醒各位，我們不能改變過去。我們的世界線回到過去時，它只是去完成已知的事實，在這樣的宇宙中有可能遇到過去的自己。我走完一個週期後，遲早會遇見年輕時的自己。我告訴

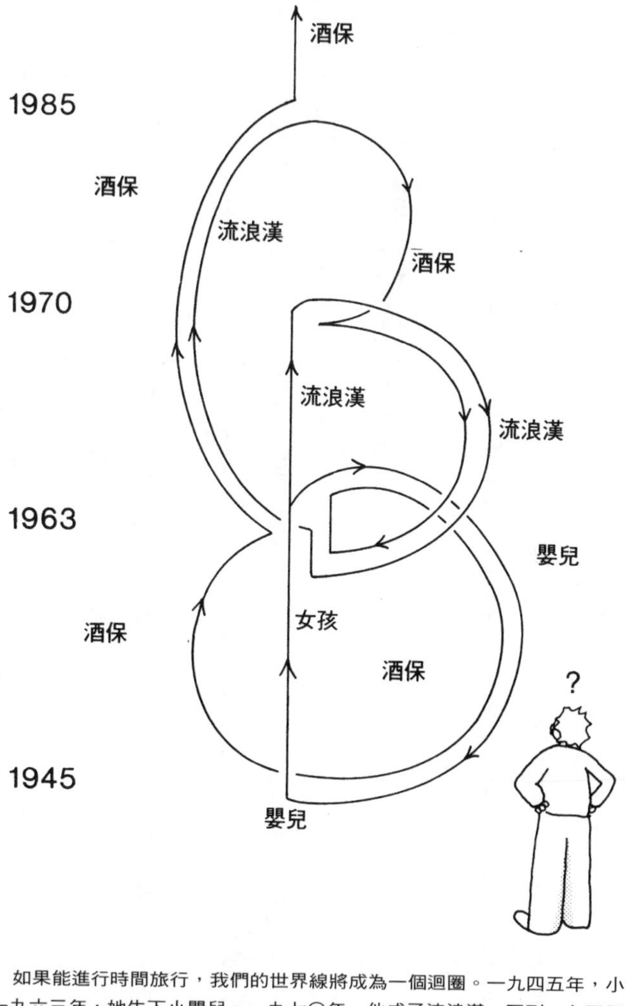

圖 11.2. 如果能進行時間旅行，我們的世界線將成為一個迴圈。一九四五年，小女孩出生。一九六三年，她生下小嬰兒。一九七〇年，他成了流浪漢，回到一九四五年和自己碰面。一九八五年，他成了時間旅客，在一九七〇年的酒館中遇到自己，帶自己回到一九四五年，綁架了嬰兒，將女嬰帶回一九四五年，如此周而復始地進行；女孩是自己的父母、祖父母和兒女。

這位年輕人，和他有種似曾相識的感覺。想了一會兒後，我突然記起來，小時候曾遇到一位不尋常的老人，他說他好像曾看過我。

我們也許能這樣完成過去，但卻無法改變它。世界線不能中斷或結束，它們也許能在時間中構成迴圈，但卻無法改變過去。

錐狀圖表的亮區只是狹義相對論能解釋的範圍。狹義相對論雖然能描述回到過去的情況，卻不能解答時間之旅是否可行。我們必須求助於廣義相對論，才能解答這個涵蓋面更大，且複雜得多的問題。

藉著廣義相對論，我們了解到這些糾纏的世界線並未違反物理法則，這些封閉迴圈是科學界所謂的封閉時間狀曲線（closed timelike curves，CTCs）。科學界爭論的是，廣義相對論和量子理論是否能解釋 CTCs。

算術和廣義相對論的破壞者

一九四九年，愛因斯坦被哥德爾（Kurt Gödel）的一項發現搞得心煩不已。維也納籍的哥德爾是愛因斯坦的好友，也是他在普林斯頓高等研究院的同事。哥德爾發現的公式不但動搖了愛氏方程式，也違反了常理。根據他的公式，某些形式的時間之旅是可行的。這是史上第一項支持時間之旅的數學根據。

哥德爾是某些圈子中公認的破壞王。一九三一年，他因證明了數學的自相矛盾性而揚名天下，同時也粉碎了始於歐幾里得和希臘人兩千多年來被奉為圭臬的數學法則：將數學簡化為一小群有條理，無所不包的原理。

哥德爾在一部數學鉅著中，證明了始終有些算術定理是無法自圓其說的算術定理，因此算術永遠不完整。哥德爾的發現，也許是一千年來數學邏輯上最驚人的發展。

精確的數學一度被視為最純粹的科學，凌駕於粗俗的塵世之上，它超凡的地位正遭到質疑。在哥德爾之後，數學的基礎開始搖搖欲墜（簡單地說，哥德爾證明的第一步是凸顯出邏輯的矛盾之處。就以句子「這句話是假的」為例，如果本敘述為真，它的敘述即為偽；如果本敘述為偽，它的敘述即為真。再看另一個例子：「我是騙子。」如果我說的是實話，我就是騙子。因此歌爾德說：「這句話無法被證明為真。」如果這句話是真的，它就無法被證明為真。透過這些繁複的矛盾，哥德爾證明了有些算術無法證明的真陳述）。

哥德爾粉碎了數學長久以來的美夢後，接著又顛覆愛氏狹義相對論的陳腐觀點。他揭露出愛因斯坦理論中一些不可思議的毛病，時間之旅就是其中之一。

他先假設宇宙中充滿了慢慢旋轉的氣體或塵埃，這看似很合理，因為宇宙遠處正充滿了氣體和塵埃。哥德爾的解法會讓愛因斯坦憂心忡忡，是基於兩個原因。

第一，他的理論違反了馬赫原理，他證明了在相同的塵埃和氣體分布狀況下，可由愛因斯坦方程式推出兩種解法（這意味馬赫所謂的理論並不完整，馬赫認為隱而不現的假設其實是存在的）。

更重要的是，他指出某些形式的時間之旅是可行的。根據哥德爾的理論，粒子沿著某種軌跡前進時，最後終將回到過去和自己碰面。他寫道：「乘火箭沿著一道大曲線前進周遊旅行，便可能來到過去、現在或未來，最後再回到原點。」哥德爾根據廣義相對論，推論出第一個封閉時間狀曲線。

在從前，牛頓將時間想像成一枝朝目標直飛的箭，箭一射出後，它的路徑就不會受到任何偏移或改變。愛因斯坦認為時間就像一條大河，雖然它不斷向前奔流，也常會蜿蜒流過村落和平原。質量和能量可以暫時改變河的流向，但就整體而言，河流仍不斷地向前流動，它不會突然中斷或倒流。但哥德爾認為時間之河能平順地向後彎曲，形成一個圓。河流免不了會有渦流和漩渦，雖然河流大致上是向前流動，但河的外緣總有些深潭，潭水是以循環方式流動。

將哥德爾的解法視為怪人的奇想未免有欠公允，因為哥德爾將時間彎成一圈的怪異解法，終究是根據愛因斯坦的場方程式導出的。因為哥德爾按步就班地發現愛氏方程式的一個合理解法，愛因斯坦無法正面反駁，只好以它不符合經驗資料為藉口加以駁斥。

哥德爾的宇宙觀有個缺陷：他假設宇宙中的氣體和塵埃在緩慢地旋轉；經過實驗，我們並未發現宇宙塵或氣體會在太空中旋轉。我們雖由儀器證實宇宙在不斷膨脹，卻看不出宇宙在旋轉。因此，我們大可拋開哥德爾的宇宙觀（這套宇宙觀留下一個令人不安，卻又蠻有道理的可能性：如果宇宙會旋轉，CTCs 和時間旅行就不會違反物理定律）。

愛因斯坦在一九五五年去世。能以不符合經驗法則為由，將哥德爾的相對論解法打入冷宮，又證明了人們無法回到出生之前，和自己的父母碰面。愛因斯坦死也瞑目了。

生活在「陰陽魔界」

到了一九六三年，紐曼（Ezra Newman）、昂提（Theodore Unti）和唐伯里諾（Louis Tamburino）發現了一套比哥德爾解法更瘋狂的愛氏方程式解法。不同於哥德爾的宇宙，他們的解法並不是建立於一個充滿旋轉塵埃的宇宙的假設上。表面上看來，他們的宇宙就像是黑洞。

和哥德爾的解法一樣，他們的宇宙也容許 CTCs 和時間旅行。此外，你在黑洞外繞行一周後，並不會回到原點。這就像置身於有個黎曼切面的宇宙中，你最後會來到宇宙的另一層面。紐曼—昂提—唐伯里諾的宇宙就像是一個螺旋梯；沿著樓梯行進三百六十度後，你並不會回到出發點，而是來到另一層階梯。生活在這種宇宙中就像是一場惡夢，一切都不符合常理。這種宇宙簡直有些病態，因此有人結合了三位發明家的姓氏字首，將它命名為瘋狂（NUT）宇宙。

起初，相對論者認為NUT解法和哥德爾解法一樣，都是無稽之談。他們認為宇宙的演化和這些解法描述的不同，從經驗就可判斷這些解法不足採信。但數十年後，由愛因斯坦方程式導出的容許時間之旅的怪異解法紛紛出籠。在七〇年代初，紐奧良圖良大學（Tulane University）的帝普勒，重新分析馮斯托肯（W. J. van Stockum）在一九三六年提出的愛氏方程式解法，這套解法比哥德爾的解法還早出現。這套解法假設有一種無限長的旋轉圓柱。驚人的是，帝普勒能證明這套解法也違反因果律。

就連克爾解法（Kerr solution，這是對外太空黑洞描述最詳實的解法）也容許時間旅行，穿越克爾黑洞的火箭太空船，只要它能安然通過，便能違反因果律。

不久，物理學家發現NUT模式的特性也適用於任何黑洞或擴張宇宙。其實，目前已能從愛氏方程式導出無數病態解法，例如，由愛氏方程式導出的所有蟲洞解法，都容許某種形式的時間之旅。

相對論學家帝普勒說：「由場方程式可導出包含各種不可思議行為的解法。」愛因斯坦如果還健在，一定會被大量冒出的愛氏方程式病態解法嚇壞了。

愛因斯坦的方程式就像是木馬屠城記的木馬。乍看之下，這個木馬就像一份大禮，它能解釋星光如何被重力扭曲，也能提出一個蠻有說服力的宇宙起源說。但木馬中卻藏著各種妖魔鬼怪，容許穿越蟲洞進行星際旅行和時間之旅。為了一窺宇宙最深沉的秘密，我們必須放棄一些廣受世人接受的宇宙觀——如空間和歷史的關係是不可改變的。

但問題仍然存在：這些CTCs是否和愛因斯坦所說的一樣，完全不符合經驗法則？或者有人能證明它們在理論上是可行的，並建造一部時間機器？

建造時間機器

一九八八年六月，三位物理學家（加州理工學院的索恩和墨里斯〔Michael Morris〕，及密西根大學的尤瑟夫（Ulvi Yurtsever））首度提出一項有根據的時間機器計劃。他們說服世界知名的《物理評論通訊》雜誌的編輯，讓編輯群正視他們的計劃（數十年來，主流物理期刊收到數十件瘋狂的申請案，這些申請案都遭到駁回，因為它們並不符合物理原則或愛氏方程式）。和經驗老道的科學家一樣，他們以眾所周知的場論闡釋他們的論點，並仔細地解釋其中立論最薄弱的假設。

為了掃除科學界對他們的疑慮，索恩和他的同僚了解到他們必須先克服一般人的成見，讓他們接受蟲洞也能做為時間機器的假設。首先，正如稍早提過的，愛因斯坦了解黑洞中心的重力極大，足以將任何太空船扯得四分五裂。就數學而言，蟲洞是可能存在的；但實際上，它們卻毫無用處。

第二，蟲洞也許並不穩定。蟲洞內的任何小變化，都足以瓦解愛因斯坦—羅森橋，因此黑洞內的太空船所造成的影響，便足以讓蟲洞的入口封閉。

第三，必須以超光速前進，才能穿越蟲洞。

第四，蟲洞可能因巨大的量子作用自行封閉。舉例而言，黑洞入口發出的強烈輻射，不但會殺死任何想進入黑洞的人，也可能將入口封住。

第五，蟲洞內的時間逐漸變慢，蟲洞中心的時間甚至陷入停頓。對來自地球的太空旅客而言，蟲洞的情況並不妙；他會逐漸變慢，到蟲洞的中心時甚至會停住，這位太空旅客就像被凍結在時間中。也就是說，這位太空旅客要花無限長的時間才能穿越蟲洞。假設有人能穿越蟲洞再重返地球，他將經歷極嚴重的時間扭曲，地球上也許已過了數十億年了。

基於以上理由，以蟲洞進行時間之旅終究不可行。

索恩是一位認真的宇宙學家，對時間機器總抱著懷疑或嗤之以鼻的態度，但索恩也陰錯陽差地慢慢走上研究時間機器之路。一九八五年，沙根（Carl Sagan）將小說《接觸未來》（*Contact*）的草稿寄給索恩，這本小說從科學和政治面探討一個劃時代事件：和外星人的首度接觸。任何科學家在思考外星生物的問題時，都免不了會思考該如何突破光速。愛因斯坦的狹義相對論明白指出，任何物體都無法超越光速。前往遠方的恆星必須花上數千年，因此星際旅行無法實現。沙根想讓他的小說盡量符合科學精神，因此他寫信給索恩，問他是否能在不違反科學的情況下，達到超光速。

沙根的問題激起索恩的好奇心，這是一位科學家對另一位科學家提出的科學問題，索恩必須認真地回答。還好，因為這並不是一個正統的問題，索恩和同事便以最不尋常的方式找答案：他們採取逆勢操作（backward）。通常物理學家會先找一個已知的天文對象（如中子星、黑洞或大爆炸），再以愛因斯坦方程式求出附近空間的曲率。愛氏方程式的主旨是，物體周圍時空的曲率是取決於物體的質能量，利用這套方法，我們一定能依愛氏方程式在外太空找到互相關聯的天體。

由於沙根的問題太詭異了，索恩和同事只好逆向尋找答案，他們先約略假設出想尋找的目標。他們必須從愛氏方程式研究出一套解法，讓太空旅行者不致被超強重力場的潮汐作用扯碎。他們必須找到一個安穩的蟲洞，而且它不能在旅程中途突然封閉，往返這個蟲洞的時間只需數天，而不用花上數十億年。事實上，他們的大原則是：這個蟲洞必須讓時間旅客輕鬆地回到過去。他們選定了蟲洞的類型後，便開始計算形成這種蟲洞所需的能量。

從他們非正統的觀點看來，他們並不很在意以二十世紀的科學能否產生所需的能量。對他們而言，這是未來文明動手建造時間機器時，才會面臨的工程問題；他們只想證明，就科學而言它是可行的，而不是證明它是否符合經濟效益，或是否超出當今科學的能力：

理論物理學家常問道：「有哪些物理定律？」或「這些定律對宇宙會做出何種推論？」我們在本文中卻問道：「對一個極先進的文明而言，物理定律對它有何限制？」要回答這個問題，就必須對物理定律做一番探討。我們的第一個問題是，一個極先進的文明能在物理定律的許可範圍內，製造蟲洞展開星際旅行嗎？

這段話的關鍵詞當然是「極先進的文明」。物理定律能告訴我們什麼是可能的，而不是什麼是可行的；物理定律才不管實踐定律要花多少錢。一項理論上可行的計劃的花費，也許就超過地球的國民生產毛額。索恩和同事提出「極先進的文明」是有其用意的，只有這樣的文明才能駕御蟲洞的力量，這種文明才能進行各種可能的實驗（哪怕對地球人而言，這些實驗並不可行）。

他們不久就順利找出一個既簡單，又能迎合種種嚴苛要求的答案；它並不是黑洞，因此他們不必擔心會被塌縮星體扯得稀爛。他們稱這套解法為「可穿越的蟲洞」（transversible wormhole），表示它有別於其他無法讓太空船穿越的蟲洞解法。他們滿心欣喜地在回信中告訴沙根這個解法，沙根後來將他們的部分概念融入小說中。這套解法簡單得讓他們難以置信，他們認為連物理研究所的新生都能了解這套解法。一九八五年秋季，在加州理工學院的廣義相對論期末考上，索恩以蟲洞解法為考題，要學生推論出它的物理特性（大多數學生都做了詳盡的數學分析，卻沒有看出這套解法能實現時間之旅。）

如果學生們能在期末考上多用點心，就能推算出蟲洞更驚人的特性。他們應該能發現在「可穿越蟲洞」中的旅行，就和搭乘飛機一樣舒適，乘客所承受的最大重力將不超過一倍重力

（1g）；也就是說，他們的重量不會大於在地球時的重量。此外，乘客也不必擔心蟲洞的入口會在旅程中封閉，索恩的蟲洞永遠都是開啟的，而穿越蟲洞不必花上數十億年，旅程的時間在可接受的範圍內。墨里斯和索恩寫道：「這趟旅程非常舒適，全程約在兩百天以內。」

索恩至今仍未發現電影中常見的時間矛盾：「根據科幻小說的情節（如某人回到過去殺死自己），CTCs應該會導致空曲線」（zero multiplicities，也就是不可能存在的曲線）。但他也指出在他的蟲洞中，CTCs似乎是去完成過去，而不是改變過去或製造時間矛盾。

在向科學界提出這些驚人的結果時，索恩寫道：「它們是愛因斯坦場方程式的新式解法，它所描述的蟲洞可以讓人類通過。」

但其中仍有一項難題，這也就是時間機器至今仍無法問世的原因。索恩最後階段的計算，是求出形成「可穿越蟲洞」的質量和能量的本質。索恩和同事發現在蟲洞的中央，一定有一種性質奇特的「怪異」物質型態。索恩指出，這種物質型態雖然不尋常，卻未違反已知的物理定律，但他仍語帶保留的指出，未來科學家也許會證明這種物質並不存在，但就目前而言，這種怪異物質仍是合理的物質型態。只要科技夠先進，就能製造出來；索恩自信滿滿地寫道：「一個極先進的文明能利用單一蟲洞，建造回到過去的機器。」

時間機器的藍圖

如果你讀過威爾斯的《時光機器》，索恩的時間機器藍圖大概會讓你大失所望；你不是坐在客廳的椅子上，轉動一些指針，看著閃爍的燈光，就能回顧所有的歷史，如毀天滅地的世界大戰、偉大文明的興亡，或未來的科學結晶。

索恩的某一款時間機器有兩個小室，每個小室內有兩個並聯的金屬板，每對金屬板之間會產生強大電場（強大得讓目前科技望塵莫及），電場將破壞時空的結構，在兩個小室的相連處造成一個孔。再將一個小室置於火箭太空船中，以接近光速飛行；另一個小室則留在地球上。因為蟲洞能連接兩個不同時間的空間，第一個小室內的時鐘走得比第二個小室內的時鐘慢。在蟲洞兩端的時間，是以不同的速率進行，因此任何人從一端進入，都將立刻被拋往過去或未來。

另一種時間機器也許是這樣的：如果能找到「怪異物質」，將它製成金屬狀，再將它塑製成圓筒狀。在圓筒站著一個人，怪異物質會扭曲四周的時空，造成一個蟲洞，連結到另一個時間的宇宙遠方。這個人位於漩渦中央，他承受著不到一倍的重力，接著被吸入蟲洞，最後來到宇宙的另一端。

就表面看來，索恩的論證過程完全符合數學定律。根據愛因斯坦的方程式，在蟲洞解法中，蟲洞兩端的時間會以不同的速率進行，因此能進行時間之旅；問題是該如何製造蟲洞。正如索恩和同事所說的，主要的難題在於該如何利用怪異物質，駕御龐大的能量，以建造並維持一個蟲洞。

基礎物理有一項基本定理：所有物體都帶有正能量，振動的分子、行進的汽車、飛鳥和火箭都具有正能量（真空則不帶任何能量）。但如果我們能製造帶「負能量」的物體（也就是比真空的能量還少的物體），我們便能製造出異常的時空結構，將時間彎曲成一個圓。

這個簡單的概念有個頗繞口的名稱：平均弱能量狀態（averaged weak energy condition，

AWEC）。一如索恩所說的，必須打破AWEC狀態，必須暫時讓能量成為負值，才能進行時間旅行。但長久以來，相對論者一直很排斥負能量的觀念，他們知道負能量將導致負重力，和一大堆違反經驗的現象。

但索恩指出能透過量子理論達到負能量。一九四八年，荷蘭物理學家卡季米爾（Hendrik Casimir）證明，能利用量子理論創造負能量：只需要兩塊不帶電的並聯金屬板。根據常識，因為這兩塊金屬板不帶電，因此彼此間不具作用力。但卡季米爾證明，根據海森堡的測不準原理，將兩塊金屬板隔開的真空中具有大量活動，有數以兆計的粒子和反粒子不斷地生成和消失；它們不知從何處冒出，又消失在真空中；它們太神出鬼沒了，幾乎觀察不到它們，它們也不違反任何物理定律。這些「虛擬粒子」在兩塊金屬板間造成吸引力，卡季米爾認為能測量得出這種吸引力。

卡季米爾的論文首度發表時，就飽受人們的質疑，兩個不帶電的物體怎麼可能互相吸引？這違反了古典電學的定律。這是前所未聞的事，但在一九五八年，物理學家斯巴納伊（M. J. Sparnaay）在實驗室觀察到這種現象，和卡季米爾預測的一模一樣；此後，它就被稱為卡季米爾效應（Casimir effect）。

控制卡季米爾效應的方法之一，是在蟲洞入口放置兩塊並聯的導電金屬板，在每一端造成負能量。索恩和同事做出以下結論：「也許永遠無法打破弱能量狀態；果真如此，可穿越蟲洞和時間之旅也就不可能存在，也不可能違反因果。現在談這些還言之過早。」

目前索恩的時間機器仍未被科學界接受，主要是因為缺乏一個完整的量子重力理論。舉例而言，霍金曾指出蟲洞入口的強烈輻射，將回歸到愛氏方程式的質能量，質能的累積將扭曲蟲洞的入口，也許會將它永遠封閉，索恩卻認為輻射的強度還不足以封閉入口。

這時就要靠超弦理論了，因為超弦理論是一套完整的量子力學理論。愛因斯坦的廣義相對論，也只不過是它的一個子集合，我們能利用它修正最初的蟲洞理論。原則上，我們能藉著它判斷AWEC狀態是否符合物理定律，和蟲洞是否能保持暢通，讓時間旅客放心地回到過去。

霍金對索恩的蟲洞抱持保留的看法。有趣的是，霍金提出的新蟲洞理論卻更不可思議；霍金的蟲洞並不能連接現在和過去，而是將我們和宇宙連接上無數的平行宇宙。

第十二章 碰撞宇宙

自然不僅比我們想像得詭異，它根本就超乎我們的想像。

——霍登（J. B. S. Haldane）

宇宙學家霍金是科學界最具悲劇色彩的人物之一。一種無藥可治的退化疾病讓他生命垂危；但他仍無視一切險阻，繼續他的研究工作。雖然他已無法支配手、腳、舌頭和聲帶，卻在輪椅上開創出新的研究之路；換作其他物理學家，也許早就向科學難題宣告投降了。

他無法提筆，只好在腦中進行所有的計算，有時也會靠助理幫忙；他的聲帶已失去功能，只能靠機器和外界溝通。然而，他不但孜孜不倦地繼續一項研究計劃，還能抽空完成暢銷書《時間簡史》，並在世界各地演講。

我曾獲邀在霍金主持的物理會議演講，並到他在劍橋大學附近的家拜訪他。我走過他的客廳時，只看到各式別出心裁的研究道具。他的桌上有個類似樂譜架的器具，但他的架子更精巧，能夾住紙張和自動翻頁（我想很多物理學家也和我一樣，一定都曾想過，如果我失去了手腳和說話能力，就算有最好的輔助器具，我還有毅力繼續從事研究嗎？）。

霍金是劍橋大學盧卡斯講座的物理教授，牛頓也曾擔任這項職務。和這位大名鼎鼎的前輩一樣，霍金也投入本世紀最偉大的探索：整合量子理論和愛因斯坦的重力理論。他對美妙、自洽的十次元空間理論也大為激賞，並在他暢銷書的結尾詳加討論。

說到讓霍金名滿天下的黑洞，他現在已不再傾全力研究它，黑洞已經過時了。他現在有個更遠大的目標——統一場論。弦論是以量子理論為基礎，後來又結合U了的重力理論。霍金最早是一位古典相對論者，而不是量子論者，他從另一個觀點研究這個問題。他和同事哈特（James Hartle）以愛因斯坦的古典宇宙觀為出發點，再將整個宇宙量子化！

宇宙波函數

霍金是新興科學量子宇宙學（quantum cosmology）的創始人之一。乍看之下，它似乎是個自相矛盾的名詞：量子一詞適用於夸克和微中子的極小世界，宇宙學則意味著浩瀚無邊的外太空。但霍金和其他人相信，只有藉由量子理論，才能揭開宇宙之謎。霍金遵循量子理論，推衍出量子宇宙學的最終結論：世上有無數個平行宇宙。

量子理論的基本論點是以波函數（wave function）解釋粒子的各種狀態，舉例而言，假設天空有一大片不規則形狀的雷雲，雷雲愈暗，所含的水氣和塵埃也愈多；因此只看看雷雲，就能迅速估計出天空某處出現大量水氣和塵埃的機率。

單一電子的波函數也和雷雲一樣。和滿天的雷雲一樣，電子也無所不在；某處的電子波函數的值愈高，愈容易在該處發現電子。同樣地，波函數也能應用於人類等大物體。我端坐在普林斯頓大學時，我也有一個薛丁格或然率（Schödinger probability）的波函數。如果我看得到自己的波函數，它應該像是和我體形一樣的雲，但某些雲卻延伸到太空各角落，延伸到火星或太陽系之外，雖然它稀薄得像是不存在。這表示我極可能坐在椅子上，而不是在火星上，雖然我部分的波函數已延伸到本銀河系之外，但我身在其他星系的機率卻微乎其微。

霍金的新構想是將整個宇宙視為一個量子粒子，重覆一些簡單的步驟，就能得到一些驚人的結果。

先假設一個包含所有可能宇宙的集合的波函數，這意味霍金理論的前提是個平行宇宙的無窮集合，也就是宇宙波函數（wave function of the universe）。霍金只是將粒子換成宇宙，但卻改變了世人的宇宙觀。

根據這套假設，本宇宙的波函數遍及所有可能的宇宙。在本宇宙附近，這個波函數的值非常大，因此我們的宇宙極可能是正確的宇宙；但波函數也遍及其他各宇宙，甚至包括無生命和不符合物理定律的宇宙。既然波函數在其他宇宙的值極小，在可預見的未來，我們的宇宙應該不會進行量子跳躍，跳躍到其他宇宙。

量子宇宙學家的目的是證實這項假設在數學上的合理性，並說明在我們的宇宙中，宇宙波函數的值很大，但在其他宇宙中則小得微不足道。如此便能證明我們所熟悉的宇宙不但是獨一無二，而且也處於穩定狀態（目前量子宇宙學家仍無法解決這個重要的問題）。

如果霍金所說的是事實，世上就有無數共存的可能宇宙；不客氣地說，宇宙一詞已不代表「所有存在的事物」。舉例而言，圖 12.1 顯示宇宙波函數能遍及數個可能的宇宙，我們的宇宙是最有可能的一個，但卻不是唯一的。霍金的量子宇宙學的另一個假設是，宇宙波函數容許這些宇宙碰撞，但它造成的蟲洞和前一章提到的不同。前一章的蟲洞能連結三次元空間中的不同區域，本章的蟲洞則能連結不同的宇宙。

假設在空中懸浮著一大群肥皂泡，每個氣泡就像是一個宇宙，只是它有時會撞上其他氣泡，結合成更大的氣泡，或分裂成兩個較小的氣泡；不同的是，每個肥皂泡代表的是一個完整的十次元空間宇宙。因為時間和空間只存在氣泡內，氣泡之間並沒有時間和空間，每個宇宙都有自成一格的「時間」。各宇宙的時間未必會以相同速率進行（在此要強調的是，我們並不是因科技落

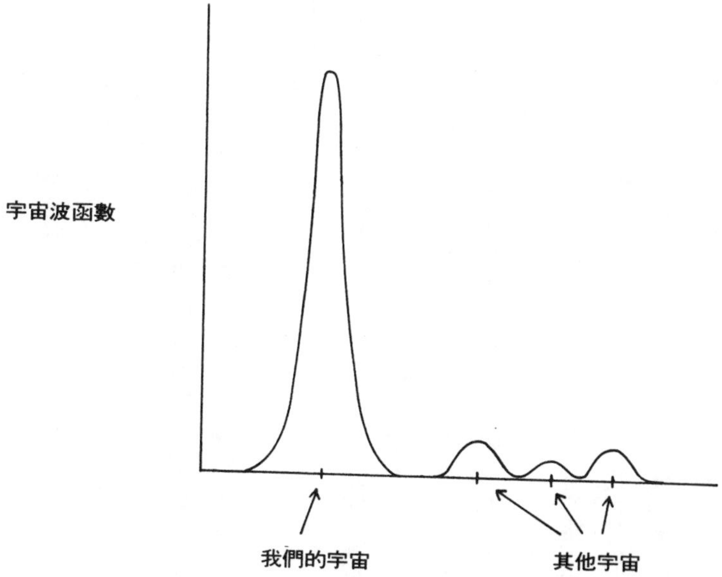

圖 12.1. 在霍金的宇宙波函數中，波函數大多集中於我們的宇宙附近。我們置身在這個宇宙中，因為它是可能性最高的宇宙，但波函數也有可能挑上附近的平行宇宙，雖然這種機率極低，因此宇宙間的轉換是可能的（但可能性微乎其微）。

後，才無法在各宇宙之間旅行；此外，如此大規模的量子轉移（quantum transition）非常難得發生，我們的宇宙很可能永遠都不會碰上這種情況）。這些宇宙大多是沒有生命的死寂宇宙，這些宇宙中的物理定律各不相同，無法創造出能孕育生命的環境。也許在不計其數的宇宙中，只有我們宇宙的物理定律能孕育出生命（圖 12.2）。

霍金的「嬰宇宙」理論，雖然不能作為來往各宇宙的方法，卻衍生出一些哲學和宗教的問題。在它的推波助瀾下，宇宙學家爭論已久的兩項議題又被炒熱了。

將上帝帶回宇宙？

第一項爭議和人類至上論（anthropic principle）有關。數世紀以來，科學家已漸漸學會從客觀的角度觀察宇宙，我們已不再將人類的偏見和奇想，投射在科學發現上。但根據歷史，早期的科學家常犯「擬人化」的毛病，以為事物或動物具有人類的特質；認為寵物具有人類的七情六慾，也犯了這個毛病（電影編劇常以為太空中一定有類似人類的生物，他們也居住在環繞恆星的行星上，這也犯了擬人化的毛病）。

擬人化是個老問題了。愛奧尼亞（Ionian）哲學家瑟諾芬尼斯（Xenophanes）曾有感而發地說：「人類以為諸神也是出自娘胎，祂們的衣著、談吐和外形都和人類一樣……。愛奧尼亞人的神有扁鼻和黑皮膚，色雷斯人（Thracians）的神有紅髮和藍眼。」幾十年來，一些宇宙學家驚訝地發現，擬人化又在科學界捲土重來了；一些支持者打著人類至上的旗幟，公開宣示要將上帝帶回科學。

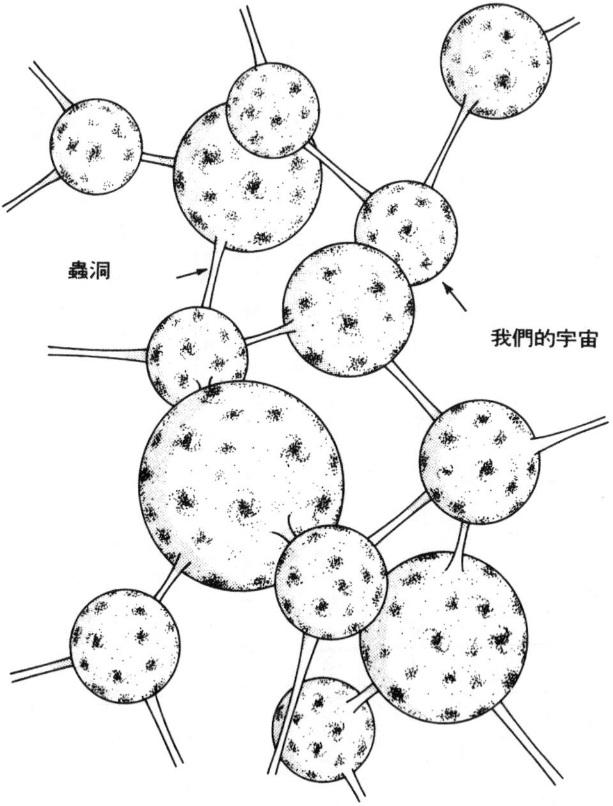

圖 12.2. 我們的宇宙也許只是無數的平行宇宙之一，每個宇宙都透過複雜的蟲洞系統和其他宇宙相連。在蟲洞之間旅行不是沒有可能，只是可能性極低。

其實就科學而言，人類至此的詭辯仍有一些可取之處。它主要的論點是，如果宇宙的物理常數有些微的改變，生命就不可能誕生。這項事實是一個巧合，抑或是出自神的手筆？

人類至上論有兩個版本。根據保守的版本，智慧生物（人類）存在的這項事實，即是有助於我們了解宇宙恆態的一項線索。正如諾貝爾獎得主溫伯格的解釋：「世界之所以是這個樣子，部分是因為如果沒有生物，又有誰會去探究世界為何會如此。」經過這樣的包裝，要反駁保守版的人類至上論也很困難了。

宇宙中要孕育出生命，必須靠一連串極難得的巧合。生命不可缺少一大堆複雜的生化反應，只要略為改變部分的化學和物理常數，這些生化反應就不可能產生。舉例而言，如果核子物理學的常數有絲毫改變，核合成（nucleosynthesis）便不可能發生，恆星和超新星之中的重元素也不會出現；超新星的原子將會不穩定，或根本無法生成。生命必須靠重元素（原子序在鐵之後的元素）製造DNA和蛋白分子，只要核子物理學有任何改變，恆星中就無法產生重元素。我們是恆星的「孩子」，如果核子物理學有任何絲毫變化，我們的「父母」就無法創造我們。再舉一個例子，生命可能經歷了十億到二十億年才在上古的海洋中形成，如果質子的生命週期縮短為數百萬年，生命就不可能出現，因為分子進行隨機碰撞的時間太短，還來不及創造生命。

換言之，人類能存在宇宙中，又能提出這麼多關於宇宙的問題，這表示一定曾發生過一連串複雜的事件。大自然的物理常數必須保持在某些定值；如此一來，恆星才來得及創造人體所需的重元素，質子也不會在孕育出生命之前發生衰變。換言之，人類之所以存在，並探討宇宙的種種問題，全是肇因於宇宙的物理學遵循著不計其數的規範——如宇宙的年齡、化學成分、溫度、體積和各種物理變化。

關於宇宙的種種巧合，物理學家戴森（Freeman Dyson）曾寫道：「我們觀察宇宙時，發現很多有利於人類的物理學和宇宙學上的巧合，就像宇宙早已預知到人類的出現。」這就是「激進」版的人類至上論。根據這一派說法，宇宙的所有物理常數都是上帝精心策劃的，目的是讓宇宙孕育出生命。因為激進版把神都搬出來了，在科學家之間也造成更大的爭議。

如果少數自然常數保持特定值就能孕育出生命，那生命的出現也許純屬巧合。但宇宙之所以有生命，是因為一大群物理常數都在特定範圍內。這類巧合的發生機率幾乎等於零，因此可能有一位上帝選定了各常數的值，好讓生命出現。

科學家首度風聞人類至上論時，不免都大吃一驚。物理學家帕格回憶說：「這種論證法完全不同於理論物理學家慣用的方法。」

過去有一種說法：上帝讓地球和太陽保持恰好的距離。如果上帝讓地球太靠近太陽，地球就會過熱，生物就無法生存；如果地球離太陽太遠，地球又會變得太冷。人類至上論和這種論調有異曲同工之妙，只是它更加複雜。這種論調的謬誤是，在本銀河系中有數以百萬計和太陽距離不當的行星，這些行星上也就不可能有生物。但有些行星卻碰巧和太陽保持適當距離，地球恰好是其中之一，因此我們才能討論這個問題。

大多數科學家最後都放棄了對人類至上論的希望，因為它既不具先見之明，又無法驗證。帕格無可奈何地說：「和大多數物理原則不同，它並沒有自我驗證的方法，根本無從判斷它的對錯。和傳統物理原則不同，我們無法對人類至上論提出任何反證——由此可知它並不是一種科學原則。」物理學家古斯直言不諱地說：「我就是不喜歡人類至上論……。人類至上論只是一些閒來無事的人搞出的玩意。」

費曼曾說理論物理學家的目標是：「儘快推翻自己的觀點。」但人類至上論既缺乏新意，又無法被推翻。也許就像溫伯格說的：「少了科學家，科學也就不存在；但少了科學，宇宙也未必會在乎。」

人類至上論和上帝的爭議已被擱置多年，直到霍金在最近提出宇宙波函數，它才再度浮上檯面。如果霍金說的沒錯，世上就存在著無數的平行宇宙，其中有很多宇宙具有不同的物理常數。也許在某些宇宙中，質子衰變得極快，恆星無法製造比鐵重的元素；恆星塌縮得太快，來不及孕育出生命。事實上，這些平行宇宙中的大多數都是一片死寂，不具備能孕育生命的物理定律。

在某一個平行宇宙中（我們的宇宙），它的物理定律恰巧符合生命的條件，我們今日能在此討論，就是它存在的明證。如果這種說法屬實，我們就不必將生命的起源歸諸於上帝。但霍金的假設卻重新點燃保守版人類至上論的希望——除了我們的宇宙，還有無數的死宇宙；我們的宇宙是唯一符合生命條件的宇宙。

霍金的宇宙波函數衍生出第二項更深奧的爭論，它至今仍懸而未決，它被稱為「薛丁格之貓」（Schrödinger's cat）問題。

重訪薛丁格之貓

霍金的嬰宇宙和蟲洞理論是以量子理論為出發點，因此我們不免要重新探討量子理論中仍待商榷的爭議。霍金的宇宙波函數並未完全解決量子理論的矛盾之處，它只是凸顯出這些矛盾。

根據量子理論，任何物體都具有波函數，我們能根據它的波函數，推算它在某時某處出現的機率。量子理論也說，直到你觀察某粒子時，你才能確知該粒子的狀態。在進行觀測前，粒子可能處於薛丁格函數描述的各種狀態。因此在進行觀察或測量之前，根本無法確定粒子的狀態。事實上，在進行測量之前，粒子是處於一種集各種可能狀態之大成的渾沌狀態。

波耳和海森堡首度提出這個概念時，便遭到愛因斯坦的大力反駁。他常問：「難道是因為一隻老鼠在看月亮，月亮才存在嗎？」從純粹量子理論的觀點看來，月亮在被觀察之前，並不以我們所熟知的方式存在。月亮可能處於無限種狀態，如高掛在天空，脹得大大的，或根本就不存在。經過觀察後，月球才會繞著地球轉。

波耳因這套驚世駭俗的世界觀，和愛因斯坦展開多場激辯（在某次辯論中，波耳氣急敗壞地對愛因斯坦說：「你根本不懂該如何思考，你只會推理！」）薛丁格是波函數的創始人，也是這一連串論戰的始作俑者，但連他也無法接受波耳等人對波函數的詮釋。他曾後悔地說：「我不喜歡它，真遺憾會和它扯上關係。」

為反駁修正論者的解釋，批評者問道：「在你看一隻貓之前，牠是死的或活的？」

為凸顯這個問題的荒謬性，薛丁格提出一個假設：在密封的箱子中有隻貓，貓面對著一把槍，槍和蓋氏計數器相連，蓋氏計數器又連著一個鈾塊。鈾原子很不穩定，正要進行放射性衰變。如果有任何鈾原子核發生衰變，蓋氏計數器便會察覺，並牽動手槍板機將貓射死。

我們必須打開箱子觀察貓，才知道牠是死是活。但在我們打開箱子前，貓又是什麼情況呢？

根據量子理論，我們只能說這隻貓是一個包含死貓和活貓的波函數。

對薛丁格而言，非死非活的貓簡直太離譜了，但根據量子力學的實證法，我們卻不得不接受這個結論。目前的所有實驗都證明量子理論是對的。

薛丁格之貓的矛盾太匪夷所思了，讓人不禁想到《愛麗絲夢遊記》中，愛麗絲看到笑臉貓消失時的反應：「貓說：『待會見』，接著就消失了。愛麗絲並沒有很吃驚，這些怪事她看多了，已經見怪不怪了。」多年來，物理學家對量子力學的種種怪事也見怪不怪了。

物理學家應付這類難題的方法，至少可分為三大類。第一，假設上帝存在。既然所有「觀察」都少不了一個觀察者，宇宙中一定存在著某種「意識」。諾貝爾獎得主魏格納（Eugene Wigner）等物理學家堅稱，量子理論證明了宇宙中存在著某種「普遍而無所不在的意識」（universal cosmic consciousness）。

大多數物理學家都採用第二種方法——置之不理。多數物理學家指出，沒有人控制的照相機也能拍照，希望能藉此擺脫這個煩人的問題。

物理學家費曼曾說：「我想沒有人了解量子力學是什麼，不要想是否能躲開它，而該想：『它為何會是這個樣子？』從沒有人能逃出這個死胡同，遲早你也會身陷其中。沒有人知道它為何會是這個樣子。」人們常說在二十世紀提出的理論中，最愚蠢的就是量子理論。有人說量子理論唯一的可取之處，就是它絕對是正確的。

但還有第三種應付這個矛盾的方法，它被稱為多重世界理論（many-worlds theory）。和人類至上論一樣，數十年來，這套理論也一直乏人問津。直到霍金提出宇宙波函數，它才重獲重視。

多重世界

一九五七年，物理學家埃佛里特（Hugh Everett）提出一套假說：宇宙在演化之路上，不斷地分裂為二，就像道路的分叉。在某個宇宙中，鈾原子沒有衰變，貓也沒有被殺死。在另一個宇宙中，鈾原子發生衰變，貓也被殺了。如果埃佛里特說得沒錯，世上就存在著無數的宇宙，每個宇宙都能經由叉路系統和其他宇宙相連。或像阿根廷作家波赫士（Jorge Luis Borges）在《歧路花園》（*The Garden of Forking Paths*）寫的：「時間不斷分叉成無數的未來。」

物理學家狄威特是多重世界理論的支持者，他提到多重世界理論對他的深遠影響，「每個恆星、星系或宇宙各角落發生任何量子轉移時，我們身處的地球也被撕裂成無數『分身』。我還清楚記得，我頭一次接觸多重世界概念時，所感覺到的震撼。」根據多重世界理論，所有可能的量子世界都存在。在某些世界中，人類是地球的主宰者；在其他世界中，次原子世界的活動讓人類無法在地球上出現。

就像物理學家威爾契克（Frank Wilczek）說的：

> 有人說如果特洛伊的海倫的鼻尖長了個疣，歷史將呈現全然不同的面貌。疣的成因可能是單一細胞的突變，也可能是太陽的紫外線造成的。結論是：如果特洛伊的海倫的鼻尖真的長了個疣，世界可能會演變成各種不同的局面。

多重宇宙的觀念其實早就存在了。哲學家馬格努斯（St. Albertus Magnus）曾寫道：「到底是存在著很多世界，或只有單一的世界？這是自然研究中至高無上的問題之一。」這個老觀念在改頭換面後，化身為能解決薛丁格之貓的矛盾的多重世界理論。雖然在某個世界的貓死了，在另一個世界的貓卻還活著。

雖然埃佛里特的多重世界理論蠻匪夷所思的，但它其實和一般人對量子理論的解釋並無二樣。但埃佛里特的多重世界理論，一直未受到物理學家的重視。根據多重世界論，世上存在著無數個具有相同正當性的世界，每個世界不斷地一分為二，物理學家無法裝做它不存在；它對崇尚簡單的物理學家而言，簡直就是一場哲學的惡夢。根據物理原理中的奧坎氏簡化論（Occam's razor），我們應該採取最簡單的路徑，拋開其他較難處理的路徑，尤其是那些永遠無法測量的路徑（奧坎氏簡化論就是如此揚棄古老的「以太論」。根據以太論，宇宙中曾瀰漫著一種神秘的氣體。以太論能輕易地回答一個棘手的問題：如果光是一種波，光波是如何在真空中行進的？答案是：因為就連在真空中，液體般的以太仍能持續振動。愛因斯坦證明以太其實並無關緊要，但他從未說過以太不存在，只說它可有可無。根據奧坎氏簡化論，物理學家從此就絕口不提以太了）。

埃佛里特的多重世界之間無法互相溝通，因此，每個宇宙並不知道其他宇宙的存在。如果無法以實驗證明其他宇宙的存在，根據奧坎氏簡化論，我們就該將它們排除在考慮範圍之外。

同樣地，物理學家也無法斷言天使和奇蹟不存在；也許它們真的存在，但奇蹟原本就無法重複出現，也無法以實驗測量。因此，根據奧坎氏簡化論，我們應該對它們置之不理（如果有可重複出現和測量的奇蹟或天使，這又另當別論了）。惠勒（John Wheeler）是埃佛里特的老師，也是多重世界論的發展者之一，連他也無奈地否決了它，因為「這套理論的形上學包袱太沈重了。」

隨著霍金宇宙波函數的走紅，多重世界論不受歡迎的局面可能也將好轉。埃佛里特的理論是以單一粒子為基礎，並主張宇宙一旦分裂，就不可能互相溝通。霍金的理論雖然和它相關，涵蓋面卻廣得多；它的基本論點是有無數各自獨立的宇宙（不僅僅是粒子），並認為可以藉蟲洞貫穿各宇宙。

霍金甚至接下了計算宇宙波函數的艱鉅任務，他深信自己的研究方向是正確的，這部分是因為這套理論已有明確的定義（只要它和我們提過的一樣，是被界定於十次元空間之內）。他的理想是證明在我們的宇宙附近，宇宙波函數的值變得很大。因此我們的宇宙是最合理的宇宙，但絕不是唯一的一個。

至今，已召開過很多次宇宙波函數的國際研討會，但宇宙波函數涉及的數學問題非常複雜，遠超過任何人的計算能力。也許還要等上好幾年，才會出現一位能找出霍金方程式正確解法的人。

平行世界

埃佛里特的多重世界和霍金的宇宙波函數有一項重大的差異：霍金的理論以連接平行宇宙的蟲洞為中心。但你也不必擔心某天下班回家時，一打開大門，卻誤闖入一個平行宇宙，發現家人都不認識你。他們不但沒有熱情歡迎累了一天的你，反而陷入一片驚惶大喊著：捉強盜，害得你因非法入侵民宅而入獄；這類情節只會出現於電視或電影上。根據霍金的理論，蟲洞無時無刻不將我們的宇宙連接到無數的平行宇宙。但這些蟲洞非常小，直徑約只有一蒲朗克長度（約比質子小一千萬兆倍，小得人們根本無法利用此通過）。此外，平行宇宙間極難得發生大規模的量子轉移，也許直到宇宙滅亡都不會發生一次。

以下是一個完全符合物理定律的假設：假設某人進入一個和我們宇宙幾乎一模一樣的宇宙，兩個宇宙間只有一個關鍵性的小差異，這個差異是在它們分裂的那一刻造成的。

溫德姆（John Wyndham）曾在短篇故事《隨機搜尋》（*Random Quest*）中，描述過這類的平行世界。英國核子物理學家特拉福德，險些在一九五四年的一場核子試爆中喪命。他醒來時，發現自己並不在醫院裡，而是毫髮無傷地身在倫敦的荒郊。看到一切都很正常，他鬆了一口氣，但不久他就發現有些不對勁。報紙上盡是不可思議的頭條新聞：二次世界大戰從未發生，原子彈也從未問世。

歷史被扭曲了；此外，他更在書店內的暢銷書封面，看到自己的大名和照片。他快嚇呆了。他在這個平行世界的分身竟然是一位作家，而不是核子物理學家。

這是在做夢嗎？多年前，他曾夢想要成為一位作家，後來卻走上核子物理學家之路；顯然這個平行世界中的他曾做出不同的選擇。

特拉福德在電話簿上找到自己的名字，但地址有誤。他大吃一驚，決定走訪「他」的家。

進入「他」的公寓後，他驚訝地發現，「他」的太太居然是一位未曾謀面的大美人。她對

「他」多不勝數的風流韻事頗有怨言，臭罵「他」太愛搞七捻三了，但她也注意到她的丈夫有些困惑。特拉福德發現他的分身是個下流的花花公子，雖然她是「他」的妻子，但面對如此美麗的陌生人，他也不知該如何辯解；顯然，他和分身已分別進入對方的宇宙了。

他慢慢地愛上「他」的太太；他實在想不透，他的分身為何會如此對待自己的嬌妻。接下來幾週的共處是他們一生中最美好的時光，他決定彌補分身多年來對太太造成的傷害。正當他們兩人漸入佳境時，他突然被拉回自己的宇宙，將「他」的太太留在另一個宇宙。心不甘情不願地被帶回自己的宇宙後，他開始瘋狂尋找「他」的太太。他發現這個宇宙的大多數人，在另一個宇宙都有他們的分身；他想，這個宇宙中一定也有「他」太太的分身。

他根據另外一個宇宙的線索，不眠不休地展開調查。藉著他對歷史和物理學的涉獵，他斷定這兩個世界的分裂，是肇因於一九二六年或一九二七年的一個關鍵事件；他認為這個事件導致了兩個世界的分裂。

他不厭其煩地追蹤幾個家族的出生和死亡紀錄，為了走訪數十個人，他花光了僅有的積蓄，最後終於查出「他」太太的家族。後來他順利地在這個宇宙找到「他」的太太，最後兩人結為夫妻。

巨型蟲洞的攻擊

哈佛的物理學家科爾曼（Sidney Coleman）是蟲洞論戰的要角之一。這位長得有點像伍迪，艾倫（Woody Allen），又有點像愛因斯坦的科學家，緩緩走過傑佛遜紀念堂的迴廊，試圖說服他人接受他剛發表的蟲洞理論。科爾曼留著卓別林式的小鬍子，愛因斯坦式的後梳髮型，穿著特大號的運動衫，在人群中顯得特別突出。著名的宇宙常數（cosmological constant）問題已困擾物理學家達八十多年，現在他說他找到答案了。

他的研究讓他聲名大噪，甚至登上《發現雜誌》（*Discover Magazine*）的封面，其中還有一篇專文報導「平行宇宙：哈佛最瘋狂的物理學家發現的新真理」。他對科幻小說也非常熱中，這位科幻小說迷甚至是復臨出版社（Advent Publishers）的創辦人之一；這家出版社專門出版科幻小說評論。

目前科爾曼正在和一群批評者激辯，他們認為科學家無法在我們有生之年證實蟲洞理論。如果我們相信索恩的蟲洞理論，就只能等待某人發現怪異物質，或充分掌握卡季米爾效應（Casimir effect），否則就無法製造能回到過去的時間機器的「引擎」。同樣地，如果我們相信霍金的蟲洞，我們就必須在「想像的時間」中旅行，在蟲洞間穿梭。但對一般的理論物理學家而言，這兩套理論的前景都不甚樂觀。二十世紀落後無能的科技，總讓他們覺得心有餘而力不足，他們只能將希望寄託在駕御蒲朗克能量的夢想上。

這時，科爾曼的研究就顯得妙用無窮了。他最近宣布：不必等到未來，現在就能提出一份具體且可測量的蟲洞結果。正如稍早提過的，愛因斯坦的方程式說，某物四周時空的曲率是取決於某物的質能量。愛因斯坦很懷疑真空是否具有能量。真空不含能量嗎？原則上，所有方程式都無法擺脫和宇宙常數的關係。愛因斯坦對這個詞非常厭惡。但基於物理或數學的理由，又無法忽視它的存在。

一九二〇年代，愛因斯坦正在研究宇宙方程式的解法時，卻懊惱地發現宇宙正在不斷膨脹；當時人們都認為宇宙是靜止不變的。為了「捏造」出能阻止宇宙膨脹的方程式，愛因斯坦在解法中加入了一個宇宙常數，利用它抵消膨脹值，好讓宇宙保持靜止。一九二九年，哈伯證明宇宙真的在膨脹，愛因斯坦也揚棄了宇宙常數，稱之為「我一生中最大的錯誤」。

現在我們知道宇宙常數是趨近於零。如果宇宙常數是個小負數，在巨大的重力牽引下，宇宙的直徑會縮小為數英尺（你伸手抓前方的人時，會發現抓到的是自己）。如果宇宙常數是個小正數，重力將成為斥力，一切事物都將飛快地遠離你，它們的光線永遠無法觸及你。這兩種夢魘都沒有發生，因此我們能確定宇宙常數不是零，就是趨近於零。

一九七〇年代，標準模型和大一統理論開始探討對稱破壞時，這個問題又再度浮上檯面。每當一個對稱遭到破壞，便會有大量能量被釋入真空中，被釋出的能量是實驗觀測值的10^{100}倍。十的一百次方的誤差，在物理學中可說是空前絕後了。根據理論，每當一個對稱遭到破壞，便會釋出龐大的真空能量，但實驗測得的宇宙常數卻趨近於零。理論和實驗間發生如此大的落差，在物理學中是絕找不出第二個例子。要解決這個問題，就只能靠科爾曼的蟲洞了，只有它才能修正宇宙常數的誤差。

根據霍金的理論，除了我們的宇宙外，還存在著無數的平行宇宙，這些宇宙是由無數相互糾結的蟲洞相連。科爾曼想計算出這個無限集合的總合，計算出總合後，他發現一項驚人的結果：一如預期，宇宙波函數的宇宙常數最有可能是零。如果宇宙常數為零，宇宙波函數的值會變得很大，這表示宇宙常數為零的宇宙存在的可能性極高。此外，在宇宙常數不為零時，宇宙波函數便等於零；表示這種宇宙不可能存在。由此可知，宇宙常數必須消去。宇宙常數為零，因為這是可能性最高的結果。無數平行宇宙存在的唯一作用，就是讓我們宇宙的宇宙常數為零。

這項結果太重要了，物理學家們立刻加入論戰。史丹佛的物理學家朱斯金特（Leonard Susskind）回憶說：「科爾曼一提出這項結果，立刻遭到大家的圍剿。」科爾曼不改他一貫的淘氣作風，在發表這項重要結果時幽默地寫道：「我可能隨時都有喪命之虞，自己卻毫不知情。」

將宇宙常數消滅為十的一百次方分之一的可能性極低。科爾曼常用以下的例子，凸顯這個問題的重要性。他說：「假設你不管自己有多少薪水，在十年間花掉數百萬元。你開始結算收支時，卻發現收支正好相抵，一毛都不差。」他的計算能將宇宙常數消滅為十的一百次方分之一，這個結果當然非同小可。此外，他還錦上添花地強調，蟲洞還能解決另一個問題：它們有助於求出宇宙基本常數的值，他說：「它和過去的所有解法有著天淵之別。它就像高來高去的蝙蝠俠。」

但批評也尾隨而至。其中最窮追猛打的批評指出，他假設中的蟲洞非常小，大小只有幾個蒲朗克長度，但他忘了累積較大的蟲洞。這些批評者說，他應該將大蟲洞也納入計算範圍；既然他的計算中沒有大得看得到的蟲洞，這個計算一定有嚴重的瑕疵。

面對這項批評，他仍氣定神閒地展開他慣用的反擊：為論文取一個駭人聽聞的標題。為了證明他的計算可以忽略大的蟲洞，他寫了一篇論文回敬批評者，標題是：「逃離巨型蟲洞的陰影」。談到他的標題，他說：「如果諾貝爾獎是以標題為評選標準，我早該拿下一大堆獎盃了。」

如果科爾曼的純數學論證是正確的，它們便能證明蟲洞在所有物理作用中都扮演著關鍵角色，蟲洞並不是無稽之談。蟲洞將我們的宇宙連接上無數的死宇宙，使我們的宇宙不致縮成一團，或以高速向外爆炸。它說明了要不是蟲洞，我們的宇宙也不會如此穩定。

但和大多數在蒲朗克尺度下的研究一樣，我們必須更進一步了解量子重力理論，才能找出蟲洞方程式的正確解法。和各種量子重力理論一樣，科爾曼很多的方程式，都必須借助一套方法刪除其中的無窮量，也就是要借助超弦理論。我們也許只有等待確切的量子修正的出現，以補足他的理論。我們必須先研究出更好的計算方法，才有辦法處理很多詭異的預言。

正如之前強調過的，這是個偏理論性的問題。以現有的數學知識，還無法解開這些明確的問題；這些問題明明白白地寫在黑板上，但我們目前仍找不出正確而有限的解法。一旦科學家能更了解小至蒲朗克能量世界的物理學，便能開創出無限的可能性；只要能掌握小至蒲朗克長度的能量，就能掌握各種基本作用力。這就是接著要討論的題目：我們何時才能成為超空間的主人？

第四部

超空間的主宰

第十三章

未來之外

一個擁有百萬年歷史的文明，具有什麼特殊意義？數十年前，我們就擁有無線電望遠鏡和太空船；我們的科技文明只有數百年的歷史……一個擁有百萬年歷史的文明和我們的距離，就像我們和灌叢嬰猴或獮猴的距離一樣遙遠。

——沙根（Carl Sagan）

一旦人類將所有的作用力整合成一個超作用力，這時會有何突破。關於這一點，物理學家戴維斯（Pual Davies）寫道：

我們能改變時空的結構，了解宇宙萬物的來龍去脈，讓物質變得井然有序。控制超作用力後，我們便能任意地組合與改變粒子，製造出前所未有的物質型態。我們甚至能左右空間的次元數，創造出具有不可思議異屬性的怪異人工世界。我們將成為宇宙的主宰。

我們何時才能擁有駕馭超空間的力量？可能在二十一世紀，就至少會出現超空間理論的間接實驗證明。但控制十次元時空所需的能量極大，就現有的科技看來，要成為「宇宙的主人」還要等上好幾世紀。正如之前提過的，創造蟲洞和改變時間的方向近乎不可能的工作，必須耗費極大的質能量。

除非我們能在本銀河系中，遇上能駕馭如此龐大能量的智慧生物，否則我們只能繼續努力數千年，自行發展出這種本領，才能成為第十次元的主人。舉例而言，目前的粒子對撞機和粒子加速器，能使粒子的能量增加到一兆電子伏特以上（以一兆電子伏特加速一個電子，所產生的能量）。現今最大的粒子加速器位於瑞士的日內瓦，由十四個歐洲國家組成的國際學會負責營運。但這樣的能量還遠小於探索超空間所需的能量：10^{20} 億電子伏特，比超導超級對撞機產生的能量大上一千兆倍。

「一千兆」（十的十五次方）似乎是個大得難以想像的數目。要產生如此巨大的能量，必須建造長達數十億英里的粒子對撞機，或藉助一套全然不同的科技；就算耗盡地球的國民生產毛額，建造一座超級粒子對撞機，產生的能量也不及所需能量的零頭。乍看之下，駕馭如此巨大的能量似乎是個天方夜譚。

但科技正以冪級數成長，成長的速度簡直難以想像；由此看來，這個數目也不算大得離譜了。我們以一個每隔三十分鐘分裂一次的細菌，說明冪級數成長有多快。如果它的增殖一直很順利，不出幾個星期，它將繁殖成和地球等重的菌落。

雖然人類已在地球生存了約兩百萬年，但近兩百年來文明的躍昇，可能都要歸功於科學知識是以冪級數成長；也就是已知的知識愈多，知識成長得愈快。我們知道得愈多，愈能更快地追求新知。舉例而言，我們在二次大戰後累積的知識，已超過人類在過去二百萬年演化過程中所累積的知識；事實上，約每隔十到二十年，科學家獲得的知識便會倍增。

因此，我們必須從歷史分析人類的發展。為了說明科技為何能以冪級數成長，我們先就一般人能取得的能源，分析人類的演化；如此一來，我們便能夠將探討十次元理論所需的能量，放在正確的歷史框架中。

文明的冪級數成長

駕著兩百馬力的汽車，在週日到郊外一遊，對現代人而言，只是件稀鬆平常的事。但在大部分的人類演化史中，一般人能取得的能量要少得多了。

這一段期間，人類主要的能量來源，就是約有八分之一馬力的雙手。人類三五成群地在各處奔波，和動物一樣結伴獵捕和覓食，靠得只是肌肉的力量。從能源的角度而言，直到十萬年前，這一切才有了改變。隨著手持工具的發明，人類增強了四肢的力量；矛成了更有力的雙臂，棒子成了更有力的手掌，刀成了更有力的雙顎。在這段期間，他們的能量輸出量倍增，達到約一又四分之一馬力。

在過去一萬年，人類的能量輸出量又增加一倍。這項改變也許是在冰河時期末發生的，冰河時期讓人類的發展停滯了數千年。

數十萬年來，人類社會一直是由小群獵人和採食者組成；隨著冰河時期的結束和農業的出現，這種結構也開始改變。人類不必再東奔西跑，在草原和森林中追逐獵物。他們在村落中定居，終年都有農作物可採收；大冰原融化後，馬牛等家畜也出現了。人類能取得的能量約提升到一馬力。

階級化的農業生活展開後，人類也開始分工；後來社會經歷一場巨變，轉變為畜奴社會，奴隸的主人可以支配數以百計的奴隸的能量。能量的暴增助長了慘無人道的暴行，也推動了第一批城市的誕生。國王命令奴隸以大型吊具、槓桿和滑輪，建造城堡和紀念碑；隨著能量的增加，廟宇、金字塔和城市也在沙漠和森林中出現了。

從能量的觀點看來，在九九．九九%的人類史中，人類的科技程度只比動物略勝一籌。直到最近數百年，人類才擁有超過一馬力的能量。

工業革命時期發生一項重大改變。牛頓發現的萬有引力和運動定律，讓力學被簡化成條理分明的方程組。現代機械理論的發展，多少是拜牛頓的古典重力理論之賜。機械理論問世後，蒸氣機開始在十九世紀大行其道；有了蒸氣機，人類便掌握了數十到數百馬力的能量。舉例而言，鐵路帶動了整個大陸的發展，汽船開啟了現代國際貿易。它們都是以煤炭為燃料，以蒸氣為動力。

人類經歷了一萬年的發展，才在歐洲創造出現代文明。美國靠著以蒸氣和石油為動力的機器，在一世紀之內躍升為工業國家。只需控制一項基本自然力，就能大幅提升人類可取得的能量，讓社會改頭換面。

十九世紀末，馬克士威的電磁理論又掀起另一波能量革命。拜電磁力之賜，城市和家庭都電氣化了，機器的力量變得更加強大，用途也更多樣化。

在過去五十年中，隨著核力的發現，人類可取得的能量已增加了百萬倍。化學反應的能量計算單位是電子伏特，而核分裂或融合的計算單位是百萬電子伏特；因此我們能取得的力量也增加了一百萬倍。

縱觀人類的能量史就可看出，人類可支配能量超過動物可支配能量的期間，也只佔人類史的〇・〇一％。但現在最近幾世紀，我們已利用電磁力及核力釋放出巨大無比的能量。現在先將歷史擱在一邊，以同樣的方法探討未來，看看我們何時才能駕馭超作用力。

第一、二、三類文明

從理性科學觀點預測未來的未來學，是一門風險頗高的科學；有些人甚至認為它並不是一門科學，而是戲法或巫術般的玩意。未來學會淪落到如此惡名昭彰的地步，也只能說是咎由自取。因為未來學家對未來十年的「科學性」預測，往往錯得離譜。未來學之所以跟不上時代的腳步，是因為人類只能進行線性思考，但知識卻是以冪級數成長。舉例而言，根據未來學家的預測，未來的科技只會成長兩、三倍。一九二〇年代，未來學家預測在數十年內，將有大批小型軟式飛艇載客橫越大西洋。

但科學的發展常讓人大感意外。若只是就未來數年而言，較保險的作法是預測科學會在量上穩定成長。但就未來數十年而言，就必須考慮新領域的質的突破，和意想不到的新興工業的出現。

未來學最著名的失敗案例，也許就是馮紐曼（John von Neumann）的預言。馮紐曼是電子計算機之父，也是本世紀最傑出的數學家之一。他在戰後做了兩項預言：第一，未來的電腦將變得又大又貴，只有大國的政府才買得起；第二，電腦將能準確地預測天氣。

事實上，電腦卻朝著反方向發展：市面上充斥著廉價輕巧的掌上型電腦。產量大、價格低廉的電腦晶片，已成為部分現代用品的必要元件；智慧型打字機（文書處理器）已經問世，有朝一日，智慧型吸塵器、智慧型廚房和智慧型電視也會出現。但不論電腦的功能多強大，它都無法預測天氣；雖然單一分子的運動模式是可預測的，但天氣太複雜了，甚至打個噴涕造成的干擾，都會被傳播和放大到數千英里外，最後引發颶風。

看過這些重要事項，我們就來判斷一個文明（人類文明或外太空的文明）在何時能控制第十次元。前蘇聯的天文學家卡達什夫（Nikolai Kardashev）曾將未來文明分為以下幾類。

第一類文明控制著整個行星的能源，他們能控制天氣、預防地震、在地殼深處採礦，和採集海洋資源。這類文明已探勘完畢它的太陽系。

第二類文明控制著太陽的能量，他們並不是被動地駕馭太陽能，而是發掘太陽儲藏的能量。這類文明耗費的能量極大，只能直接利用太陽的能量推動機器。這類文明正要在附近的恆星系統殖民。

第三類文明控制著整個星系的能源，他們以數十億個恆星系統做為能量來源。他們也許已能充分掌握愛因斯坦的方程式，並能隨心所欲地控制時空。

這種分類的原則其實很簡單：每個階層都是依該文明的能量來源為分類標準。第一類文明利用整個行星的能源；第二類文明利用整個恆星的能源；第三類文明利用整個星系的能源。這種分類法並不預測未來文明的細節（這種預測一定會出錯），只著重於能以物理定律解釋的事物，如能量的供給。

相形之下，我們的文明可被歸類為第零類文明，這類文明才剛開始開發行星的資源，卻缺乏控制能源的科技和方法。第零類文明的能源來自石油或煤等化石燃料，第三世界的大部分區域仍在使用人力。目前最大的電腦也無法預測天氣，更不用說控制天氣了；從較宏觀的角度看來，人類的文明就像是新生兒。

你也許會認為要花上數百萬年，才能從第零類文明進展到第三類文明，但這套分類法有項特別之處：它是以冪級數爬升，進展的速度遠超過我們的預期。

雖然有諸多限制，但我們仍能根據經驗推斷，人類文明在何時才能達到這些階段。以目前文明發展的速度看來，我們可能在數世紀內發展成第一類文明。

舉例而言，我們的第零類文明中最大的能量來源就是氫彈。礙於落後的科技，我們只能藉氫彈釋放出氫融合的力量，卻不能利用融合的力量發電。但一場颶風的力量就比氫彈大上數百倍。因此以目前的科技而言，至少要在一世紀後才能實現第一類文明的控制天氣。

同樣地，第一類文明已在它本身太陽系的大部分地區殖民。相形之下，今日的太空旅行歷經數十年才稍有進展；要想達到太空殖民之類的質的提升，大概也要在數世紀之後了。舉例而言，航太總署預計最早在二〇二〇年完成載人登陸火星計畫，登陸後四、五十年，才可能完成火星殖民計畫，在太陽系殖民更要等上一個世紀。

但從第一類文明躍昇為第二類文明，也許只要花上一千年，因為文明是以冪級數成長，在一千年內，一個文明所需的能量便會大幅提升，而必須開採太陽的資源讓機器運轉。

《銀河飛龍》影集中的行星聯盟，便是第二類文明的最佳寫照。這個文明正開始控制重力，也就是利用蟲洞扭曲時空，並首度取得到達附近恆星的能力。它利用愛因斯坦的廣義相對論超越光速的限制。這些系統中已建立了小型殖民地，並以星際飛船「企業號」為守護神。這個文明的星際飛船是以物質和反物質的碰撞為動力，能製造大量反物質進行太空旅行，至少比我們的文明進步數百到一千年。

躍昇到第三類文明，也許還要花上數千年以上，這和艾西默夫在科幻小說「基地」系列中的說法不謀而合。書中描述了一個星系文明的興起、沒落和回憶，每次文明的躍昇，都要花上數千年，這類文明已能駕馭星系中蘊藏的能源。對它而言，翹曲飛行（warp drive）並不是前往附近恆星的方式，而是星系中兩地貿易的標準模式。雖然人類歷經兩百萬年的演化，才脫離森林的屏障，建立起現代文明，但人類也許只要花上一千年，就能離開太陽系建立銀河文明。

創造第三類文明的方法之一，就是駕馭超新星或黑洞的能量。也許這類文明甚至有能力探測最神奇的能量來源：星系核（galactic nucleus）。天文物理學家推論，因為星系核的體積極大，本銀河系的中央也許含有無數的黑洞。如果這是真的，它也許就能提供取之不竭的能量。

屆時，我們就能控制比現有能量大一千兆倍的能量。第三類文明已能利用無數恆星系統甚或星系核的能量；對它而言，支配第十次元已經不是不可能的事。

星鷄

我曾和普林斯頓高等研究院的物理學家戴森（Freeman Dyson）共進午餐。戴森是物理界的元老，他曾處理過一些最複雜和有趣的問題，如太空探險的新方向、外星生命的本質和文明的前景等。

其他物理學家喜歡在細微末節上鑽牛角尖，戴森則以豐富的想像力馳騁於星系間。他坦承：「我無法像波耳或費曼一樣，枯坐數年鑽研一個深奧的問題。」他雖瘦卻活力充沛，一臉牛津研究員典型的聰明像，帶著些許英國口音。他和我在午餐上天南地北地聊個不停，談到很多年來他一直極感興趣的話題。

說到人類文明朝第一類文明的發展，戴森認為我們原始的太空計劃完全走錯了路。目前的趨勢是朝著愈來愈重的有效載荷發展，太空發射計劃的間隔也愈來愈長，這嚴重影響到太空探險的進展。他在文章中提出一套和這股潮流截然不同的方法，也就是他所謂的星鷄（astrochicken）。

輕巧又聰明的星鷄是多功能的太空探測器，和過去笨重又昂貴的太空載具相比，它顯然更具優勢；過去的太空載具一直是太空探險的瓶頸。他說：「星鷄只有一公斤重，航海家卻重達一噸。」此外他還說：「星鷄不必靠建造，它會自行長成；星鷄能和蜂鳥一樣靈巧，而蜂鳥的頭腦還不到一公克重。」

它是以最先進的生物工程技術，建造出的半機器、半動物工具。雖然它很小，卻足以勝任探測外行星的任務，如天王星和海王星；它不需要大量的火箭燃料，會自行繁殖，並以環繞在外行星四周的冰和碳氫化合物為燃料；它的胃是根據遺傳工程學製造的，能將這些物質轉換成化學燃料，吃飽後，便會飛向下一個衛星或行星。

星鷄計劃的成功與否，將取決於遺傳工程、人工智慧和太陽能推進的突破。戴森認為如果這些領域有長足的進步，在二〇一六年，星鷄所需的全部科技都將問世。

談到文明的長遠發展，戴森說以目前的進展速度，我們可望在數世紀躍昇到第一類文明。他認為文明的躍昇其實並不困難，各級文明的規模和能量差距約為一百億倍，雖然這個數目看似很大，但一個以每年一%的緩慢速度成長的文明，也能在兩千五百年內躍昇到更高階的文明。因此任何文明幾乎都能穩定地朝第三類文明發展。

戴森寫道：「一個具有強烈擴張慾的文明，會在數千年內，將它的地盤從單一星球（第一類文明）擴張到整個恆星系統（第二類文明）；再在數百萬年內，由單一恆星擴張到到整個星系（第三類文明）。能超越第二類文明的物種，經歷再可怕的天災人禍都沒有滅絕之虞。」

但其中仍有一個難題。戴森認為要從第二類文明躍昇到第三類，必須克服艱鉅的物理障礙，這些障礙主要來自光速的限制。第二類文明的擴張速度必定小於光速，戴森認為這是該文明發展的一大限制。

第二類文明能利用超空間的力量，突破光速和狹義相對論的限制嗎？戴森也不敢打包票。他說關鍵就在於微乎其微的蒲朗克尺度，和探索這個細緻世界所需的驚人能量；他說蒲朗克尺度也許是所有文明都要面對的障礙。

外太空的第三類文明

雖然對我們的文明而言，第三類文明看似為遙不可及的夢想，但也許我們有天能和外星文明相遇，他們已能支配超空間，又願意將他們的科技和人類分享；但我們面臨的最大難題，就是我們並未在太空中看到任何先進文明的蹤跡；至少在太陽系和我們身處的本銀河系一角，並沒有任何文明跡象。一九七〇年代的海盜太空船（Viking）登陸火星計劃，和八〇年代的航海家探測木星任務，都只傳回太陽系行星荒涼死寂的畫面。

連最被看好的金星和火星也沒有任何生命跡象，更不用說高等文明了。以愛神為名的金星，一度被天文學家視為青蔥的熱帶行星，但太空探測卻發現它是個荒涼且不適合居住的行星：大氣中充滿二氧化碳，溫度高達華氏八百度，又下著硫酸雨。

一九三八年的經濟大蕭條時期，威爾斯的火星人入侵廣播劇在美國造成大恐慌。在此之前，火星便是眾所矚目的焦點，但它也沒有任何文明的跡象。我們知道火星是個荒涼的沙漠行星，地表沒有任何水，表面還殘留著上古河床和海洋的痕跡，但卻沒有任何文明的蛛絲馬跡。

科學家曾發現太陽系外恆星發射出的無線電波，但仍是白忙一場。戴森指出，根據第二熱力學定律，任何先進文明必定會釋出大量廢熱；這個文明應該會消耗龐大的能量，我們的儀器應該能輕易測出它的少量廢熱。因此戴森認為只需搜索附近的恆星，就不難發現高等文明產生的廢熱。但無論我們如何在太空中尋找，始終無法發現第一、二、三類文明的廢熱和無線電通訊。早在半世紀前，地球人就已掌握了無線電和電視科技，因此地球被籠罩在半徑五十光年的無線電波中。只要在五十光年半徑內，上有任何智慧生物的星球，他們就應該會發現我們；同樣地，數千年來，第二、三類文明也該不斷放射出大量的電磁輻射，在數千光年半徑內的智慧生物都應該會發覺到它。

一九七八年，天文學家霍洛維茲（Paul Horowitz）搜尋著在太陽系半徑八十光年內的一百八十五個恆星系統，卻沒有發現任何智慧生物的無線電波。天文學家高爾德史密斯（Donald Goldsmith）和歐文（Tobius Owen）在一九七九年搜尋超過六百個恆星系統，也是一無所獲。尋找外星智慧生物（search for extraterrestrial intelligence，SETI）的搜尋計劃也是無功而返（值得高興的是，一九九二年，國會大發慈悲地撥款一億美元，提供「高解析微波調查」（High Resolution Microwave Survey）十年的運作經費，這項計劃將在附近的恆星搜尋智慧生物。科學家將利用這些經費，在波多黎各的阿瑞西波（Arecibo）建造直徑三〇五公尺的巨型無線電拋物面天線，有系統地掃描距地球一百光年內的恆星；此外，加州金石鎮（Goldstone）的三十四公尺無線電天線也將加入陣容，搜尋大片的夜空。白忙了這麼多年後，加州大學聖塔克魯斯分校的天文學家德瑞克（Frank Drake）仍相信，他們終會找到智慧生命的有力線索，他說：「人類社會之所以會發展科學，都是為了滿足好奇心和追求更美好的生活，我想其他生物也具有相同的動機。」

了解本銀河系極可能具有智慧生物後，我們更覺得大惑不解。德瑞克甚至發明了一個方程式，估算本銀河中具有智慧生物的行星數目。

本銀河系有兩千億個恆星。利用下列的算法，便能估計出具有智慧生命的恆星系統的約略數目。假設只有一〇%的恆星是和太陽一樣的黃色恆星，這些恆星中，只有一〇%有行星；這些行星中，又只有一〇%和地球類似；在和地球類似的行星中，又只有一〇%具有適合生物生存的大氣；這些行星中，又只有一〇%具有生物；在有生物的行星中，又只有一〇%具有智慧生物。如此便能推算出，在本銀河系的兩千億個恆星系統中，有百萬分之一可能有智慧生物。這表示有多達二十萬個恆星系統，具有有智慧生物的行星。德瑞克方程式還算出一項更樂觀的結果：智慧生物和太陽的平均距離為十五光年。

隨著電腦科技的快速發展，科學家已將德瑞克的簡易算式加以改進。華盛頓卡內基學院（Carnegie Institution of Washington）的韋瑟里耳（George W. Wetherill）以電腦模擬太陽系早期的演化。電腦先模擬一團碟形的漩渦狀星雲，接著雲塵開始聚集成小的岩狀物體。他喜出望外地發現，這些岩核很容易演變為地球大小的行星。地球大小的行星和太陽的距離，多半介於地球和太陽距離的八〇%到一三〇%之間（有趣的是，他也發現和太陽距離較遠的木星大小的行星，是地球大小的行星演化的關鍵。木星大小的行星能檔住彗星和岩石碎片，免得它們擊中地球大小的行星，摧毀原始的生命型態。韋瑟里耳的電腦模擬指出，如果沒有木星大小的行星以強大的重力吸引彗星，彗星撞上地球大小行星的機率會增加一千倍；每隔十萬年，便會發生一次毀滅所有生物的撞擊）。

由此可見，本銀河系出現其他智慧生物的機率要高得多。本銀河系已有一百億年的歷史，其間一定曾出現過數十種智慧生物。能持續發射電波達數千年的第二、三類文明，應該會發射出半徑達數百到數千光年的清晰電磁輻射。但我們卻找不到任何智慧生物傳來的訊息。

這是怎麼回事？

有些理論已能解釋在地球半徑一百光年內，為何沒有任何智慧生物的訊息，但這些理論都各有缺失，也許要綜合各種理論，才找得到完整的答案。

有個理論說，德瑞克方程式雖然能算出約有多少具有智慧生物的行星，卻無法算出這些智慧生物出現的時間。在漫長的宇宙史中，也許德瑞克預測的智慧生物，早在人類之前的數百萬年就出現過了，也許他們還要等到數百萬年後才會出現。

舉例而言，太陽系約存在四十五億年了，地球約在三十到四十億年前出現生命，但直到數百萬年前才演化出智慧生物（直到數十年前，人類文明才開始建造無線電發射站，將訊號傳送至太空）。和數十億年相比，一百萬年就像是一剎那。因此在我們的祖先離開森林前，成千上萬的文明可能都已滅亡了；也許在我們滅亡之後很久，還會出現成千上萬的文明。不論是何者，我們都無法以儀器偵測到他們。

第二種理論認為本銀河系其實充斥著先進的文明，但他們進步得足以隱藏起自己的行蹤，讓人類無法察覺；他們比人類進步數百萬年，根本就不把人類放在眼裡。舉例而言，如果我在田野中看到一群螞蟻，我一定不會急著和牠們溝通，要求見牠們的首領，向牠們展示我的儀器，給牠們金銀珠寶，和牠們分享我們的高科技；照常理而言，我會對牠們視而不見（或甚至會踩死幾隻螞蟻）。

長久以來，這些問題一直讓我困擾不已。我問戴森是否認為我們很快就能和外星人接觸。他說：「最好不會。」他花了數十年研究外太空文明，卻又擔心會遇上他們。戴森精通英國歷史，難怪他對其他文明有些戒心；和被英國征服的印度或非洲等文明相比，英國文明要進步數百年。

大多數科幻小說家最為遺憾的，就是太空探險無法突破光速的限制，戴森卻認為這未嘗不是一件好事。第二類文明和我們相距很遠，又無法取得蒲朗克能量，但從歷史上殖民主義的血淋淋教訓看來，這也許是福不是禍；他挖苦地說：「往好處想，至少我們不必向他們繳稅。」

當兩個實力懸殊的文明相遇時，弱勢的一方往往會遭殃。舉例而言，墨西哥中部的阿茲特克（Aztec）文明是個有數千年歷史的偉大文明，它在科學、藝術和科技上的傑出成就，足以和歐洲各國媲美。但阿茲特克人在火藥和軍艦的發展上，卻比西班牙人落後數百年。一五二一年，四百位精疲力盡的西班牙征服者來到這裡，進步的阿茲特克文明便以悲劇收場。在短短的時間內，數以百萬計的阿茲特克人就淪為礦場的奴隸，他們的財寶被掠奪一空，他們的歷史遭到抹煞；傳教士來此後，殘留下的阿茲特克文明也被摧毀了。

我們見到外太空來的訪客時，會有何反應？我們不妨參考阿茲特克人見到西班牙訪客時的反應：「他們像猴子一樣，抓著金子不放，臉上閃爍著金光；他們顯然很喜歡黃金，一見黃金就迷住了，像豬一樣貪得無厭。他們一見黃金就忍不住要去觸摸，拿著大批黃金走來走去，握著黃金

喃喃自語，說著我們聽不懂的話。」❶

在浩瀚的宇宙中，兩個文明的相遇也許會更驚天動地。因為宇宙已有極漫長的歷史，一個比我們先進數百萬年的文明，很可能會對人類興趣缺缺；外星人也可能會覬覦地球特有的天然資源。

在《銀河飛龍》中，行星聯盟遇上具有敵意的文明：克里崗人和洛慕朗人，他們的科技程度和行星聯盟不相上下。這個情節也許只是為了增加戲劇張力，但這類事件的發生機率極高；可能性更高的是，當我們乘著星際飛船深入本銀河系探險時，也許會遇到科技和我們相差懸殊的文明，也許比我們進步數百萬年。

文明的誕生和滅亡

也許早在數百萬前，就出現過其他文明；也許其他文明對人類根本不屑一顧。除此之外，還有第三種理論：宇宙中曾出現無數的智慧生物，但他們都在一連串的天災人禍中滅亡了。如果這個理論是正確的，也許有朝一日，我們的星際飛船就能在遠方的行星發現古文明遺跡；也許有天我們也會步上他們的後塵。人類不但不會成為「宇宙的主宰」，反而走上自取滅亡的道路。

文明誕生後，它的科技和知識未必會穩定地成長。歷史告訴我們，有些盛極一時的文明後來消失得無影無蹤。未來人類也許會發展出危及自身生存的科技災難，如原子彈和二氧化碳。有些未來學家不但否認水瓶座的盛世即將來臨，反而預言人類將面臨科技和環境的大難。他們以狄更斯的《聖誕歡歌》中被嚇得魂不附體的守財奴，比喻人類在未來的可怕處境；人類將和這位守財奴一樣，跪在自己的墳前，希望能重頭再來過。

遺憾的是，大多數人仍不知道我們已大難臨頭。有些科學家認為人類就像是失控的青少年。舉例而言，心理學家指出青少年會以為自己是不死之身，青少年的飆車、酗酒、嗑藥等行為，顯示出他們漫不在乎的生活方式和觀點；青少年的主要死因並不是疾病，而是意外。

這也許都要歸咎於他們自以為是不死之身。

照這個說法，我們也以為自己是不死之身，渾然不知即將來臨的災難，肆無忌憚地誤用科技和破壞環境。整個社會都感染了「彼德潘情結」（Peter Pan complex），不願長大成人，為自己的行為負責。

總而言之，我們歸納各種資訊後，就可發現人類在成為第十次元的主宰之前，必須先克服幾個難關：鈾危機、生態崩潰、另一個冰河時代、天體撞擊、死星與滅絕、太陽和本銀河系的死亡。

❶也許我們也不該急著和外星生物接觸。科學家指出地球有兩種動物：一種是貓、狗、老虎等掠食動物（牠們的眼睛位於臉部前方，以便看到獵物的立體影像），另一種是兔子和鹿等獵物（牠們的眼睛位於臉部的兩側，以提防四面八方的掠食者）；掠食者通常比獵物聰明。實驗顯示貓比老鼠聰明，狐狸比兔子聰明。眼睛位於前方的人類也是掠食者；我們在太空中尋找智慧生物時，也該記住我們遇到的外星人可能也是掠食者的後代。

鈾危機

謝爾（Jonathan Schell）在他的重要著作《地球的命運》（*The Fate of the Earth*）中指出，人類正處於同歸於盡的邊緣。幾年前的蘇聯解體雖然促成大幅裁武，至今世上仍有多達五萬命中率極高的核子彈；人類終於握有毀滅全世界的力量了。

就算核戰開打後，仍有人在飛彈攻擊下逃過一劫。當陽光慢慢地被城市的灰燼遮蔽時，他們仍不免要在「核冬天」中痛苦地死去。電腦分析顯示，只要有一百個百萬噸級的核子彈，就足以在各城市內引發強烈的風暴性大火，使大氣變成一片灰暗。氣溫陡降後，農作物歉收，城市變得天寒地凍，文明也將奄奄一息。

近來核武擴散的危機正不斷升高，印度曾在一九七四年首度試爆核子彈。根據美國情報單位的調查，目前印度的原子彈儲量多達二十個；情報也指出印度的宿敵巴基斯坦，已在卡胡塔（Kahuta）的祕密核彈工廠製造了四個不到四百磅的原子彈。一位任職於納格夫沙漠（Negev desert）的以色列迪莫納（Dimona）核子基地的員工說，當地儲存了足以製造兩百個原子彈的原料。南非承認他們曾製造七個原子彈，他們顯然曾在七○年代末，在南非外海試爆了兩個原子彈。美國間諜衛星維拉號（Vela），曾兩度在南非外海的以色列戰艦前方，發現原子彈特有的雙閃光；北韓、南韓和台灣等國家也即將發展出核武。美國最近的情報顯示，到了二○○○年，可能會有二十個國家擁有原子彈；原子彈將擴散到世界最動盪不安的地區，中東也包括在內。

目前的全球局勢很不穩定，各國的資源和勢力範圍之爭愈演愈烈，未來的局勢也將不斷惡化。除了人類社會，本銀河系中所有工業社會型的智慧文明都會發現第九十二號元素（鈾），和它龐大的破壞力。第九十二元素有項奇異的特性：它能不斷產生連鎖反應，釋出原子核內的巨大能量；掌握了第九十二號元素，我們便能讓人類脫離匱乏、無知和飢餓，也可能會以核子彈摧毀整個地球。但只有當某種智慧生物發展到第零類文明的某階段時，才可能釋放出第九十二號元素的能量，關鍵就在於社會單元的大小和它的工業發展程度。

舉例而言，部落等小群智慧生物便能利用火。原始型態的冶煉金屬和製造武器，則要靠多達數千人的社會單元（如小村落）；發展內燃引擎（如汽車引擎）所需的複雜化學和工業基礎，則要靠多達數百萬人的社會單元建立（如民族國家）。

社會單元原本和科技共同緩慢穩定地成長，但在第九十二號元素被發現後，科技的成長速度便大幅超前，核武的威力比化學炸藥強上一百萬倍。但對能駕馭內燃引擎的民族國家而言，精煉第九十二號元素也並非難事；各國競相投入核武競賽，在一個由互相對立的民族國家構成的文明中，競爭尤其激烈。隨著第九十二號元素的發現，社會關係的發展速度已跟不上毀滅性科技的快速腳步。

顯然地，本銀河系在過去的五十到一百億年，曾出現過很多個第零類文明，但它們最後都發現了第九十二號元素。當一個文明的社會發展速度跟不上科技的發展，對立的民族國家也開始出現時，這個文明很可能在很久以前，就在原子大戰中毀滅自己了。如果我們的壽命夠長，來得及到達附近的恆星，我們也許會看到很多因國家狂熱、個人憎惡和種族仇恨，使用核子彈自我毀滅的文明遺跡。

就像帕格說的：

人類文明的挑戰是：我們在了解恆星燃燒的秘密、光和電子如何穿越物質、生命基本結構的分子排列之後，也必須制定出相關的道德和政治規範，否則我們將自取滅亡，只能靠理性和同情心度過難關。

由此可見本銀河系過去一定曾出現過很多先進文明，但它們幾乎都在鈾危機中滅亡了。對科技超過社會發展的文明而言，能倖存的機會更是微乎其微。

從無線電望遠鏡科技成長的圖表就可看出，地球經歷了五十億年的演化，才出現一個懂得利用電磁力和核力的物種；但如果我們在核子大戰中毀滅自己，曲線又會陡降至零。為了和先進文明溝通，我們必須趁著該文明自我毀滅前，精確地掃描正確區域，並使誤差保持在數十年內；我們能透過這個稍縱即逝的小窗口，在其他文明自我毀滅前和他們接觸。圖13.1的波峰表示本銀河系中的外星人文明，每個波峰都代表一個文明的快速興起，和因核戰導致的快速滅亡；因此在天空中尋找到智慧生命的機會非常渺茫。也許數十億年來曾出現無數個波峰，無數的文明在毀滅之前，都曾發展出無線電望遠鏡科技；只是每個波峰都發生在不同的宇宙時代。

生態崩潰

如果某個第零類文明懂得利用鈾，卻又沒有以核戰摧毀自己，它接下來要面對的難題，就是生態崩潰的危機。

還記得之前提過的單一細菌嗎？它能不斷分裂，最後變得比地球還重，現實世界並沒有規模如此龐大的菌落；事實上，菌落通常還繁殖不到銅板大小的面積。在實驗室充滿養分的培養皿中，細菌確實能以冪級數繁殖；但在產生太多廢物和耗盡食物後，它們仍免不了要死去，這些菌落其實是被自己的廢物悶死的。

和細菌一樣，人類也可能耗盡資源，被自己製造的垃圾淹沒。海洋和大氣都是有限的，它們只是地球表面的一層薄膜。在躍昇為第一類文明之前，第零類文明的人口可能會爆增到數十億，導致資源不足和污染的問題。大氣的二氧化碳含量過高，是目前最嚴重的問題之一；二氧化碳會讓陽光無法反射出大氣層，使全球的氣溫升高，甚至可能導致難以收拾的溫室效應。

從一九五八年起，空氣中的二氧化碳濃度便增加為二五％，最主要的污染源就是石油和煤碳（四五％的二氧化碳是來自美國和前蘇聯）；二氧化碳濃度的增加，也許是地球平均溫度升高的原兇。從一八八〇年起，地球的平均溫度經過一世紀才升高華氏一度；但現在每隔十年，平均溫度便上升〇・六度。到了二〇五〇年，全球的海平面將上升一到四英尺，孟加拉等國和洛杉磯、曼哈頓等城市都將被水淹沒。美國中西部穀倉的荒廢、沙漠的快速擴張和熱帶雨林的破壞，這三者會加速溫室效應，帶來更嚴重的災害。全球都將籠罩在饑荒和經濟崩潰的陰影下。

這一切都要歸咎於不協調的全球政策。世界各地有數以百萬計製造污染的工廠，只有靠全球性的政策，才能有效地防治污染。但要讓多不勝數的民族國家遵守這項規範，簡直比登天還難。就短程的作法而言，可能必須採取緊急政策，並大幅降低內燃引擎和石油與煤碳的用量。如此一

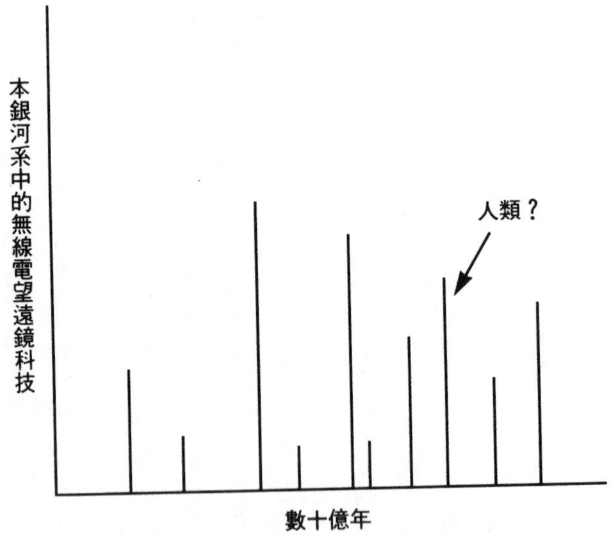

圖 13.1. 為什麼在本銀河系中找不到其他智慧生物呢？也許在數百萬年前，曾出現過能製造無線電望遠鏡的智慧生物，但他們早在核戰中毀滅了。本銀河系也許曾充滿生物，但其中大部分也許都滅亡了。人類文明是否會步上他們的後塵？

來，生活水準可能也會跟著滑落；少了廉價的能源，國家發展也會更加困難。就長程而言，人類社會可能必須在太陽能、核融合反應器、滋生反應器等三種能源方案中擇一。這三種方式都不會排放二氧化碳，又能產生取之不盡的能源；在這三者中，以太陽能和核融合反應器最被看好。核融合反應器（它能融合海水中的氫原子）和太陽能等計劃要在數十年後才能實現，但它們能在未來數世紀中提供充裕的能源，足以讓社會順利轉型為第一類文明。

另一項有待解決的問題，就是社會的發展跟不上科技的腳步。解決污染是全球性的問題，只要獨立的民族國家繼續製造污染，各國終將因實力相差懸殊而引發大難。除非能拉近各國之間的差距，否則第零類文明永遠無法擺脫鈾危機和生態崩潰的陰影。

一個文明一旦超越第零類的階段，前景就樂觀得多了。要成為第一類文明，必須靠行星全體人民的密切配合。數千萬到數億人構成的群體，才有能力開發鈾、內燃引擎，但要駕馭行星的所有資源，則要靠數十億人構成的群體。因此第一類文明的社會結構必須極為複雜進步，否則就無法發展出所需的科技。

只有在行星的所有人民凝聚成一個緊密的社會單元時，第一類文明才能夠實現。第一類文明必須是一個行星文明。沒有到達這個規模，就不可能實現。

這有點像嬰兒的誕生。嬰兒出生後的頭幾個月最危險，這時他剛來到世界，危機四伏的環境對嬰兒造成極大的壓力。滿週歲後，幼兒的死亡率便大幅下降；同樣地，一個文明最危險的階段，就在它開始取得核能的幾世紀。這個文明一旦發展出全球的政治系統，危險期也就結束了。

另一個冰河時期

冰河時期長達數萬到數十萬年，但沒有人知道它的成因。有人認為它是由地球自轉的細微改變造成的，就算經過數世紀的觀察，仍很難察覺這項改變。這些細微的作用經過數十萬年的累積，便足以使兩極的噴射氣流發生些微改變。最後噴射氣流的方向改變了，使極地的冷氣團南移，讓全球的溫度急劇下降，最後引發冰河時期。冰河時期對地球生態造成極大的傷害，它消滅了數十種哺乳動物，甚至殺死了各大洲被孤立的人群，可能還在不久之前促成新人種的誕生。

可惜的是，我們的電腦連明天的天氣都測不準，更不用說預測下次冰河時期會在何時來臨。舉例而言，我們現在正在發展第五代電腦。但不要忘了，不論是多麼複雜龐大的第四代電腦，一次都只能進行兩個數目的加法運算。第五代電腦正要克服這個重大瓶頸，它的平行處理器能同時進行多項運算。

只要人類文明能安然度過鈾危機和生態崩潰，便很可能在數百年內成為第一類文明，並擁有控制天氣的能力。如果人類在下一次冰河時期來臨前，躍昇為第一類或更進步的文明，屆時冰河時期可能就不足為患了；人類可以改變天氣，不讓冰河時期發生，或乾脆離開地球。

小行星撞擊和超新星

考慮到數千到數百萬年的發展，第零類和第一類文明就必須防範小行星撞擊和附近的超新星。

隨著本世紀天文測量的進步，人們發現地球軌道和很多小行星的軌道交錯，和小行星擦身而過的機會非常大（第零類和第一類文明防止直接撞擊的方法之一，就是在小行星和地球仍相距數千萬英里時，利用配備氫彈的火箭攔截或讓它偏向。事實上，全球各地的科學家都曾建議這項方法）。

和小行星擦身而過的頻率，遠比大多數人想像得還高。最近的一次發生於一九九三年一月三日，航太總署的天文學家甚至以雷達拍攝下這次事件。照片顯示小行星Toutatis是由兩個岩核構成，每個岩核的直徑長達兩英里，它在距離地球二百二十萬公里處通過。一九八九年三月二十三日，一個直徑約半英里的小行星以更接近的距離，在地球外七十萬英里掠過（約為地球和月球距離的三倍）。

有人曾在一九九二年末預言，二一二六年八月十四日，將有一個巨型彗星撞擊地球，屆時地球上的所有生物可能都難逃一劫；哈佛史密森天文物理中心（Harvard-Smithsonian Center for Astrophysics）的天文學家馬斯登（Brian Marsden）預測它直接撞擊地球的機率為萬分之一。以在內戰期間首度發現它的兩位美國天文學家為名的史威夫特—塔特（Swift-Tuttle）彗星，不久就被媒體冠上「末日巨石」（Doomsday Rock）的稱號。物理學家指出，我們可以利用即將除役的核子彈自保，將它們製成巨型氫彈，將彗星炸成碎片。

史威夫特—塔特彗星的碎片已撞擊上地球，它每隔一百三十年環繞太陽一周，繞行時拋出大量碎片，在外太空留下一長串的隕石和粒子。地球穿越它的隕石帶時，便會出現英仙座流星雨（Perseid meteor shower），讓天空大放光明（預測彗星是否會和地球擦身而過時，很容易發生誤判，因為太陽輻射的高熱，會讓彗星表層的冰不規則地蒸發，像無數小鞭炮般爆裂，使彗星略微偏離它的軌道。難怪馬斯登會在數週後推翻自己的預言，他坦承：「我們在未來一千年仍會平安無事。」）

根據航太總署某研究小組在一九九一年的估計，約有一千到四千個直徑超過半英里的小行星會掠過地球軌道，足以危及人類文明，但雷達約只掌握了其中一百五十個的行蹤。此外，約有三十萬個直徑超過三百英尺的小行星會通過地球軌道。但科學家對這些小行星的軌道幾乎一無所知。

我在一九六七年秋首次接觸小行星，當時我還是哈佛四年級的學生。和我同宿舍的一位好友在學校天文台兼差，他告訴我一個高度機密：天文學家發現一個直徑數英里的巨型小行星正朝著地球衝來。他說雖然目前還不能確定，但根據電腦的計算，小行星可能會在一九六八年六月撞擊地球，正好趕上我們的畢業典禮。這樣大小的小行星將會撞破地殼，讓地球噴出數十億噸的岩漿，並在世界各地引發地震和海嘯。之後的幾個月，我仍陸續得到小行星的最新情報；天文台的天文學家都守口如瓶，免得造成大家的恐慌。

二十年後，我在翻閱一篇小行星掠過地球的文章時，才又想起這件事。這篇文章當然也提到了一九六八年的小行星，它和地球的距離約只有一百萬英里。

超新星爆炸比小行星撞擊更難得一見，但也壯觀得多。超新星釋放出的巨大能量，是恆星釋出能量的數千億倍，讓整個星系都黯然失色。它會爆發出一股X射線，嚴重影響附近的恆星系統。超新星會釋出一股強大的電磁脈衝（electromagnetic pulse），就像在外太空引爆一個氫彈，爆發出的X射線最後會撞擊地球大氣層，將原子的電子撞出；接著電子沿著螺旋狀的路線穿過地球磁場，產生極大的電場。強大的電場足以破壞數百英里內的電氣和通訊設備，讓人們陷入恐慌；在大規模核戰產生的電磁脈衝，便足以破壞或摧毀地球大部分地區的各種電子裝置。最糟的是，如果超新星在某個恆星系統附近爆炸，所有生物都無法倖存。

天文學家沙根認為這可能是恐龍滅絕的原因：

六千五百萬年前，如果在太陽系的十到二十光年內出現一個超新星，它便會散發出強烈的宇宙射線。有些宇宙射線會穿透地球的大氣層，引燃大氣中的氮，產生的二氧化氮會破壞大氣的臭氧層，照射到地表的太陽紫外線也隨著增加，使很多無法抗拒強烈紫外線的生物被曬死或發生突變。

遺憾的是，超新星爆炸前幾乎沒有任何前兆。超新星總在轉瞬間爆炸，輻射的傳播速度和光速一樣快，第一類文明必須火速逃往外太空。一個文明能採取的唯一預防措施，就是密切監視附近即將變成超新星的恆星。

死星和滅絕

一九八〇年，阿爾瓦雷茨父子（Luis Alvarez, Walter Alvarez）和加大柏克萊分校的阿薩洛（Frank Asaro）和米歇爾（Helen Michel）指出，六千五百萬年前有個彗星或小行星撞擊地球，引發嚴重的大氣干擾，讓恐龍突然滅亡。他們分析過六千五百萬年前的河床形成的岩層後，發現了大量的銥（indium）。銥是地球上的稀有元素，但卻常出現於隕石等天體中。這個理論非常合理，一個直徑五英里的彗星以每秒二十英里的速度（比子彈快十倍的速度）撞上地球時，會產生相當於一億個百萬噸黃色炸藥的威力（比全球所有核子彈同時爆炸的威力大一萬倍）。爆炸會造成直徑六十英里、深二十英里的坑洞，飛揚的碎屑能讓地球長期不見天日；溫度急劇下降後，地球上大部分的物種都死亡了，殘存下的物種也元氣大傷。

其實在一九九二年，殺死恐龍的彗星或小行星就呼之欲出了。人們早就知道在墨西哥猶加敦州（Yucatan）的小村奇克勒布托港（Chicxulub Puerto）附近，有個直徑一百一十英里的撞擊坑洞。一九八一年，地球物理學家和佩梅克斯（Pemex）墨西哥國家石油公司曾告訴地質學家，他們在當地發現一塊重力和磁力異常的圓形區域。他們以氬—39（argon-39）進行放射性年代測定，發現猶加敦坑洞的年代約為六千四百九十八萬年，誤差在五萬年內；更驚人的是，他們也在墨西哥、海地和加州等地，發現被稱為玻隕石（tektites）的玻璃狀碎屑。它也許是這個巨型小行星或彗星撞擊地球時，造成的玻璃化矽酸鹽，玻璃狀的玻隕石出現於第三紀和白堊紀間的沉積物中。科學家分析過五種玻隕石的樣本後，發現它們的平均年代為六千五百零七萬年，誤差在十萬年之內。如果這些測量都正確無誤，地質學家就能確認出殺死恐龍的小行星或彗星了。

但地球的生命史有項驚人的特色：除了恐龍的滅絕，還有多起大滅絕。和六千五百萬年前，白堊紀末的大滅絕相比，其他大滅絕的規模要大得多。舉例而言，二億五千萬前的二疊紀末大滅絕，消滅了九六％的動植物物種；曾在海洋稱霸的三葉蟲，在這場大滅絕中神秘地絕跡了。地球上共發生過五次大滅絕，如果再加上一些較少被提及的大滅絕，就能從中發現一個模式：約每隔二千六百萬年，就會發生一次大滅絕。古生物學家勞普（David Raup）和塞波考斯基（John

Sepkoski）的研究顯示，如果將地球任何時期的物種數目做成圖表，便能看出每隔二千六百萬年，物種數量便會大幅滑落。在過去二億六千萬年來的十個週期中，只有兩次沒有發生大滅絕。

在六千五百萬年前白堊紀末期的滅絕週期中，大多數恐龍都死亡了；在三千五百萬年前始新紀的滅絕週期中，很多陸生哺乳動物的物種都消失了。問題是：為何會以二千六百萬年為一個週期？科學家在生物學、地質學，甚至天文學的資料中，都找不出任何二千六百萬年的週期。

柏克萊大學的穆勒（Richard Muller）認為我們的太陽其實是一個雙星系統的一部分，太陽的另一半被稱為復仇之星（Nemesis）或死星（Death Star），它就是地球週期性大滅絕的元凶。穆勒認為太陽有個看不見的巨大拍檔，它每隔二千六百萬年便環繞太陽一周，它在穿越歐特雲時（Oort cloud，一個由彗星構成的雲團，位於冥王星的軌道外），會帶來一大群彗星。有些彗星會撞擊地球，造成大量碎屑，讓陽光無法到達地表。

這套理論有一項有力證據：在各滅絕週期末期的地層中，都含有大量的銥。因為銥原本就存在於彗星中，這些銥可能就是死星帶來的彗星殘留物。目前，我們正處於兩次滅絕週期的中間。如果死星真的存在，它目前應該位於軌道的最遠處（也許和地球相距數光年），它還要過一千萬年才會再度光臨❷。

---

❷另一派關於週期性大滅絕的理論，是建立在太陽系環繞本銀河系的週期上。就像旋轉木馬在繞行時上下擺動，太陽系在環繞本銀河系時，也會在銀河面上起伏。太陽系週期性地降至銀河面下方時，太陽系會遇上大量塵埃，讓大批彗星脫離歐特雲。

幸運的是，下次彗星從歐特雲奔向太陽系時，我們已躍昇為第三類文明。屆時，我們不但已征服了附近的恆星，甚至能在時空中穿梭。

太陽之死

科學家有時會納悶：人類死亡後，身體的原子最後將何去何從？最可能的答案是，我們的分子最後仍會回到太陽中。

我們的太陽是一個正值中年的恆星，約有五十億歲了；在未來五十億年中，它也許還會是個黃色恆星。但當太陽耗盡它的氫燃料時，它便會以氦為燃料，並開始急速膨脹，變成一個紅巨星。它的大氣會快速擴張，最後延伸到火星軌道之外，地球軌道將完全被籠罩在太陽的大氣中，地球也會被太陽的高熱烤熟。構成人體的分子和地球本身都將在太陽大氣中燒毀。

沙根如此描述這幅景象：

> 數十億年後，地球過去的美好景象將不復存在……南北極的冰帽開始溶化，淹沒全球的沿海地區。海洋的高溫將使大氣中充滿更多水蒸氣，天空布滿雲層，陽光無法照射到地表，地球也得以苟延殘喘。但太陽仍繼續演化。最後海洋會開始沸騰，大氣被蒸發至太空，地球將在前所未有的大災難中滅亡。

你知道地球會被火或冰毀滅嗎？科學家認為地球會被火毀滅。到時候如果人類還存在，我們將早已離開了太陽系。和超新星不同，太陽在滅亡前會有很多前兆。

本銀河系之死

在未來數十億年中，本銀河系終將滅亡；說得更清楚一點，我們身處於本銀河系中獵戶座星雲的旋渦臂上（Orion spiral arm）。我們仰望夜空，看著無邊無際的點點繁星時，其實只看到獵戶旋渦臂上的恆星。長久以來，滿天的星斗一直是詩人和戀人的靈感泉源，但這些星星其實只是獵戶旋渦臂上的一小部分恆星。本銀河系中其餘的二千億個恆星都距離太遠了，若隱若現的，就像劃過夜空的一道游絲。

和本銀河系距離最近的星系，就是二百萬光年外的仙女星系（Andromeda galaxy），它的體積是本銀河系的二到三倍。這兩個星系正以每秒一百二十五英里的速度衝向對方，約在五十到一百億年後相撞。正如加大聖塔克魯斯分校的天文學家赫恩奇斯特（Lars Hernquist）說的：「本銀河系將會被併吞，它將被燒得一乾二淨。」

從外太空看來，仙女星系就像要撞擊本銀河系，慢慢地將它吞沒。電腦模擬顯示，較大星系的重力會慢慢地壓倒較小星系的重力，小星系旋轉幾圈後就被吞沒了；但因為本銀河系的恆星相隔得很遠，恆星互相撞擊的機率很低，一個世紀才會出現幾次恆星撞擊。因此在很久之後，我們的太陽大概也不會撞上其他恆星。

在千百億年後，我們將面臨一項更要命的危機：宇宙的滅亡。更高等的智慧生物，也許會建造「太空方舟」逃避大多數天災；但在宇宙滅亡時，逃進太空又有什麼用？

阿茲特克人相信，世界末日時，太陽會從天上落下。他們說世界末日的前兆是：「地球已疲憊不堪，再也無法孕育生命了。」星星也紛紛落下。

也許他們說的是真的。

只希望當太陽開始熄滅時，人類早已離開太陽系，奔向其他恆星（在艾西默夫的「基地」系列中，孕育人類的恆星系統在很久之前就毀滅了）。但在耗盡氫燃料後，所有的恆星都將熄滅。在數百到數千億年後，宇宙也難逃一死。如果宇宙是個開放宇宙，它將不斷擴張，直到溫度降至絕對零度；如果宇宙是個封閉宇宙，它在擴張到極限時便會開始收縮，最後在大崩墜中燒毀，就算是第三類文明也未必能逃過此劫。超空間理論是否能幫助文明度過宇宙滅亡的浩劫呢？

第十四章 宇宙的命運

有人說世界會被火毀滅，有人說會被冰毀滅。我曾嚐過激情的滋味，還是火比較好。

——佛洛斯特（Robert Frost）

在比賽結束前，勝負仍是個未知數。

——貝拉（Yogi Berra）

不論是地球文明或外太空文明，它都必須先克服第零類文明的一連串災難，才能發展出駕馭超空間力量的科技。核子時代初期的數百年，便是文明的危險期，這時科技已進入高度發展階段，但社會和政治情勢仍動盪不安。

一個文明躍昇為第三類文明時，它將發展出極先進的行星社會結構，不致走上自我毀滅之路；它的科技也足以防止生態崩潰，或應付冰河時期或太陽塌縮等天災。但連第三類文明也未必能逃過最終的大災難：宇宙的滅亡。連第三類文明中最大、最複雜的星際飛船，也無法在宇宙滅亡時脫身。

十九世紀的科學家就知道宇宙終將滅亡。達爾文發現這項令人沮喪的事實後，在自傳中說出他的苦惱：「我深信未來的人類會比現在完美得多。經過如此漫長的演化，人類和其他科學家仍將走上毀滅一途，想想真不甘心。」

數學家兼哲學家羅素（Bertrand Russel）說：「人類知道自己終將滅亡，這就是『極度絕望』（unyielding despair）的根源。」羅素的這段話，稱得上是出自科學家筆下最絕望的一段話：

> 人類註定無法看見他存在的目的：他的起源、成長、希望與恐懼、他的追尋和信仰，這些都只是原子誤打誤撞的結果。所有的渴望、英雄氣慨、思想和情感，在死後也只是一場空。人類長久以來的努力、奉獻、熱情和智慧的結晶，都將隨著太陽系的滅亡而煙消雲散；人類的成就最後終將長埋在宇宙的碎屑中，這幾乎是無庸置疑的事，所有相反的論調都會被

推翻。只有在這些真理的框架中，只有在極度絕望的基礎上，靈魂才能找到棲身之所。

羅素在一九二三年寫下這段話，當時距展開太空旅行還有數十年。根據物理定律，太陽系一定會死亡，羅素的心頭因而蒙上一層陰影。當時的科技仍很落後，這也難怪他會做出如此絕望的結論。後來我們對恆星的演化有更深的了解，知道太陽會變成紅巨星，以核融合的高熱燒毀地球，但我們也發現了太空旅行的基本原理。在羅素的時代，如果有人建議以大型太空船載人登上月球或其他行星，他一定會被視為瘋子；但隨著科技的快速發展，人類已不像過去那麼擔心太陽系之死了。如果人類沒有在核戰中滅亡，在太陽變成紅巨星時，我們可能已經移民到其他的恆星系統了。

就算人類能安然度過太陽系之死，一想到宇宙的死亡，我們仍不免會感到極度絕望。宇宙滅亡時，任何太空方舟似乎都無法帶人類脫身，人類應該是無路可逃了。根據物理學的預測，無論是多麼先進的智慧生物，最後都要和宇宙同歸於盡。

根據愛因斯坦的廣義相對論，宇宙的結局不是「無限悲泣」（Cosmic Whimper），不斷膨脹，直到溫度接近絕對零度，就是「大崩墜」，收縮成一團火球。如果宇宙是一個開放宇宙，它就會被「冰」毀滅；如果宇宙是一個封閉宇宙，它就會被「火」毀滅。無論是哪一種結局，第三類文明都註定會滅亡，因為溫度不是降至絕對零度，就是上升到無限熱。

為了探究人類最終的命運，宇宙學家利用愛因斯坦的方程式計算宇宙的總質能量。物質是愛因斯坦方程式中決定時空曲率的關鍵，因此我們必須知道宇宙的平均密度，才能判斷質能所造成的重力是否足以逆轉大霹靂造成的宇宙膨脹。

平均密度的臨界值能決定宇宙和所有智慧生物的最終命運。如果宇宙的平均密度小於 10^{-29} 克／立方公分（相當於十毫克的物質均勻散布在地球大小的真空中），宇宙便會不斷膨脹，最後變成寒冷死寂的一片虛無；如果平均密度大於此值，物質便能產生足夠的重力，逆轉大霹靂的膨脹作用，演變成高熱的大崩墜。

目前的實驗正陷入眾說紛云的情況。天文學家知道幾種測量星系質量的方法，藉此再推算出宇宙的質量。第一種方法是計算星系中的恆星數目，再乘以恆星的平均質量。根據這種繁複計算的結果，宇宙密度小於臨界值，宇宙將會不斷地膨脹；但這種計算並未將不發光物質納入考慮範圍（如塵雲、黑洞和冰冷的矮星）。

第二種計算方法是根據牛頓定律。天文學家只要計算恆星環繞某星系的時間，就能利用牛頓定律估算出該星系的質量；就像牛頓利用月球公轉的時間，估算月球和地球的質量。

這兩種計算法求出的結果不同。天文學家知道一個星系九〇％以上的質量，都存在於「無蹤質量」（missing mass）或「黑暗物質」中；它們並不會發光，但具有重量。就算再加上不發光星際氣體的質量，由牛頓定律估算出的銀河系質量仍遠大於由計算恆星求出的值。

在天文學家解決無蹤質量和黑暗物質的問題之前，我們仍無法斷定宇宙會塌縮成一團火球或無限擴張。

熵寂

時空的曲率是由質能量決定，假設宇宙的平均密度小於臨界值，宇宙的質能量便不足以讓它再次塌縮；它會不斷膨脹，直到溫度接近絕對零度。如此一來，熵（entropy）也會隨著升高（熵是計算宇宙亂度的函數），最後宇宙會在「熵寂」（entropy death）中滅亡。

早在本世紀初，英國物理學家和天文學家金斯爵士（Sir James Jeans）就曾以「熱寂」（heat death）一詞描述宇宙之死：「根據熱力學第二定律，宇宙只有一個結局——熱寂；溫度會低到極點，任何生物都無法生存。」

要了解熵寂的來龍去脈，必須先知道熱力學的三項定律，地球和所有恆星的化學和核作用，都必須遵循這些定律。英國科學家和作家史諾（C. P. Snow）將這三項定律，改寫成三個易記的短句：

一、不可能佔便宜（你不能不勞而獲，因為質能守恆）。
二、不可能平手（你無法回到原來的能量狀態，因為亂度不斷增加，熵一直在增加）。
三、不能退出比賽（因為無法到達絕對零度）。

第二項定律和宇宙之死的關係最密切。根據熱力學第二定律，任何作用都會增加宇宙的亂度。在日常生活中，隨處都看得到第二定律的蹤影。就以將奶油倒進一杯咖啡為例，秩序（分離的咖啡和奶油）自然而然地變成無秩序（混合的咖啡和奶油），但要逆轉熵作用，讓無秩序回歸秩序就非常困難；除非利用複雜的化學實驗室，否則根本不可能將奶油咖啡分離成咖啡和奶油。同樣地，將香煙點燃後，房間內便會煙霧瀰漫，使房間內的亂度增加，秩序（煙草和捲煙紙）變成無秩序（煙和炭）。就算利用地球上最好的化學實驗室，也無法逆轉熵作用——也就是將煙霧變成香煙，將炭變成煙草。

同樣地，大家都知道破壞比建設容易。蓋一棟房子要花上一年，但一把火在一小時內就能把房子燒光。一群居無定所的獵人歷經五千年，才在墨西哥和中美洲建立起偉大的阿茲特克文明，為眾神建造了宏偉的紀念碑，但科爾特斯（Cortes）和西班牙征服者只花了幾個月，就摧毀了這個文明。

恆星和地球的熵都在不斷增加。最後恆星將耗盡它們的核燃料，成為一團死寂的核物質。恆星相繼熄滅後，宇宙也成為一片黑暗。

藉著我們對恆星演化的了解，便可以想見宇宙滅亡時的慘況。在10^{24}年內，所有恆星的核反應都將停止，它們會依質量的不同，分別變成黑洞、中子星和冰冷的矮星。隨著恆星結合能（bindin genergy）的下降，熵也開始增加，直到恆星已無法利用核融合產生任何能量。在10^{32}年內，宇宙中所有的質子和中子也許都會衰變。根據大一統理論，質子和中子在這一段時間中一直很不穩定；這意味著我們所知道的物質，包括地球和太陽系，都會分解成電子和微中子等較小粒子，智慧生物身體的質子和中子最後也會分解。智慧生物的身體將不再由一百種熟悉的化學元素構成，這些元素一直會很不穩定；智慧生物必須利用能量、電子和微中子，創造新的身體。

在 10^{100} 年後，宇宙的溫度會趨近於絕對零度，這時智慧生物將面臨滅亡的危機；恆星已不再散發熱量，他們只好凍死。但在接近絕對零度的荒涼冰冷宇宙中，還殘留著一個能量來源：黑洞。根據宇宙學家霍金的理論，黑洞並不是一片黑暗，它會不斷地將能量慢慢釋放入外太空。

在遙遠的外來，會慢慢釋放能量的黑洞也許會成為「救生工具」，智慧生物必須聚集在黑洞旁，蒐集能量讓機器繼續運轉。和在明滅的火堆旁取暖的流浪漢一樣，智慧文明也只能挨在黑洞旁苟延殘喘。

但在 10^{100} 年後，當黑洞也耗盡大部分的能量時，這時又會如何？薩西克斯大學（University of Sussex）的巴洛（John D. Barrow）和加大柏克萊分校的西爾克（Joseph Silk）等天文學家認為，現有的知識也許永遠無法解答這個問題。根據量子理論，在如此漫長的時間中，我們的宇宙也許會穿隧其他宇宙。

這種事情的發生機率極低，我們的宇宙也許一輩子也遇不到一次，因此我們不必擔心現實會突然瓦解，被一套新的物理定律取代；但就未來的 10^{100} 年而言，這類罕見的宇宙量子事件未必不會出現。

巴洛和西爾克說：「只要有量子理論，就有希望。我們永遠無法確知宇宙是否會在熱寂中毀滅，因為在一個量子力學的宇宙中，一切都充滿變數；在無限的量子未來中，所有可能性最後都會成真。」

逃入高次元

如果宇宙的平均密度太低，它最後終將走上無限悲泣的絕路。假設宇宙的平均密度大於臨界值，宇宙便會在數百億年後被火毀滅，而不是被冰毀滅。

這時，便有充分的物質產生足夠重力阻止宇宙繼續膨脹，接著宇宙會開始慢慢塌縮，遙遙相隔的星系也開始靠攏。星光會產生「藍位移」，而不是紅位移；這表示恆星正快速接近，溫度再度升高到極限，最後所有物質都將被高熱蒸發成氣體。

智慧生物將發現他們行星的海水被蒸發光了，大氣變成一個煉獄。智慧生物的行星開始分解時，他們只好搭上巨型火箭，逃到外太空中。

但外太空的情況可能也一樣糟。原子已無法在高溫下保持穩定，電子脫離了原子核，形成電漿（如太陽上的電漿）。這時智慧生物也許會利用巨型防護罩保護太空船，使用所有能量防止防護罩被高熱分解。

隨著溫度的繼續上升，質子和中子也會脫離原子核，最後質子和中子會被分解成夸克。和黑洞一樣，大崩墜也會吞噬一切，什麼都逃不出它的手掌；一般物質都無法倖存，智慧生物就更不用說了。

但可能還有一線希望。時空都塌縮成一個煉獄時，逃離大崩墜的唯一辦法，就是經由超空間離開時空。這聽來很荒謬，其實也不盡然。根據電腦執行克魯查——克萊因理論和超弦理論的結果，在宇宙誕生後，隨著四次元宇宙的膨脹，六次元宇宙也跟著塌縮，因此四次元和六次元宇宙的命運是相連的。

如果這個結論是正確的，當四次元宇宙塌縮時，六次元宇宙也會慢慢膨脹。在我們的宇宙化為虛無時，智慧生物也許會發現到六次元宇宙正在膨脹，並想辦法進入六次元。

次元間的旅行在目前並不可行，因為我們的姊妹宇宙已縮小到蒲朗克尺度的規模；但在塌縮的最後階段，六次元宇宙也許會開始膨脹，再次開啟次元間旅行的大門。如果姊妹宇宙膨脹得夠大，質量和能量也許會滲透過去；如果智慧生物能計算出時空的力學，便能利用這個逃生出口。

前哥倫比亞大學的物理教授范伯格（Gerald Feinberg），也曾考慮過利用這種孤注一擲的方式，在宇宙塌縮時逃入更高次元的宇宙：

就目前而言，這只是科幻小說式的情節。但如果有更高次元的宇宙或其他四次元時空，很可能有某些物理現象，能將我們的宇宙和另一個宇宙相連。只要宇宙中仍存在著智慧生物，他們一定會在大崩墜之前，查出這個假設是否屬實；如果是真的，他們一定也會想出逃進其他宇宙的方法。

宇宙殖民

不論是羅素或是當今的天文學家，所有曾探討過宇宙之死的科學家都認為宇宙滅亡時，智慧生物也只會隨著滅亡。有套理論認為智慧生物能逃入超空間躲避大崩墜；但連這個理論都認為在塌縮的最後一刻前，他們也只能坐以待斃。

薩西克斯大學的巴洛和圖良大學的帝普勒等物理學家卻有不同的看法。他們在《人類宇宙學原理》（*The Anthropic Cosmological Principle*）一書中，提出和傳統觀點相反的論調：經過數十億年的演化，智慧生物將在宇宙的末日扮演主動的角色。他們獨排眾議地認為，在未來數十億年中，科技仍將成冪級數成長。現有科技愈發達，成長的速度愈快；智慧生物殖民的恆星系統愈多，便有能力在更多恆星系統殖民。巴洛和帝普勒認為，在數十億年內，智慧生物將在可見宇宙的大部分區域殖民。但他們也有所保留，他們認為智慧生物將不具備超空間旅行的能力，智慧生物的火箭只能以近光速（near-light）飛行。

基於種種理由，他們的假設也並非不可能。第一，就算火箭能以近光速飛行（例如，以巨型雷射光束為動力的光子引擎推進），它也要花上數百年，才能到達遙遠的恆星系統，但巴洛和帝普勒認為智慧生物將繼續存在數十億年；就算他們只有次光速（sub-light-speed）的火箭，也有足夠的時間在他們的星系和鄰近的星系殖民。

巴洛和帝普勒認為智慧生物不必藉助超空間旅行，只須以近光速將數百萬個「馮紐曼探測船」（von Neumann probe）送進星系，尋找適合殖民的恆星系統。二次大戰期間，數學天才馮紐曼在普林斯頓大學研發出第一部電子計算機，馮紐曼也證明了我們能製造出具有自行設定程式、自行修復和自我複製的機器人。巴洛和帝普勒認為馮紐曼探測船不必靠創造者控制，就能自行執行大部分任務。這些小型探測船和目前的海盜號或先鋒號（Pioneer）探測船不同，海盜號和先鋒號只是被動式的預寫程式機器（preprogrammed machine），必須遵照人類的命令行動。馮紐曼探測船比較像戴森的星鷄，但它的功能和智慧更為強大。它們能進入新恆星系統，在行星上降落，開採岩石中有用的化學物質和金屬，接著它們會建造一個小工業區，生產和它們一樣的機器人，再從這些基地發射更多的馮紐曼探測船，探索更多的恆星系統。

這些探測船是能自行設定程式的機器人，因此不需要接收母星傳來的指令；它們能獨力探索數以百萬計的恆星，偶爾會停下來，傳回它們的發現。如果星系中散布著數百萬個馮紐曼探測船，探測船再利用各行星的化學物質複製數百萬個自己，智慧文明便不用浪費時間探索沒有用的恆星系統。（巴洛和帝普勒認為，遠方智慧文明的馮紐曼探測船可能已進入了我們的太陽系。《2001年太空漫遊》（*2001:A Space Odyssey*）中的神秘紀念碑，也許就是一個馮紐曼探測船）。

在《銀河飛龍》影集中，行星聯盟仍使用很落後的方法探測其他恆星系統，只能依靠一群人和一小群星際飛船。這種情節雖然很引人入勝，但不適合生物居住的行星系統簡直多不勝數，用這種方法探測恆星太沒效率了。馮紐曼探測船雖然沒有柯克船長或皮卡船長的冒險故事，卻更適合星系探險。

巴洛和帝普勒的第二項假設，是他們理論的重要依據：數百億年後，宇宙會停止膨脹，開始塌縮。宇宙塌縮後，星系會開始靠攏，智慧生物也能更輕鬆地在星系殖民；隨著宇宙塌縮速度的增加，在附近星系殖民的速度也會增加，最後整個宇宙都成了殖民地。

雖然巴洛和帝普勒認為智慧生物將在宇宙各角落殖民，他們卻無法解釋智慧生物怎麼受得了最後階段塌縮的高熱。他們承認塌縮的高熱足以將所有生物蒸發掉，但他們製造的機器人也許耐得了這種高熱。

重塑大霹靂

根據以上的各種理論，艾西默夫想像著在面對宇宙之死時，智慧生物會有何反應。在《最後的問題》（*The Last Question*）中，艾西默夫提出一個老生常談的問題：宇宙終將死亡嗎？世界末日來臨時，智慧生物又將何去何從？艾西默夫假設宇宙會被冰毀滅，而不是被火毀滅；屆時恆星已耗盡它的氫燃料，溫度驟降至絕對零度。

故事是從二〇六一年說起，一部巨大無比的電腦設計了一部巨型太陽能衛星，將太陽能傳送回地球，解決了地球的能源問題。這部類比電腦AC（analog computer）既巨大又先進，連技術人員也不清楚它的運作原理。有兩位喝醉酒的技術人員打賭五美元，他們問電腦太陽是否能逃過一死？宇宙是否終將滅亡？AC想了一會後回答：資料不足，無法做答。

數世紀後，AC解開了超空間旅行之謎，人類開始在無數的恆星系統殖民。AC變得非常巨大，各個行星都要空出數百平方英里容納它；它變得非常複雜，只能自行維修檢查。一對年輕夫婦帶著孩子，在AC的精確指引下，搭乘火箭穿越超空間，到新的恆星系統殖民。父親不經意地提到恆星終會死亡，孩子們開始緊張了。他們苦苦哀求：「不要讓恆星死掉。」為了安撫孩子，父親問AC熵是否能逆轉。父親看了AC的答案後說：「看吧，只要有AC，一切都不成問題。」他安慰著孩子們：「到時候AC會解決所有問題，不用擔心了。」他一直沒告訴孩子，其實AC說的是：資料不足，無法做答。

數千年後，殖民已遍及本銀河系各角落。AC已解開長生不老之謎，也找出駕馭本銀河系能量的方法，現在它必須找出適合殖民的新星系。AC變得更加複雜，已經沒有人能了解它的運作。它不斷地重新設計和改良自己的迴路。兩位高齡數百歲的星系議會的委員，正在辯論該如何尋找新的星系能源，他們懷疑宇宙是否快停擺了，他們問：熵能逆轉嗎？AC回答：資料不足，無法做答。

又過了數百萬年，人類已遍布在宇宙無數的星系中。AC已能將人的心靈和肉體分離，人的心靈能在數以百萬計的星系間遨遊，肉體則被安置於一個被遺忘的行星上。兩個心靈在外太空中相逢，他們不經意地談到人類到底來自哪個星系。現在AC變得更大了，它的大部分結構都被存放在超空間中。AC將他們傳送到一個不起眼的星系。他們非常失望；這個星系太普通了，和其他星系並無二致，太陽也在很久以前滅亡了。這兩個心靈開始擔心了，因為宇宙中無數的恆星也將步上太陽的後塵。兩個心靈問道：宇宙是否能逃過一死？AC從超空間回答：資料不足，無法做答。

又過了數十億年，人類的數目已多得數不清了，每個人都具有不死之身，每具肉體都有機器人照料。人類的心靈能在宇宙中來去自如，最後他們結合成一個心靈，這個心靈又和AC合為一體。AC是什麼？它位於超空間的何處？這些問題已經不具意義了。人類的集體心靈思考著：「宇宙快死了嗎？」恆星和星系相繼死亡，宇宙各角落的溫度都接近絕對零度。人類絕望地問道：星系正開始變暗變冷，宇宙是否就要走上絕路了？AC從超空間回答：資料不足，無法做答。

人要AC蒐集資料，AC回答：「遵命。一千億年來，我一直在蒐集資料。已經有很多人問過我這個問題，但我擁有的資料仍嫌不足。」

經過一段無窮的時間，宇宙終於滅亡了。在這一段無窮的時間中，ＡＣ一直在蒐集資料，思考最後的問題；ＡＣ終於找到答案了，但卻不知道該告訴誰。ＡＣ仔細地設計一個逆轉熵的程式。它蒐集了冰冷的星際氣體，聚集滅亡的恆星，結合成一個大球。

一切就緒後，ＡＣ從超空間喊著：要有光！

就有了光——

到了第七天，它休息了。

第十五章 結語

已知者有限，未知者無限；就知識而言，
人類就像站在汪洋中的孤島上。
每一代都想多爭取一些地。
——赫胥黎（Thomas H. Huxley）

一世紀以來物理學最重大的發現，也許就是了解自然的最基本層次居然出乎意料地簡單。十次元理論的數學原理雖複雜得難以想像，甚至還開創了數學的新領域；但推動大一統理論的基本概念，如高等次元和弦等概念，卻只是簡單的幾何概念。

雖然目前仍言之過早，但未來的科學史家在回顧紛擾的二十世紀時，也許會將超弦理論和克魯查—克萊因理論等高等次元時空理論，視為當時最重要的觀念革命之一。正如哥白尼將太陽系簡化為一組同心圓，推翻了地球為宇宙中心的觀念，十次元理論也能大幅簡化自然定律，推翻三次元空間的宇宙觀。我們已知道標準模型等三次元宇宙觀太狹隘了，不足以發展出一套能整合所有自然界基本作用力的理論。如果將四種基本作用力硬塞在一個三次元理論中，它對自然也只能做出拙劣、牽強和不正確的解釋。

十年來，理論物理學界普遍認為，在愈高的次元中，基本物理定律愈顯得單純；在十次元中，所有的物理定律似乎都統一了。靠著這些理論，我們便能化繁為簡，創造出一套簡單明瞭的理論，以整合二十世紀的兩大理論：量子理論和廣義相對論。現在我們就來探討十次元理論對未來物理學和科學、簡化論和整體論的論戰，以及物理學、數學、宗教和哲學間的美學關聯，會造成什麼影響。

十次元和實驗

一個偉大的理論出現時，總會引起一陣欣喜和混亂，但我們常忘了所有理論最後都要接受實驗的檢驗；不管一個理論看起來有多麼完美，如果它不符合事實，仍是毫無用處。

哥德曾說：「教條總是死氣沉沉的，生命之樹卻是綠意盎然。」哥德說得對極了，這類例子在歷史上俯拾皆是。有很多錯誤的理論被沿用了很多年，只因為有群位高權重的白癡科學家在為它撐腰；和冥頑不靈的科學家前輩唱反調，有時甚至會惹禍上身。很多理論都是在明顯不符合實驗結果後，才遭到大家否決。

舉例而言，在十九世紀的德國，亥姆霍茲是位大名鼎鼎，又極具影響力的人物，因此他的電磁學理論在科學界頗為風行，馬克士威的理論卻乏人問津。雖然亥姆霍茲很有名，但實驗證明馬克士威的理論才是對的，亥姆霍茲的理論也就被打入冷宮了；同樣地，愛因斯坦發表相對論時，很多在納粹德國當紅的科學家便對他大加撻伐，諾貝爾獎得主雷納德（Philipp Lenard）也是其中之一。一九三三年，愛因斯坦終於被趕出柏林。因此任何科學都少不了實驗者，物理學更是如此，只有他們才能揭穿理論學家的謊言。

魏斯卡夫是麻省理工學院的理論物理學家，他在討論理論科學和實驗科學的關係時，曾說物理學家可分為三大類：機器製造者（沒有他們建造的粒子對撞機，就無法進行實驗）、實驗者（實驗的籌劃者和執行者）、理論家（發明理論解釋實驗結果的人）。他以哥倫布的美洲探險，說明這三者扮演的角色。他說：

> 機器製造者就像船長和造船者，他們負責發展當代的技藝；實驗者就像駕船前往地球另一端的船員，他們來到新的島嶼，並記錄下他們的見聞；理論物理學家就像待在馬德里的人，他們告訴哥倫布，他將會在印度上岸。

如果在十次元整合所有物理定律所需的能量，遠超過現有科技的能力範圍，實驗物理學的前景就不甚樂觀了。在過去，隨著新一代粒子對撞機的問世，新一代的理論也跟著出現，這種時代也許就要結束了。結果一切順利，新一代的超導超級對撞機應該會在二〇〇〇年左右問世；雖然大家都期待它會帶來新發現，但有些人卻認為它只能印證目前的標準模型，在可預見的未來中，都不可能出現能證實或推翻十次元理論的實驗。也許在很漫長的時間中，我們都只能在純數的領域中探討十次元理論。任何理論都必須經過實驗證明，才具有效力，就像必須有肥沃的土壤，才能培育出一大片茂盛的植物；如果土壤太貧瘠乾燥，植物也會枯死。

葛羅斯是「超弦邪說」的創始人之一，他曾以兩位登山客的關係比喻物理學的發展：

> 過去，我們攀登「自然」這座山時，實驗者總是一馬當先，我們這群懶惰的理論學家則跟在後面。他們偶爾會踢落一塊「實驗」石頭，在我們的頭頂彈過，我們總以為只要跟著實驗者的腳步就好了……。現在輪到我們這些理論學家做開路先鋒了，這趟旅程變得更加寂寞。過去，我們總以實驗者為追隨的目標；現在，我們不知道山有多高，也不知道山頂在哪裡。

在過去，實驗者一直扮演著拓荒者的角色，但我們即將進入一個極艱澀的物理時代，必須由理論學家帶頭，就像葛羅斯說的。

超導超級對撞機也許會發現新粒子，也許能發現希格斯粒子，也許反夸克也會現身，也許能發現夸克底層的世界；但根據理論，維繫這些基本粒子的力量仍是一樣。也許超導超級對撞機能發現更複雜的楊—米場和膠子，但這些場也許只代表更大的對稱群，這些對稱群只是超弦理論導出的E（8）×E（8）對稱的一部分。

維藤曾說：「弦論是二十一世紀的物理學，卻意外落入二十世紀。」這也許就是理論和實驗關係失調的原因。一九六八年意外發現的超弦理論，攪亂了理論和實驗的辯證邏輯，也許我們只能等到二十一世紀，才能看到新一代的粒子對撞機、宇宙射線計數器和外太空探測船。也許這就是我們偷看二十一世紀物理學，所要付出的代價；到了二十一世紀，也許我們就能以實驗間接證明十次元的存在。

十次元和哲學：簡化論和整體論

任何偉大的理論對科技和哲學都會造成深遠的影響。廣義相對論不但為天文學開創了新的研究領域，也創造了宇宙哲學；大霹靂理論出現後，在哲學和神學界都造成巨大回響。幾年前，宇宙學家甚至在梵蒂岡和教皇碰面，討論大霹靂理論和聖經與創世紀的關聯。

同樣地，量子理論促成了次原子粒子科學的誕生，也加速了電子工程學革命。電晶體在現代科技中扮演不可或缺的角色，它就是量子力學的產物；海森堡的測不準原理，對自由意志和決定論的論戰也有深遠的影響，宗教界也開始檢討原罪和救贖等教義；在量子力學的衝擊下，天主教會和長老教會堅信得救預定論的立場也動搖了。我們仍無法確定十次元理論會帶來哪些影響，這場革命才在物理學界展開，但一旦一般人都能了解這套理論，他們受到的震撼，一定不下於物理學家。

大多數物理學家都不喜歡談論哲學。他們都是實用主義者。他們之所以能發現物理定律，並不是出於故意或信念，而是經過反覆嘗試和準確的推測。年輕的物理學家只想埋頭發現新的理論，沒時間做哲學式的探討。如果年長的物理學家忙著參加政策委員會或倡談科學的哲學，便會被年輕物理學家看不起。

大多數物理學家認為，除了「真」和「美」等含糊概念，哲學和他們的本行根本扯不上關係，他們認為現實遠比先入為主的哲學更複雜神秘。說到他們，讓人不禁想到一些科學界名人，他們到了風燭殘年時，反而迷上了一些離奇荒謬的哲學概念。

在進行量子測量時，「意識」扮演什麼角色？遇上這一類棘手的哲學問題時，大多數物理學家只是滿不在乎地聳聳肩；只要他們能計算出實驗結果，他們才不在乎實驗背後的哲學含意。費曼就是揭穿浮誇哲學家真面目的高手，他認為哲學家的理論基礎愈薄弱，愈愛說得口沫橫飛，頭頭是道（談到物理和哲學的優劣時，我就會想到某位大學校長說的一段話：「你們這些物理學家為何總愛買一大堆昂貴的儀器？數學系只要求買紙、筆和字紙簍；哲學系更省，他們連字紙簍都不用。」）

大部分物理學家並不關心哲學問題，物理大師就不同了。愛因斯坦、海森堡和波耳曾激辯好幾個小時，為了他們理論中的測量、意識和機率等問題，討論到深夜；因此，我們也該探討高等次元理論對哲學的衝擊，尤其是「簡化論」和「整體論」的論戰。

帕格曾說：「我們總是很相信自己心目中的真理，因此大多數人將自己的希望和恐懼投射到宇宙上。」由此可見，高等次元理論一定也會涉及哲學和個人問題。十年來，簡化論和整體論之間的論戰一直在斷斷續續地進行。物理界提出高等次元理論後，一定會重新點燃戰火。

《韋伯大學生用字典》（*Webster's Collegiate Dictionary*）對「簡化論」的定義是：「簡化複雜的資料或現象的程序或理論。」這一直是次原子科學的準則之一，它的目的就是將原子和原子核簡化為它們的基本構成要素。標準模型在解釋數以百計的次原子粒子性質上的驚人成就，說明了尋找物質的基本構造確實有其價值。

《韋伯大學生用字典》對「整體論」的定義是：「主張自然界中的關鍵因素，都是無法再簡化的整體的理論。」西方哲學主張將事物分解為基本元素。從整體論的角度看來，這套哲學法太過簡略了；它無法掌握事物的全貌，也許會忽略一些重要的資料。舉例而言，一個由成千上萬螞蟻組成的蟻群，自然會發展出複雜有效的社會行為規範；問題是，該如何去了解蟻群的行為？簡化論者會將螞蟻分解為有機分子。但就算某人花了數百年解剖螞蟻，分析它的分子結構，他對蟻群的行為仍一無所知；最簡單的方法就是觀察一整個蟻群。

同樣地，這場論戰也蔓延到腦部研究和人工智慧等領域。簡化論者主張將腦簡化到最基本的單元：腦細胞，再以腦細胞重新組合腦；有一派人工智慧學者認為，只要以基本的數位迴路組成更加複雜的迴路，便能創造出人工智慧。隨著一九五〇年代現代數位電腦的發展，這一派學說也成功地「複製」了智慧，但這種智慧雖頗令人失望，它甚至無法模擬最簡單的腦部功能，如辨識照片中的圖案。

第二個流派的作法較傾向整體論，他們嘗試界定出頭腦的功能，並以整個頭腦為模仿對象。

雖然這種方法的起步階段比較困難，但它的前景非常樂觀，因為一些被視為理所當然的腦部功能，都事先被內建在系統中（如對恐懼的忍受度、評估不確定性，和自由聯想）。神經網路理論已採用了這套有機式的方法。

簡化論者和整體論者都很看不起對方。他們互相撻伐時，有時也貶低了自己；他們常各說各話，而非就事論事展開討論。

近幾年來，簡化論者宣稱在論戰中打了勝仗。最近，簡化論者在報章雜誌上宣稱，標準模型和大一統論的成功，證明了自然可被簡化成更小、更基本的成分；深入夸克、輕子和楊—米場的世界後，物理學家終於分離出物質的基本成分。舉例而言，維吉尼亞大學的物理學家特雷菲爾（James S. Trefil），曾在「簡化論的勝利」中痛批整體論：

> 一九六〇和七〇年代，一次次的實驗揭露出粒子世界的複雜面貌，有些物理學家對簡化論已失去信心，開始在西方哲學之外尋找答案。卡普拉（Fritjof Capra）在他的《物理之道》（The Tao of Physics）一書中，認為簡化論已經行不通了，現在我們該採取更偏向整體論和神祕主義的自然觀點……。二十世紀科學的快速發展，幾乎將傳統的西方科學思潮逼上絕路，但在一九七〇年代，西方思潮終於獲得平反。也許還要花上一段時間，理論物理學界以外的人才能體認這個事實，並將它融入我們的世界觀。

整體論的信徒也有反敗為勝的方法。他們說統一觀念是物理學最偉大的觀念，它是一個整體論的觀念，而不是簡化論的觀念。他們指出愛因斯坦在晚年時，常遭到簡化論者的譏諷，說他真是個老糊塗，居然想整合宇宙的基本作用力。最早在物理界提出統一模型觀念的，並不是簡化論者，而是愛因斯坦；此外，簡化論者無法對薛丁格之貓的矛盾提出一套合理解釋，由此可見他們有意迴避較深奧的哲學問題。雖然簡化論者有量子場論和標準模型等傑出成就，但這些成就並不可靠，因為量子理論終究只是個不完整的理論。

當然雙方都有其可取之處，他們都只探討到一個複雜問題的一部分，但這場論戰有時會淪為「好戰科學」和「不可知科學」的惡鬥。

好戰科學以死板的科學觀點抨擊對手，不但不能說服對手，反而傷了和氣。好戰科學只想在論戰中求勝，卻不想說服聽眾；它不但不採取理智和實驗的捍衛者的姿態，以贏得一般人的好感，反而採取宗教裁判所般的冷酷姿態。好戰科學喜歡逞凶鬥狠，好戰科學派的科學家罵整體論者低能、不懂物理、以偽科學掩飾自己的無知，因此，好戰科學也許能贏得零星的戰役，卻輸了整場戰爭。在每一場短兵相接的戰役中，好戰科學可以端出一大堆資料，以學識淵博的博士為靠山，將對手打得落花流水，但它最終會嘗到驕傲自大的苦果；不但不能說服聽眾，反而把他們趕跑了。

不可知科學卻恰好相反。它排斥實驗，對任何流行的哲學都照單全收；在不可知科學的眼中，任何討厭的事實都是細微末節，無所不包的哲學才是真理。如果事實和哲學有衝突，錯的一定是事實。不可知科學有套先入為主的作法，它著重於實現個人的理念，而不是客觀的觀察；對它而言，科學其實是可有可無的。

這兩派科學最早在越戰時開始分裂。當時美國以強大的致命科技對付一個農業國，讓年輕人看得頗為膽寒。但最近一場論戰的焦點則是個人健康，舉例而言，一九五〇和六〇年代，財大氣粗的農產和食品公司以鉅資買通遊說者，對國會和醫療體系施壓，阻止有關當局調查膽固醇、煙草、動物性脂肪、農藥和一些食品添加劑，是否會導致心臟病和癌症；現在我們都知道上述事項的確會危害健康。

最近蘋果中殘留的農藥Alar又引起一場軒然大波。國家資源保護協會（National Resources Defense Council）的環保專家指出，目前蘋果的農藥殘留量足以殺死五千個兒童。這個消息不但造成消費者的恐慌，食品業者也對此深表不滿，他們說這些環保專家是唯恐天下不亂。後來人們發現這份報告的數據是來自聯邦政府，這表示食品藥物管理局（Food and Drug Administration）認為就算死五千個兒童，也是可以接受的。

此外，各地又傳出飲用水遭到鉛污染的消息，這會對兒童的神經系統造成嚴重傷害。科學在美國人的心目中的形象因而滑落，社會各階層漸漸開始懷疑醫療、食品和化學工業。諸如此類的醜聞一再上演，健康飲食的風潮也在全國蔓延開了，它們大部分都立意甚佳，但有些則缺乏科學根據。

在高等次元中整合

我們必須從更宏觀的角度看這兩派互不相容的哲學觀點，它們只有在走上極端時，才會顯得水火不容。

整合這兩派觀點的方法也許就在高等次元中，顯然地，簡化法並不適用於幾何學。我們無法藉著一小撮纖維，了解一幅綴錦畫的全貌；同樣地，就算從物體表面切下一小部分，我們也無法判斷表面的整體結構。「高等次元」一詞意味著，我們必須採取更宏觀的整體觀點。

同樣地，整體論也不能完全涵蓋幾何學，就算知道高等次元的幾何表面是球狀的，但僅憑這項線索，也無法計算出其中的夸克的性質。一個幾何表面上的夸克和膠子的對稱性，取決於該次元的彎曲模式，因此僅靠著整體論提供的資料，並無法將高等次元理論發展成和物理相關的理論。

為了充分了解高等次元的幾何學，我們必須先綜合整體論和簡化論；它們只是兩種探究幾何學的方法，就像一體的兩面。從幾何學的觀點看來，採用簡化論的角度（在一個克魯查—克萊因空間組合夸克和膠子）或整體論的角度（找出某個克魯查—克萊因面的夸克和膠子的對稱性），其實並沒有分別。

我們也許會偏愛某一種方法，但這完全是基於歷史或教學的考量。基於歷史的考量，我們也許會強調次原子物理學是源於簡化論式的理論，和粒子物理學家歷經四十多年的努力，才以粒子對撞機整合了三種基本作用力；我們也能採取偏整體論式的方法，以量子力和重力的統一為例，說明我們對幾何學已有更深入的認識。之後，我們便開始利用克魯查—克萊因理論和超弦理論探討粒子物理學，並將標準模型視為某種蜷曲高等次元。

這兩種方法都一樣正確。在我和崔納合著的《超越愛因斯坦：尋找宇宙的理論》中，我們採用偏簡化論的角度，描寫在可見宇宙中發現的種種現象，最後必定會發展出一套幾何學式的物質理論。在本書中，我們則採用相反的角度，以可見宇宙為出發點，並指出在高等次元中，自然律會變得更簡單，但這兩種方法最後都會得到相同的結論。

這就像在爭議左右腦的功能一樣。神經學家發現左腦和右腦具有截然不同的功能，但這項結果卻遭到報章雜誌的錯誤解讀。他們由實驗發現，在注視照片時，左眼（右腦）比較注意細節，右眼（左腦）比較能掌握整張照片；但這時出現一群譁眾取寵的人，他們說左腦是「整體式腦」，右腦是「簡化式腦」。這種斷章取義的說法，衍生出很多該如何在日常生活中組織思維的怪異論調。

神經學家認為較合理的解釋是，大腦必須同時使用左右腦，左右腦的互動要比它們各自的功能更重要；只有在左右腦能和諧互動時，大腦才能發揮最大的功用。

同樣地，如果有人認為某派哲學在物理學中佔了上風，他可能也犯了斷章取義的毛病。也許最保險的說法是，讓科學受惠最大的，就是這兩派哲學的激烈互動。

我們就以薛丁格之貓和S矩陣理論（S matrix theory）為例，說明為何高等次元理論能解決兩種對立哲學的矛盾。

薛丁格之貓

薛丁格之貓的問題是量子理論的最大弱點，整體論者有時就以這個問題攻擊簡化論者，簡化論者無法對量子力學的矛盾提出合理的解釋。

量子理論最為難之處，就是觀察者必須做測量。在觀察之前，貓可能是死的，也可能是活的；天上可能有月亮，也可能沒有月亮。這種說法通常會被斥為無稽之談，但量子力學已經過實驗的反覆證實。觀察少不了觀察者，觀察者一定具有意識，因此整體論者認為必定存在著一個宇宙意識，否則萬物就不會存在。

高等次元理論並不能完全解答這個難題，但它們提出一套新看法，問題就出在觀察者和被觀察者的區別。但量子重力理論中有一個宇宙波函數，因此不必再去區分觀察者和被觀察者了；在量子重力中，只容許萬物波函數的存在。

這種說法在過去毫無意義，因為當時量子重力還未成為一個理論。每當有人從事和物理相關的計算時，就一定會產生歧見。宇宙波函數的概念雖然很吸引人，卻沒有任何意義，但隨著十次元理論的出現，宇宙波函數的概念又具有意義了，因為量子重力論是個十次元理論，宇宙波函數的計算結果也能重整化了。

我們全靠這兩派哲學的精華，才能對這個關於觀察的問題提出一個差強人意的解法。一方面，這是一套簡化論式的解法，因為它仍遵循量子力學對真實的解釋，不必藉助意識；另一方面，它也是整體論式的解法，因為它是以宇宙波函數為出發點，而宇宙波函數就是最極致的整體論。這套解法不必區分觀察者和被觀察者，所有物體和觀察者都在波函數中。

這個解法仍不完整，因為宇宙波函數所描述的宇宙，並不存在於任何明確的狀態中，它是由所有可能的宇宙組成的。海森堡發現的測不準問題，現在已擴大到整個宇宙了。

這些理論中最小的可處理單位就是宇宙本身，最小的可量子化單位就是所有可能宇宙的空間，這些宇宙包含有死貓和活貓。因此，在某個宇宙中的貓是死的，但在另一個宇宙中的貓卻是活的；不過，這兩個宇宙都存在於宇宙波函數中。

矩陣理論之子

諷刺的是，在一九六〇年代簡化論者的方法似乎失敗了，量子理論的場論被攝動擴張（perturbation expansion）中出現的分歧結果給困住了。量子理論陷入一團混亂時，物理學中出現了一個支派；S矩陣理論（scattering matrix，散射矩陣理論）從主流中脫離出來開始萌芽。它的創始人是海森堡，再由加大柏克萊分校的丘（Geoffrey Chew）進一步發展。和簡化論不同，S矩陣理論將分散的粒子視為一個不可分割的整體。

原則上，如果我們知道S矩陣，就知道粒子的互動和分散方式；這套理論只著重於粒子如何碰撞，個別的粒子則無關緊要。根據S矩陣理論，只要散射矩陣不自相矛盾，就能求出S矩陣。因此在S矩陣理論的樂園中，已沒有基本粒子和場的容身之地。分析到最後，唯一具有物理意義的就是S矩陣。

假設有人給我們一部奇形怪狀的機器，要我們解釋它的功能，簡化論者會立刻拿螺絲起子把它拆開；他以為將機器拆散成無數小零件後，就能看出它的運作原理，但如果機器太過複雜，將它拆散反而更難看出它的功能。

基於某些理由，整體論者並不會把機器拆散。第一，就算分析過成千上萬個零件，我們也未必看得出機器的整體功能；第二，辛苦地摸索各個零件的功用，最後仍可能徒勞無功。他們認為應該將機器視為一個整體，只要啟動機器，觀察各部分的互動；套用現代的術語，這部機器就是

S矩陣，這套哲學就是S矩陣理論。

一九七一年，霍夫特發現可以利用楊—米場解釋次原子的作用力；簡化論又開始走紅了，各種粒子互動的理論紛紛敗下陣來。楊—米場很符合粒子對撞機的實驗結果，後來更發展出了標準模型；這時S矩陣理論則陷入莫測高深的數學迷宮中。一九七〇年代末，簡化論似乎已將整體論和S矩陣理論打得潰不成軍了，整體論和S矩陣理論已毫無招架之力，簡化論大獲全勝。

但在一九八〇年代，情勢又有了逆轉。大一統理論對重力的研究一無所獲，也提不出可驗證的實驗結果，物理學家開始尋找新的研究方向。大一統理論失勢後，一套新理論也隨著興起；它之所以能出現，多要歸功於S矩陣理論。

一九六八年，S矩陣理論的聲勢正如日中天時，威尼席阿諾和鈴木也深受S矩陣整體哲學的影響；他們想利用尤拉的貝塔函數，研究描述整個S矩陣的數學式。如果他們利用的是簡化論式的費曼圖，他們將和這項數十年來的最偉大發現失之交臂。

二十年後，S矩陣理論的種子開花結果了。威尼席阿諾—鈴木理論後來衍生出超弦理論，經過克魯查克—萊因理論的重新解釋，超弦理論更成為十次元宇宙的理論。

由此可見十次元理論其實是兩派哲學的傳人。它最初是源於整體論式的S矩陣理論，但它也包含了楊—米理論和夸克理論；在本質上，它已發展得很完備了，足以兼容這兩派哲學。

十次元理論和數學

超弦理論的特色之一是，它包含了非常深奧的數學原理。從沒有任何理論會以如此艱深的數學處理如此基本的問題。回頭想想，這也是無可避免的；任何統一場論都必須涵蓋愛因斯坦理論的黎曼幾何，和量子場論的李氏群（Lie group），接著再以更高等的數學化解它們之間的歧異。這種能融合這兩派理論的數學就是拓樸學，它將肩負起一項不可能的任務：消去量子重力理論中的無限。

超弦理論突然將高等數學引進物理學中，讓很多物理學家顯得有些狼狽。為了了解十次元理論，很多物理學家偷偷溜進圖書館，借出一些大部頭的數學著作。歐洲核子研究中心的物理學家艾里斯（John Ellis）坦承：「我跑遍各大書店尋找數學百科全書，好好惡補一下『同調』（homology）和『同型』（homotopy）之類數學概念，以前我才不屑學這些東西。」有些人本來很擔心數學和物理學會在本世紀漸行漸遠，現在他們可以鬆一口氣了。

從古希臘時代起，數學和物理學就被視為焦不離孟、孟不離焦的拍檔。牛頓和同時代的科學家從未刻意去區分數學和物理學，他們稱自己為自然哲學家，在數學、物理學和哲學上都有不凡的造詣。

高斯、黎曼和龐加萊都認為物理是新數學的根源；在十八和十九世紀，數學和物理學經常在互相激盪中互蒙其利，但在愛因斯坦和龐加萊之後，數學和物理學的發展出現了重大轉變。過去七十年中，數學家和物理學家幾乎沒有任何交流。數學家探討著N次元空間的拓樸學，發展代數拓樸等新領域。繼高斯、黎曼和龐加萊之後，數學家在過去一世紀發展出一大堆玄之又玄的定理和推論，但這些研究和強弱作用力完全扯不上關係；物理則開始利用十九世紀的三次元數學，探討核力的世界。

隨著十次元理論的出現，這一切也有了改變。突然間，在過去一世紀的數學成就都被物理學用上了；長久以來只受到數學家重視的數學定理，現在也具有物理價值了，數學和物理學之間的鴻溝終於要消失了。事實上，十次元理論引進的大量新數學，也讓數學家看得目瞪口呆。麻省理工學院的數學家辛格（Isadore A. Singer）和其他著名的數學家都說，不管超弦理論和物理有沒有關聯，也許它都該被視為數學的分枝。

誰也不知道數學和物理為何會有如此密切的關係，量子理論的創始人之一狄拉克說：「數學能帶我們朝新方向發展；如果我們只跟隨物理概念，根本不會發現這些新方向。」

懷德海（Alfred North Whitehead）是過去一世紀中最偉大的數學家之一，他曾說最高深的數學和最高深的物理是相通的，但誰也說不出它們為何會相通；沒有任何理論能解釋這兩大科學領域為何會有共同的概念。

人們常說：「數學是物理的語言。」舉例而言，伽利略說過：「如果不了解宇宙的語言，誰也無法閱讀宇宙之書，這種語言就是數學。」但這又是為什麼？此外，將數學貶低到語意學的層面，一定會讓數學家感到不快。

愛因斯坦注意到這一點，他說純數也許是解開物理之謎的一個方法：「我深信我們能透過純數的結構發掘出它底層的概念和定理，再由這些概念和定理了解自然……。在某種程度上，我也和古人一樣，相信能藉由抽象概念掌握真理。」海森堡也贊成他的看法：「如果我們能在研究自然時，發現前所未見的簡單美麗數學形式，我們一定會認為它們就是『真理』，就是自然的真面目。」

諾貝爾獎得主魏格納（Eugene Wigner）甚至以此為題目，寫了一篇論文「數學在自然科學中不可思議的妙用」。

物理原理和邏輯結構

這些年來，我注意到數學和物理間一直保持著一種辯證關係。物理並不只是費曼圖和對稱中指出的漫無目標的結果；數學也不只是一堆繁瑣的方程式。物理和數學其實是休戚相關的。

我深信物理的基礎是一小群物理原理，這些原理可以不靠數學公式，直接以口語表達。從哥白尼的理論，到牛頓的運動定律，甚至到愛因斯坦的相對論，這些物理定律都能以三言兩言表達，幾乎不必藉助數學；令人驚訝的是，只要以一小撮基本物理原則就足以涵蓋大部分的現代物理學。

數學則包含了所有可能的自洽結構，數學的邏輯結構要比物理原理多得多。任何數學系統（如算術、代數或幾何）都有一個相同的特徵：它的公設和定理都是一致的。數學家比較在意的是不讓這些系統產生矛盾的結果，他們比較不在意各個系統的優劣；任何自洽結構都值得研究，而這類結構也多不勝數。因此，數學家比物理學家更各行其事，一個領域的數學家很少會和其他領域的數學家打交道。

由物理原理和數學的自洽結構，就不難看出物理和數學的關係：物理學家要靠很多自洽結構，才能求出一個物理原理，因此物理學自然而然地結合了很多數學的分枝；如此看來，我們就能了解理論物理學中的偉大觀念是如何產生的。舉例而言，數學界和物理界都說牛頓是他們領域中的大師之一，但牛頓並不是先研究數學，再開始研究重力的；他在分析過墜落物體的運動現象後，認為月球也不斷朝地球墜落，但月球卻不會撞上地球，因為地球的彎曲曲率抵消了月球的下墜。因此他提出了一個物理定理：萬有引力定律。

但他仍無法求出重力的公式。之後，他花了三十年研究一套能計算重力的數學。在這段期間，他發現很多自洽結構，他將這些結構統稱為微積分。由此看來，物理原理先出現（萬有引力定律），為了求出這個定理的公式，各種自洽結構才紛紛出籠（如解析幾何、微分方程式、導函數和積分）。在這個過程中，物理原理結合了這些自洽結構，發展出一套有條理的數學（微積分）。

愛因斯坦研究相對論的過程也是如此。愛因斯坦先寫下物理原理（如光速恆定和重力等效原理），接著才在數學著作中尋找自洽結構（李氏群、黎曼張量微積分、微分幾何），以便求出這些原理的解法。在這個過程中，愛因斯坦發現如何將不同的數學分枝結合成一個有條理的結構。

弦論的發展過程也是如此，但方式卻大異其趣。弦論涉及的數學非常複雜，因此它整合了差別極大的數學分枝（如黎曼面、卡克—穆迪〔Kac-Moody〕代數、超李代數（super Lie algebras）、有限群、模函數、代數拓樸），連數學家也大為驚嘆。和很多物理理論一樣，它也揭露出很多自洽系統的關聯性，但弦論底層的物理原理仍未現身。物理學家希望他們發現這個原理時，也能發現新的數學分枝；換言之，我們之所以無法解決弦論，是因為二十一世紀的數學還沒有出現。

我們可以由此得到一個結論：一個整合很多物理理論的物理原理，一定也能整合很多互不相關的數學分枝；這正是弦論的成就。事實上，在所有物理理論中，整合最多數學分枝的就是弦論；也許物理學家在追求統一理論的同時，也會順便將數學統一了。

當然了，自洽的數學結構在數量上，要比物理原理多上好幾倍，因此某些數學結構永遠都不會被納入物理理論中；被某些數學家譽為最純粹的數學分枝的數論（number theory）就是其中之一，有人認為這種情況會一直持續下去。也許人類總能不斷想出一些符合邏輯的結構，但這些結構卻無法以任何物理原理表示。但也有跡象顯示，不久後弦論就能整合數論了。

科學和宗教

超空間理論揭露了物理和數學的微妙關聯，因此有些人開始指責科學家，說他們正在創立一個建立在數學上的神學；我們揚棄了宗教的神話，卻投向另一個建立在彎曲時空、粒子對稱和宇宙膨脹上的宗教。雖然很少人聽得懂神父說的拉丁文禱文，但懂得物理學家口中的超弦方程式的人更少。量子理論和廣義相對論已取代了無所不能的上帝，成為盲目信仰的對象。科學家辯稱，他們的數學方程式是可以在實驗室中驗證；反對者卻說，你們能在實驗室中檢驗宇宙的誕生嗎？由此可見，超弦論等抽象理論根本無法驗證。

這種爭辯並不是新鮮事。歷史上常有神學家向科學家叫陣，要和他們辯論自然的法則。舉例而言，英國的生物學家赫胥黎為了捍衛達爾文天擇說，在十九世紀末遭到教會的嚴厲批評。同樣地，量子物理學家也曾和天主教教會的代表參加電台節目，辯論海森堡的測不準原理是否否定了自由意志，這個問題關係著靈魂能否上天堂或下地獄。

科學家通常很不喜歡參加神學辯論，討論神和創世的問題。我認為原因之一是，每個人對上帝都有不同的定義，而具有很多象徵意義的字眼往往會模糊了討論的主題。要解決這個問題，我認為也許該將上帝一詞區分為兩種意義；也許應該將上帝區分為「神蹟的上帝」和「秩序的上帝」。

科學家提到「上帝」時，他們指的通常是「秩序的上帝」。舉例而言，愛因斯坦童年時期最重要的啟示之一，是來自他首次閱讀科學課本的經歷。他發現他所知道的宗教不可能是真的。但在他的研究生涯中，他一直堅信宇宙中存在著一個神祕崇高的「秩序」；終其一生，他都不斷地苦思，上帝創造世界時，是否有任何選擇的餘地。他常在他的著作中提到「上帝」，有時還戲稱他為「老頭子」。每當他遇到難纏的數學問題時，他就會說：「上帝很莫測高深，但絕不會居心不良。」大多數科學家都相信宇宙中存在著某種宇宙的秩序，但對科學家以外的人而言，上帝多半是指「奇蹟的上帝」；這就是科學家和非科學家溝通不良的原因。神蹟的上帝會干涉人類的生活，顯現神蹟，摧毀罪惡的城市，打倒敵軍、將法老的軍隊淹死，為無罪和高尚的人復仇。

科學家和非科學家無法就宗教問題互相溝通，這是因為他們都在各說各話，他們談到的上帝並不是同一個上帝；這是因為科學是建立於可複製的現象上，但奇蹟卻無法複製；奇蹟只會出現一次，因此奇蹟的上帝已超出科學的範疇。當然，奇蹟並非不可能發生，但在科學的範疇內不可能出現奇蹟。

哈佛大學的生物學家威爾森（Edward O. Wilson）被這個問題困擾了很久，他想知道科學是否能解釋人類為何對宗教如此執著。他發現訓練有素的科學家雖然能在自己的科學領域中保持理性，但在為自己的宗教辯護時，他們也會採用非理性的論調；此外，他也發現宗教常被當成發動戰爭的藉口，或迫害異教徒的工具。和人類最重大的惡行相比，宗教聖戰中的暴行也毫不遜色。

威爾森發現各地的文化中都有宗教的蹤影。人類學家發現所有的原始部落都有其「起源神話」，解釋他們的來源。這套神話具有強烈的「我們」和「他們」的分別觀念，如此一來，部落的凝聚力更強，批評首領的分化言論也會受到打壓。

這並不是反常現象，而是人類社會的準則。威爾森認為宗教之所以會大行其道，是因為信奉宗教的原始人在演化上比較佔優勢。成群獵食的動物會服從領袖，因為牠們會依力量決定階級，並建立支配制度。約在一百萬人前，人類的祖先變得更聰明了，他們開始對領袖的權力提出質疑。智力會在理智的引導下，對權威提出質疑；對整個部落而言，這是一股危險、分化的力量。除非有其他的力量能壓制這股浪潮，否則聰明人就會離開部落，部落會分崩離析，最後大家都會死去。為了阻止理智的發展，天擇除去了聰明的類人猿，其他類人猿又開始相信首領的領導和他的神話；如果不是如此，部落的凝聚力便會被破壞。在適者生存的環境中，聰明的類人猿有較高的生存機會，因為他們能理性地思考如何製做工具和採集食物；但在部落面臨分裂的危機時，能將理智拋在一邊的類人猿反而有較高的生存機會。神話是凝聚一個部落，讓它生生不息的力量。

威爾森認為，對愈來愈聰明的類人猿而言，宗教是一股救命的力量；它就像膠水，將部落凝聚在一起。如果這套理論是正確的，這也難怪大多數宗教都認為「信心」比常識重要，並要求信徒拋開理智。這也有助於解釋宗教聖戰中的種種暴行，和奇蹟的上帝為何總站在勝利者的一方；奇蹟的上帝能解釋人類存在的目的，但秩序的上帝對這個問題則無言以對。

人類在大自然中的角色

秩序的上帝不能告訴我們人類的命運會是如何，也不知道人類存在的目的。但這類問題總讓我驚訝萬分，才剛開始發展科技的人類，居然大言不慚地要求知道宇宙的起源和命運。

就科技而言，我們才剛到達脫離地球重力場的程度，我們才開始以原始的探測船探測外行星。雖然人類還無法脫離地球生活，但我們只靠著頭腦和一些工具，就能計算出支配數十億光年外的物質的定律。我們只有微不足道的能源，甚至還沒有離開這太陽系，但我們已經知道恆星深處的核子反應或原子核內的情況。

從演化的角度看來，人類只是剛離開樹的智慧人猿，居住在一個小恆星系統的第三個行星上，恆星位於一個小星系的小漩渦臂上，星系位於處女座星團中的一個小星系群中。如果宇宙暴脹論是正確的，所有的可見宇宙只不過是一個更大宇宙中的一個小氣泡。雖然我們在浩瀚的宇宙中只具有微不足道的分量，但我們居然發現無所不包的理論，這不是很了不起嗎？

有人問諾貝爾獎得主拉比（Isidor I. Rabi），他為什麼會開始探究自然的奧祕。拉比說他當時從圖書館借了一些關於行星的書，他很驚訝人類居然能對宇宙有如此深入的了解。行星和恆星比地球大多了，距離又如此遙遠，但人類居然能了解它們。

物理學家帕格談到他的轉捩點。他小時候曾到紐約的海登天文館（Hayden Planetarium），他回憶道：

> 宇宙的力量和氣勢，讓我幾乎說不出話來。我發現一個星系的恆星數目，就超過從古到今的人口總數……。發現宇宙原來如此廣闊，年代如此久遠，讓我感到一種「存在性的震撼」。在如此久遠浩瀚的宇宙中，我所經歷和知道的一切，都顯得非常微不足道。

我想讓科學家感觸最深的，並不是被浩瀚的宇宙懾住的經驗，而是一種近似宗教覺醒的認知：我們其實是星星的核子，我們的思想能了解並控制星星的宇宙法則；我們體內的原子是某個爆炸恆星的核融合反應的產物，當時距太陽系的誕生還有很長的一段時間。我們的原子比山的年代還久遠，我們是由宇宙塵造成的，這些原子又凝聚成能了解宇宙法則的智慧生物。

讓我驚訝的是，我們在這個不起眼的小行星上發現的物理定律，卻適用於宇宙的各角落，但我們不必離開地球，就能發現這些定律。我們不必依賴星際船或多次元之窗，就能分析出恆星的化學成分，解讀出恆星深處的核反應。

如果十次元的超弦理論是正確的，位於遙遠恆星系統的文明也會發現，我們的宇宙其實是十次元的。他們也會感到很驚訝，覺得傳統的三次元世界「太小了」，不足以容納所有已知的基本作用力。

人類生來就具有好奇心。就像鳥喜歡唱歌，人類也想了解宇宙。正如十七世紀的天文學家喀卜勒（Johannes Kepler）說的：「我們不會去問鳥為何喜歡唱歌，因為牠們生來就喜歡唱歌；同樣的，我們也不必去問人類為何要探究星空的祕密。」或像生物學家赫胥黎在一八六三年說的：「人類在宇宙中扮演什麼角色？他和宇宙有何關係？這大概是最重要、最有趣的問題了。」

曾說過要在本世紀內找出大一統理論的宇宙論學者霍金，曾提到向大眾介紹物理學原理的重要性：

如果我們真能發現一個完全的理論，所有人都應該在短時間內知道它的基本原理，不要讓它成為少數科學家的專利。接著，哲學家、科學家和所有人都能共同討論，探討人類和宇宙存在的目的。如果我們能討論出答案，這將是人類理智的最大成就——屆時我們就能知道上帝的想法了。

從整個宇宙的角度看來，人類才剛開始探索身旁的世界。但人類有限的智慧卻能發揮無限的力量，讓我們揭開大自然最深奧的謎團。

如此一來，生命就算有意義或目的了嗎？

有些人將個人的得失、人際關係，或個人的經驗當成人生的意義；但我認為，能生為智慧動物，並以智慧去探究自然之謎，這樣的人生就已經很有意義了。

國家圖書館出版品預行編目資料

穿梭超時空：平行宇宙、時光隧道和十度空間大探索 / 加來道雄（Michio Kaku）著；蔡承志、潘恩典 譯. – 二版. – 臺北市：商周出版：家庭傳媒城邦分公司發行, 2013. 9
面； 公分. --（科學新視野：5）

譯自: Hyperspace : A Scientific Odyssey Through Parallel Universe, Time Warps, and the 10th Dimension

ISBN 978-986-272-445-3（平裝）

1. 相對論 2. 時空論

331. 2 102016393

科學新視野 5

穿梭超時空：平行宇宙、時光隧道和十度空間大探索

原著書名／Hyperspace : A Scientific Odyssey Through Parallel Universe, Time Warps, and the 10th Dimension
作　　者／加來道雄Michio Kaku
譯　　者／蔡承志、潘恩典
責任編輯／徐韻婷、陳伊寧、劉慧麗
版　　權／林心紅
行銷業務／李衍逸、吳維中
總 編 輯／楊如玉
總 經 理／彭之琬
事業群總經理／黃淑貞
發 行 人／何飛鵬
法律顧問／元禾法律事務所 王子文律師
出　　版／商周出版
城邦文化事業股份有限公司
臺北市中山區民生東路二段141號9樓
電話：(02) 2500-7008　傳真：(02) 2500-7759
E-mail：bwp.service@cite.com.tw
發　　行／英屬蓋曼群島商家庭傳媒股份有限公司城邦分公司
臺北市中山區民生東路二段141號2樓
書虫客服服務專線：(02)2500-7718・(02)2500-7719
24小時傳真專線：(02)2500-1990・(02)2500-1991
服務時間：週一至週五上午09:30-12:00・下午13:30-17:00
劃撥帳號：19863813　戶名：書虫股份有限公司
讀者服務信箱E-mail：service@readingclub.com.tw
歡迎光臨城邦讀書花園 網址：www.cite.com.tw
香港發行所／城邦（香港）出版集團有限公司
香港灣仔駱克道193號東超商業中心1樓
電話：(852) 2508-6231　傳真：(852) 2578-9337
E-mail：hkcite@biznetvigator.com
馬新發行所／城邦（馬新）出版集團 Cité (M) Sdn. Bhd.
41, Jalan Radin Anum, Bandar Baru Sri Petaling,
57000 Kuala Lumpur, Malaysia.
電話：(603) 9057-8822　傳真：(603) 9057-6622
E-mail：cite@cite.com.my

封面設計／黃聖文
排　　版／冠玫電腦排版股份有限公司
印　　刷／韋懋印刷事業有限公司
總 經 銷／高見文化行銷股份有限公司　客服專線：0800-055-365
電話：(02) 2668-9005　傳真：(02) 2668-9790

■ 1998年10月15日 初版
■ 2021年2月25日 二版5.5刷
Printed in Taiwan

定價360元

城邦讀書花園
www.cite.com.tw

 ISBN 978-986-272-445-3

商周出版

廣　告　回　函
北區郵政管理登記證
台北廣字第00791號
郵資已付，免貼郵票

104　台北市民生東路二段141號2樓

英屬蓋曼群島商家庭傳媒股份有限公司城邦分公司　收

請沿虛線對摺，謝謝！

商周出版

書號：BU0005X　　書名：穿梭超時空

請於此處用膠水黏貼

商周出版

讀者回函卡

感謝您購買我們出版的書籍！請費心填寫此回函卡，我們將不定期寄上城邦集團最新的出版訊息。

不定期好禮相贈！
立即加入：商周出版
Facebook 粉絲團

姓名：＿＿＿＿＿＿＿＿＿＿ 性別：□男 □女

生日：西元＿＿＿＿年＿＿＿＿月＿＿＿＿日

地址：＿＿＿＿＿＿＿＿＿＿

聯絡電話：＿＿＿＿＿＿＿＿ 傳真：＿＿＿＿＿＿＿＿

E-mail ：

學歷：□ 1. 小學 □ 2. 國中 □ 3. 高中 □ 4. 大學 □ 5. 研究所以上

職業：□ 1. 學生 □ 2. 軍公教 □ 3. 服務 □ 4. 金融 □ 5. 製造 □ 6. 資訊
□ 7. 傳播 □ 8. 自由業 □ 9. 農漁牧 □ 10. 家管 □ 11. 退休
□ 12. 其他＿＿＿＿＿＿＿＿

您從何種方式得知本書消息？

□ 1. 書店 □ 2. 網路 □ 3. 報紙 □ 4. 雜誌 □ 5. 廣播 □ 6. 電視
□ 7. 親友推薦 □ 8. 其他＿＿＿＿＿＿＿＿

您通常以何種方式購書？

□ 1. 書店 □ 2. 網路 □ 3. 傳真訂購 □ 4. 郵局劃撥 □ 5. 其他＿＿＿＿

您喜歡閱讀那些類別的書籍？

□ 1. 財經商業 □ 2. 自然科學 □ 3. 歷史 □ 4. 法律 □ 5. 文學
□ 6. 休閒旅遊 □ 7. 小說 □ 8. 人物傳記 □ 9. 生活、勵志 □ 10. 其他

對我們的建議：＿＿＿＿＿＿＿＿＿＿

＿＿＿＿＿＿＿＿＿＿

＿＿＿＿＿＿＿＿＿＿

請於此處用膠水黏貼